17th century
Taiwan

18th century
Taiwan

臺灣營造業百年史

Taiwan's Construction Industry: A Centenary History

19th century
Taiwan

21th century
Taiwan

20th century
Taiwan

臺灣營造業百年史
Taiwan's Construction Industry: A Centenary History

推薦序一　獻給參與國家建設的英雄

　　有幸為《臺灣營造業百年史》寫序。本書除完整呈現臺灣營建業百年來感人事蹟與成長軌跡，亦是臺灣步入現代化重大公共工程建設的縮影！書中收錄極多珍貴歷史文件與人物照片，橫跨數個不同時代與潮流，不僅呈現出營造業不怕苦、不畏難的產業天性，也為無數流血流汗、可歌可泣的感人事蹟做了完美見證。

　　回顧臺灣過去四十年重大工程建設，從當時蔣經國院長推出十大建設以降，接著十二項建設、十四項建設輪番上陣。而為積極提升臺灣公共建設水平，全力促進相關產業升級，一九九〇年行政院再推出「國建六年計畫」，藉此集國家總體建設之大成，更是帶動整體經濟成長。

　　「國建六年計畫」總預算高達8.2兆，其中交通建設佔三成以上。在全民高度期待與龐大政治壓力下，如何兼顧工程品質、建設時程與經費節省是交通部最基本的重要考量。余時任交通部長，深刻體認「國建六年計畫」是國家建設走上現代化的最佳時機，也是培養國內工程與營造產業站上國際舞臺的絕佳機會！

　　為營造優良的工程環境，提升國家工程品質，不計當時的壓力，推動「全面公開招標」的重大政策，希望藉此建立公平、公正、公開的「三公環境」，改變數十年來政府之重大標案由公營營造廠商「議價」的作法。後來在中山高速公路汐止至五股的拓寬案「第十八標」招標上雖有風波，但仍不計個人榮辱，排除萬難，使工程如期進行，完工後大幅紓解了大臺北地區交通壅塞的情況，而經費卻比當初立法院核定的預算節省約近一半。如今，馳騁在五股、汐止的高架橋上，享受安全的駕馭快感，也為國家

工程建設立下典範，足以自勉！

「六年國建」雖提前結束，但主要的交通建設，仍依原定軌跡，不斷邁進。從第二高速公路、高速鐵路、雪山隧道、東西向快速道路等，在其後二十年中，逐一完工。這些重大交通建設，不僅全面改變臺灣生活圈，帶動了國家整體經濟發展，也為臺灣營造工程立下一個新的里程碑。

本書是一本非常值得推薦的工程史料典籍，讓我們有機會深刻認識到：曾經為這塊土地，奉獻一生青春與生命的工程英雄在烈日下，無怨無悔的穿梭與苦幹，經過不斷的修改與重建，完成了許許多多的重大國家建設，這些建設已成為臺灣未來發展的重要基石。

藉此機會，向投身於國家建設的前輩們，表達最大敬意與感謝！

前交通部長 外交部長 環保署長 簡又新 謹識

2012.06

推薦序二　史者，民族之精神，
　　　　而人群之龜鑑也

　　很榮幸應好友林清波董事長之邀，為在他領導與堅持之下而告誕生的風雨名山之作《臺灣營造業百年史》作序。

　　建築往往最能開啟人們對於昔日生活的想像，所以從營造業的發展來觀看臺灣四百年歷史，一方面記錄了工程專業的演進，另一方面則為國人親近歷史提供了絕佳機會。

　　新光金控的總部座落在臺北市忠孝西路一段，自清末劉銘傳在臺北建城以來，這個區域就是一個交通要地，日治時期更在這片基地上建起了傲視亞洲的鐵道旅館，不僅接待過日本皇族、海內外各式要員，就連當時臺灣總督府宣布磯永吉博士「蓬萊米」育種成功的新聞發表會也是選定在這個地方，由此可見一般。可惜二戰末期遭遇美軍空襲而付之一炬，今天只能從當時的海報、明信片裡想像當年盛況。

　　戰後百廢待舉，政府、民間都持續投入建設。新光人壽保險公司自民國52年成立以來，在中美斷交後市場信心不足、景氣低迷時，毅然決然標購鐵道旅館的舊址，遴選第一流的旅日高樓建築家郭茂林先生與日商熊谷組等施工團隊，五年內建成當時臺灣第一高樓——新光保險摩天大樓，樓高244.15公尺，地上51層、地下7層的雄偉建築，在嚴格的管控下還曾經締造過四萬小時無事故紀錄，榮獲主管機關頒發工地安全衛生優良獎，為臺灣超高建築樹立典範，獨領風騷十數年。見微知著，由此可見臺灣的營造業在這近百年裡是多麼努力，才能不斷締造出這麼多舉世知名的傲人成就。

　　二十多年前為了實現家父公益濟世的遺願，新光集團委託互

助營造在士林廢河道旁的泥沙地上興建醫院，因為地質鬆軟，施工非常不易，再加上醫院是特殊建築，需要符合很多標準，當基地向下開挖四層（超過22公尺）之後，各項工程挑戰接踵而來。為此林董事長投入了極大的心力，工程期間每週定期開會，更是得以親身感受林董事長專注、嚴謹的工作態度，大家也從而建立了休戚與共的革命情感，終於在短短三十七個月內就建起了設備新穎、符合大眾期待的新光吳火獅紀念醫院，啟用以來門診人數已達2,300萬人次，接生了64,000名以上的新生兒，服務社會、造福人群，影響十分深遠，足與互助營造高雄世運主場館、劍潭捷運站等其他優秀工程實績相互輝映。

　　百年前連橫先生用了十年完成《臺灣通史》「起自隋代，終於割讓，縱橫上下，鉅細靡遺」；百年後林董事長與互助營造團隊用了三年完成《臺灣營造業百年史》，不但詳實記錄了臺灣土木建築營造業四百年來的發展，更見證了互助營造公司「互助互惠、助人助己」一甲子的努力，為林董事長一生實事求是、貫徹團隊合作的精神作了最好的註腳，是非常值得閱讀的好書。

新光金控董事長 吳東進 謹識

2012.06

推薦序三　莫忘建設的艱難

　　歷史是我們留下的軌跡，昨日如何走來，明日才知如何繼續。是記錄，是懷舊，是期許，更是希望。

　　約莫兩年前的一個下午，互助營造的創辦人兼總裁林清波先生現身在我公司略嫌吵鬧的會客室裡，臉上充滿了企盼，告訴我他想整理出版臺灣百年來營造業的歷史。我心想，這是多麼大又不討好的題目。林總裁大可輕鬆地寫他如何將民國39年成立的互助營造變成今天橫跨數國的多角化建設事業，反倒來挑戰臺灣營造產業這顛簸又辛苦的成長回憶。雖然，我心知要對這個題目留下有意義的註記，恐怕也非林總裁莫屬，但畢竟臺灣的近代史，不管從哪一個角度出發，都會是充滿挑戰的思路。

　　不到兩年的時間，在一個不經意的下午，林總裁又來到同一間會客室裡。這回，他手上多了一份超過350頁的書稿，臉上掛著喜悅，誠懇而謙虛地請求我們的意見。我們都是臺灣歷史上從事營造建設的小兵，只能對我們略知一二的片面，敘述一些自己的觀點。但林總裁的書稿，卻蒐羅了遠自17世紀初期荷蘭人在大員熱蘭遮城的建設，鉅細靡遺地述說了臺灣在各個不同的階段，如何一步步地由蠻荒之地蛻變到一個高度進步的工業化社會。這四百年的演繹，足供任何好奇臺灣如何來到今日光景的民眾、學子、工程師、建設官員、甚至主政者去瞭解建設國土的過程與艱辛。

　　記錄歷史最貴公允。雖然任何的史書難免有些評斷，但畢竟是以今鑑古，對過去的時空要有一定的理解。國民政府轉進來臺，當老兵不再有衝鋒陷陣的戰場，退輔會榮民工程處的成立，

適時地提供中部橫貫公路、石門水庫與麥帥公路的建設做為新的舞臺。榮民披荊斬棘、開山闢路的英勇作為，卻因為「退輔條例第8條」被當成尚方寶劍地揮舞而蒙塵，而「審計法施行細則第46條」更為中華工程（經濟部）與唐榮（臺灣省政府）承攬政府公共工程大開方便之門，民間營造業者幾乎無緣直接參與臺灣轉型現代化關鍵的十大建設。營造業公大私小、涇渭分明的發展一直持續到1990年代，其間民間業者的百般爭取無效，卻因政府配合參與世界貿易組織的條件而改觀。

近年大家看到國家建設的蓬勃發展，把生活上的種種方便理所當然地接受的同時，讓我們莫忘了建設的艱難。包括工程面、財務面、法令面和政治面，臺灣都歷經了許多的衝突與蛻變。稍微細心的人可以在這百年史的字裡行間體會到臺灣人民在不同政府下的努力以赴，而就在略見成果的這關頭，卻又因為外交空間的限縮而有新的阻礙。

林總裁自己帶領互助六十餘年，見證臺灣營造產業的酸甜苦辣。他的親身體驗與細微觀察，提供了對這個時代的另一個註解。此書的出版，著實是我們大家，尤其營造業者的福氣。

福住建設股份有限公司董事長　**簡德耀** 謹識

2012.06

推薦序四　追隨先人腳步奮進

　　一部營造業史，豈只細述產業興衰更替，盡數百年人物風華？

　　臺灣的營造業有著獨特的歷史源流，營造工作雖始於先民開發臺灣，但較現代的營造產業則是兼容了19世紀末葉到1945年之間的日系傳承，以及1949年前後自大陸播遷來臺的工程界特質，並於1960年代前後蓬勃發展，當時在亞太地區擁有僅次於日本的經營規模，也成為區域內各國業者觀摩的對象。然而在公營營造機構優先議價承攬公共工程的政策影響下，民營業者失卻公平發展的機會，復以欠缺產業發展政策，儼然形成頓挫與失落的三十年。猶記先父　之浩先生當年每慮及處境之惡劣，常夙夜振筆疾書，建言不輟，並有「上錯天堂投錯胎」的諷嘆。

　　1985年政府為謀提振經濟發展，邀集產、官、學各界召開全國「經濟革新會議」，先父即偕同營造同業積極與會，並堅持提出「加強營建管理，促進公平競爭」之產業課題，歷經與政府數次激辯，終獲各界重視支持，並納入結論。

　　1987年更與業界碩彥共同籌組成立「中華民國營造業研究發展基金會」，針對當時所面臨的產業發展困局進行對策研究，並立即展開多面向的溝通與遊說工作，持續二十多年的努力，並在諸多環境發展因素的交互作用力之下，相關政策主張逐步獲得實現，也見證了臺灣營造業永續發展的強韌生命力。

　　營造是一個有傳承、大氣魄的行業，創造歷史，造福人群。

這部臺灣百年營造史的問世，是我們繼往開來的基石，也期待迎接下一個百年盛世的到來。

大陸工程股份有限公司董事長 **殷　琪** 謹識

2012.06

推薦序五　鑑往知來 承先啟後

　　國家建設帶動經濟發展並提高國人生活品質，臺灣百年來工程建設發展，構建累積了國力與社會發展基盤。歷經多元文化之浸潤，百年來臺灣這塊土地也經由不同國家帶入不同文化及不同工程建設特質。本書由林清波總裁精心策劃費心編撰，將營造業發展過程之角色及貢獻有系統的表達，撰寫成為一本重要之文史資料，極具意義。

　　現今世事變遷快速，國際流通加速，工程環境複雜，加上科技發達，營造業面對更多不同類型工作挑戰，致時時面臨轉型提升與持續發展之競爭壓力。本書從營造業發展再加上臺灣大事與國際大事之比對，使讀者更能瞭解產業和社會文化、經濟、政治及環境互動之過程，也可藉由歷史瞭解營造業前輩揮汗推動國家建設之貢獻，並有利於政府及民間業者思考設定未來發展目標及計畫。弟多年前感受美、日等國家對於工程史之重視，乃於2001年結合各機關公會團體，以「瞭解歷史，瞻望未來」願景，辦理「尋找十大土木史蹟」競賽，從熱烈投稿著作中瞭解臺灣工程建設所展現特殊多元文化與豐富內涵，這些工程建設長期和國人生活成長，是臺灣極重要之文化資產。續於2002年擔任中國土木水利工程學會理事長時成立「土木史委員會」，長期推動土木工程史料之蒐集保存、研發與推廣，並持續出版「臺灣土木史叢書」。今日，我們欣見極受尊重的營造業前輩林清波先生將他鍾愛及終身投入奉獻的營造業之人與事撰寫成書，敘述百年來營造業海內外發展、法律規章制度、公會與營造技術發展等內容，包括國外營造業、公營營造業時代發展及民營營造業突破擴展，及

迄今日政府採購法頒行彰顯公平公開合理政府與民間採購關係之過程。其中特別是載述了許多政府及營造業前輩於此過程之奉獻，使此書成為人物、文化、歷史、產業與社會互動發展之一本特別的史書，實具重要之參考價值。

　　從臺北101大樓、高速鐵路、高科技廠房等興建，展現出我國營造業之實力，但在很多工程建設領域，營造業也面臨很大之國際競爭壓力，政府實應經由更有效開放之採購引導及政策落實，和營造業共同朝國際營建市場發展。時間腳步不會停滯，營造業發展會持續，我們要思考我們這一代會為臺灣及世界留下什麼珍貴文化資產，後代會給我們評價，我們要加倍努力，這是這本重要著作告訴我們的啟示。

行政院公共工程委員會主任委員
國立臺灣大學土木系特聘教授　　陳振川　謹識
2012.06

自序　懷古述今的營造業史詩

　　2009年，互助營造走過一甲子（60），當時我們以「回饋社會、關懷弱勢」為主軸，展開系列慶祝活動，諸如認養同名為「互助」的南投縣仁愛鄉互助國民小學；並長期提供資金給員工行善救助，持續、擴大關懷社會層面；此外，還有一個重要的心願，就是出版臺灣第一本營造業百年史，為臺灣工程業界貢獻一份心力。

　　營造業堪稱文明的基石，只要人類追求高品質的生活一天不中輟，社會邁向現代化的動力一天不停頓，營造產業便永遠屹立不搖，這是其神聖的天職。而如此舉足輕重的行業，必須強調經驗傳承，更應重視人文素養的培育，始能隨時代的需要而持續精進。

　　本人身為臺灣本土營造業的經營者，長年見證臺灣營造業的發展軌跡。年齡漸長後，深感在浩瀚的天地間，個人微渺如沙塵，然而眾志成城的營造業卻能改變群體的生活和命運。因此，亟思為自己一生所全力投入的行業留下歷史紀錄，於是著手策劃著作這部《臺灣營造業百年史》，期使現在及未來從事營造業的先進及後輩，深刻體會近百年來臺灣各重大工程興建歷經篳路藍縷的過程，先賢志士建設臺灣的苦心；了解不同統治時期產業的核心價值及文化精髓，珍視自身職責，營造優質標的，進而冀求營造人應受到社會的懷念和肯定。

　　本人出生於日治時代，自幼接受日式教育，長年從事工程營建，著書並非熟悉的領域。因此，擬定綱要後，特在公司內部成立專案小組、聘請編纂顧問，集思廣義，並訪問學者專家、業界

耆老，蒐集文獻。編輯團隊歷經三年的努力，以活潑生動的文字和編排方式，完成這部二十餘萬字的史籍。

　　在本書籌劃撰寫的過程中，我們赫然發現，隨著歲月的流逝，諸多珍貴的資料已不復見。甚至日治時期遺留下來的營造業典籍，遠比臺灣光復後所保存下來的文獻更為完整。導致在記錄國民政府遷臺後的營建歷史時，部分關鍵重點出現散佚，雖經多方蒐集查證，仍嫌力有未逮，滄海遺珠，頗有遺憾。

　　這部臺灣營造業第一本史書的順利出版，我們衷心感謝編輯團隊全體成員的辛勞努力、總審訂中央研究院陳國棟教授提供許多寶貴意見、以及遠流出版公司的推薦出版。希望藉由本書付梓，能夠拋磚引玉，激起研究臺灣營造業歷史的風潮。史書內容首在紀實，由於蒐集史料難以詳賅，本書記載如有不齊備之處，尚請各界先進指正、賜教。

互助營造股份有限公司創辦人　*林清波*　謹識

2012.06

目錄

第一章 ■ 荷鄭與滿清政府時期

第一節 城牆與文教建設

荷人來臺 建立熱蘭遮城

　　西元15世紀，歐洲海權國家興起，葡萄牙及西班牙相繼向亞洲擴展。16世紀末17世紀初，原為西班牙尼德蘭屬地的荷蘭成為獨立國家，繼伊比利亞半島兩國的步履，全力發展海上貿易。

　　最早佔領臺灣的歐洲強權即為荷蘭。1602年，荷蘭成立東印度公司，積極向東方邁進。1622年，荷蘭東印度公司來到澎湖建立貿易據點，但是遭受當時統治中國的明政府驅趕。兩年後，荷蘭勢力被趕出澎湖。

　　1624年，荷蘭新任指揮官宋克（Martinus Sonck）移師臺灣，開始在臺南的一鯤鯓（今臺南安平）建築臺灣最早的城堡——熱蘭遮城（Zeelandia，今安平古堡）。

荷蘭人修築熱蘭遮城，1624年

熱蘭遮城，修築安平石岸圖，1777年（蔣元樞，《重修臺郡各建築圖說》）

荷蘭統治臺灣時期所留下的文獻
——《熱蘭遮城日誌》

熱蘭遮城是稜堡形式的海岸堡壘，城堡分為「內城」和「外城」兩部分。內城呈方形，共有三層，最下一層是倉庫，地上兩層則有長官公署、瞭望臺、教堂、士兵營房等設施，作為行政核心。外城銜接內城的西北隅，呈長方形，比內城稍低，裡面有長官及職眷宿舍，會議廳、辦公室、醫院、倉庫等公共建築。這座城堡成為荷蘭人統治臺灣全島和對外貿易的總樞紐。

當時荷蘭人在臺統治的地方稱為「大員」，這是由臺灣南部的平埔族大員社（Teyowan）之名轉化而來，所在地約為今臺南市安平區。

根據荷蘭統治臺灣時期所留下的文獻《熱蘭遮城日誌》記載，大員市鎮的建設都是經過規劃而成。在蒲特曼斯（Hans Putmans）擔任臺灣長官時期（1629-1636年），荷蘭對臺的建設頗為顯著，連續完成熱蘭遮城的內城磚石城牆及東南稜堡（Camperveer，1632年完成）、北線尾海堡（Zeeburch，1632年完成）改建、內城兵房與長官公署（1636年完成）、角城倉庫（1636年完成）、魍港（今嘉義縣布袋）的

清代的熱蘭遮城

日治時期的熱蘭遮城

菲力辛根堡（Vlissingen，1636年完成）、啟動大員烏特勒支堡（Redoubt Utrecht，1640年完成）、內城臺基整建及熱蘭遮城角城叉角工事（Hornwork，1640年完成）的建設。

　　大員民眾要興建房屋須經申請許可，市政當局再根據權狀徵稅。到了1643年，由於市鎮的房屋和土地日益混亂，熱蘭遮城議會決議派員重新丈量，以使徵稅更為確實。當時連墓地都還有分級買賣，例如露天的墳墓，每座要2里爾（Real）；在長廊下的墳墓則要10里爾；如果要加拱頂，就要30里爾。

　　1645年，臺灣長官卡隆（François Caron）派人在大員市鎮周圍鋪設道路，用蚵殼鋪起熱蘭遮城到附近市鎮之間的小路，兩旁並用磚頭建造水溝。當時施工使用的材料為安平當地盛產的牡蠣，其蠔殼不僅能夠磨成灰，並混同糯米糠漿作為黏合劑，還可以作為道路的基材。

西班牙人登陸 經營北部

　　在荷蘭人統治南臺灣的同一時期，西班牙人則登陸臺灣北部，1626年先在基隆建聖薩爾瓦多城（San Salvador），1629年在淡水建聖多明哥城（San Domingo，今紅毛城）。當時，無論荷蘭人或西班牙人所建的西洋式城堡都是以軍事防禦功能為主。

　　1642年，荷蘭人驅逐西班牙人領有全臺，終結西班牙人於北臺灣歷時十六年的殖民統治。1644年，荷軍陸續征服北臺灣不肯服從的部落，並且打通南下連接臺灣南北的道路，荷軍在路上一度遭受隸屬於大肚王國的水裡社（今臺中市龍井區）及半線社（今彰化市）的攻擊，不過，荷蘭人仍順利將整個臺灣西部平原納入統治範圍。

　　漢人郭懷一因為憤恨荷蘭人暴虐，1652年率眾起事抗荷，卻因消息外露而失敗。事後，荷蘭人在1653年又興建了普羅民遮城（Provintia，今赤崁樓），以加強防禦能力。

　　在荷蘭據臺之初，已有少數漢人定居在原住民

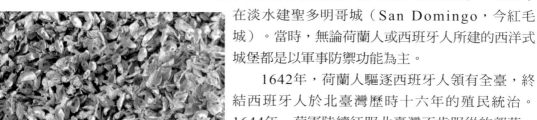

荷蘭治臺時期，蚵殼是鋪路的材料

聖多明哥城（今紅毛城），攝於日治時期

荷蘭治臺時期的大肚王國領域

部落之間。荷蘭人大舉招徠漢人移民，由於明末清初的戰爭與地方動亂，加上福建、廣東兩省人口爆增的壓力，臺灣所具備的商業、漁業及農業利益，對於漢人移民形成莫大的吸引力。至荷蘭據臺末期，全臺灣的漢人移民已達25,000人。

荷蘭人在1653年興建普羅民遮城
（今臺南赤崁樓），攝於1871年

里爾（Real）

荷蘭人統治臺灣，以此為據點，與中國、日本、東南亞及歐洲進行轉口貿易。其主要模式為：將臺灣的稻米、蔗糖、鹿脯等產品，向中國輸出；蒐購中國的絲綢、瓷器、茶葉等商品，連同臺灣的鹿皮銷售往日本、東南亞及歐洲等地；再由日本獲得白銀、武器等商品，賣到中國。荷蘭人藉由轉口貿易累積巨額的財富。當時，荷蘭人用來作為貿易及在臺徵稅的貨幣，是以里爾為計算單位，用白銀為材料所製成的銀幣，一枚約白銀0.72兩。

荷據時期流通於臺灣的西班牙里爾銀幣圖

明鄭時期 大舉屯田闢荒

　　1662年，明朝延平郡王鄭成功驅離統治臺灣三十八年的荷蘭人，在臺建立基地，矢志「反清復明」。為紀念故里，鄭成功將大員地區改名為安平，熱蘭遮城改稱「王城」。同年，鄭成功病逝，子鄭經繼續據臺抗清，並迎寧靖王朱術桂來臺，於承天府府署（今臺南赤崁樓）旁的西定坊建立寧靖王府邸，供其定居。

　　明鄭治臺期間，墾拓區域以承天府（今臺南市）四周24里為中心，南達今恆春，北至基隆、淡水一帶，開墾面積比荷蘭人據臺時增加兩倍以上。

　　明鄭的屯田制度係仿效寓兵於農的古法，屯田地區主要有：新營、後營、後鎮、柳營、左營、果毅後（今臺南市柳營區）、本協（今臺南市後壁區）等區。此外並招徠閩籍墾戶前來開發土地，還積極發展水利，主要分為陂、埤、湖、澤等。當時因限於人力與物力，無法興建大型水利工程，多為簡便的築堤貯水灌溉設施。

　　在明鄭時期除了土地開墾之外，文教建設也積極進行，並將營造觀念引進臺灣。1665年，鄭經接納諮議參軍陳永華的建議，在東寧天興州寧南坊鬼仔埔，興建聖廟，旁設明倫堂，是現今臺南孔廟的前身。聖廟建成後，鄭經又令各社廣設學校，凡人民8歲須入學，課以經史文章，並行科舉制度掄才取士。

　　明鄭當局對農業技術的引進與推廣，讓漢人移民源源不絕。此時期的移民包括：遷移而來的軍人及軍眷、招納的沿海流民、投降明鄭

清臺南天后宮繪圖，原為明寧靖王朱術桂府邸（蔣元樞，《重修臺郡各建築圖說》）

的將士。隨鄭成功來臺者約2萬5千人，招徠的移民約7萬人，加上荷據時期的漢人，合計全臺漢人已達12萬人。

　　鄭經在位期間，連續發動渡海西征戰役，未獲成功，於1681年抑鬱而終。鄭經去世後，諸子鬧內訌，最後由其次子鄭克塽繼位。同年，清廷大舉利誘分化鄭軍，收服來降將士，任命明鄭降將施琅為福建水師。1683年，施琅渡海東征，自鹿耳門登陸，鄭克塽投降，明鄭亡國，統治臺灣歷時二十二年。

臺南孔廟明倫堂，攝於日治時期

陂、埤、湖、澤

陂、埤是指小型池塘及蓄水池；湖、澤是指水流匯聚之地。臺灣在荷蘭時期，開始發展農業，當時稱為「王田」，而水利設施也開始有了名稱。最早是利用天然池沼，或鑿坑儲水，這些名為「陂」或「埤」的儲水池沼多為荷蘭人出資興建，一般稱為「草埤」，又叫做「荷蘭堰」。明鄭時期，開闢許多「官田」，當時的水利設施仍是以小型的「陂」為主，灌溉的水源主要來自水潭、水陂和水圳。清代以後，來臺開墾的移民增加，農地迅速拓墾，水潭和水陂已不能滿足實際的需要，於是由地方政府出面興築灌溉規模較大的水圳。

墾戶

在明鄭及清領時期，臺灣的工程構築多與開墾有關，並且由臺南地區北上擴展，隨著開墾者的腳步，寺廟、宗祠、書院、溝圳、城牆等建築也陸續出現。以開墾臺北地區的「陳賴章」墾號為例，這是由陳天章、陳逢春、賴永和、陳憲伯、戴天樞等五位泉州人合夥的組織。墾戶由於籍貫與風俗差異，再因爭田產、爭水源，於是遂有漢人欺凌原住民、閩粵械鬥、漳泉械鬥等情事。

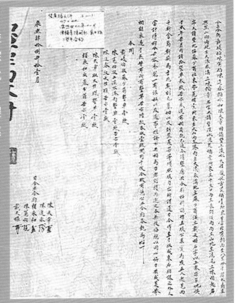

陳賴章墾號申請書，1709年

「營造」辭源

「營造」一詞最早出現於北宋初期，於西元974年編修完成的《五代史平話‧周史》：「出私財百萬，營造學館。」幾乎在同期，當時活躍於浙江杭州的建築工匠喻皓著作《木經》，是中國歷史上第一部建築書冊，可是後來失傳了。北宋土木建築家李誡，於1100年編成的《營造法式》，成為中國古代最完整的建築技術書籍，書中詳細規定各種建築施工設計、用料、結構、比例等方面的要求。本書所規範的制度直至明、清兩代仍沿用。

李誡《營造法式》中附圖

臺南築城 正反意見分歧

　　滿清佔據臺灣，消除明鄭勢力，除去心頭大患。但滿清政府對是否將臺灣納入版圖一時難以決定，形成對臺「棄留問題」大辯論。主張棄臺論者，多認為臺灣為海外的蠻荒小島，「僅彈丸之地，得之無所加，不得無所損」。但施琅極力反對，上疏康熙皇帝力主將臺灣收為版圖。

　　1684年，臺灣歸屬問題在懸而未決八個月之後，康熙才決定將臺灣納入大清帝國版圖，設置一府三縣。臺灣府（府治在今臺南市東安坊）；臺灣縣（縣治在今臺南市）；鳳山縣（縣治在今高雄市左營區）；諸羅縣（縣治在今嘉義市）。

　　清廷對臺的消極態度也表現在築城議題上。當局起初無意構築臺灣府城，因為若要對付海盜，臺南有鹿耳門天險可守；而若要對付山賊，內地大軍只要渡海到達臺灣，烏合之眾的山賊就會立刻瓦解，建了城牆，一旦被盜賊佔領，反而容易成為盜賊的根據地，屆時就很難攻破。因此，儘管地方官員一再建議中央建築臺灣府城，但是都未獲同意。

臺南木柵城圖，繪於1777年（蔣元樞，《重修臺郡各建築圖說》）

1721年朱一貴起事抗清，臺灣府城很快就淪陷了。當時府城無城牆可守，清廷官兵在岡山首戰潰敗，消息傳回府城，立刻導致官民信心崩潰，紛紛擁至碼頭渡海逃亡澎湖。然而，稍後大陸派來的水師船艦駛入鹿耳門，裝備精良的部隊在登陸一天之內，就完全收復府城。

臺南府城大南門於1790年完工

　　經過這次的教訓，府城是否應該建城的老問題，再度成為爭論的焦點。贊成者主張建築堅實的城牆，才不會輕易遭盜賊攻陷；反對者認為，就因為府城並未築牆，渡海而來的援軍才能輕易反攻。如果有了城牆，盜賊擁有頑抗的根據，不僅難以盪平，戰局僵持的結果甚至將危及艦隊，援軍也可能因為缺乏糧食和淡水，最後被逼死在海灘之上。

藍鼎元建議 柵欄圍城

　　幾經論辯之後，清廷中央和地方終於有了折衷的解決方法，採用藍鼎元建議，在臺南周圍先建立城門，但是各城門之間不用土石磚瓦建築的永久性堅固城牆，而是以木材為柵欄，並栽種刺竹。這樣一來可節省經費，另一方面，城門是對外防守的據點，而木柵、刺竹則可以阻擋外來的攻擊，防守盜賊的功能具備，但是又不至於像土石磚瓦城牆那樣堅固，一被佔據就難以奪回，於是1725年便在臺南以木柵圍成城牆，並建造七座城門。

藍鼎元

1680-1733年，福建漳浦人。清康熙末年，他隨堂兄南澳總兵藍廷珍入臺平定朱一貴之亂有功。1728年之後，歷任廣東普寧知縣、兼署潮陽知縣、廣州府知府。清領臺灣初期，實行移民禁止攜眷赴臺政策，造成臺灣男多女少，青壯年難以成家，影響地方開拓，他在《論臺灣事宜書》、《東征集》中撰文批評，1731年清政府暫行憑照攜眷入臺政策即受其建議所影響。

1786年林爽文舉事抗清，事件平定後，過去消極的治臺理論重新被檢討，而臺南城也在如此的考量下，獲准興建土城，以蚵殼、糖漿、糯米漿混合成「三合土」，層層夯實，建造起堅固的城牆，這項工程由臺灣知府楊廷理負責，於1790年完工。

　　隨著時代的演進，築城所使用的材料在各階段也有不同，大抵而言，從福建運來的條石是建城的主要材料。然而，獨具特色的嘉義城附屬甕城，卻有因地制宜的作法。甕城是為了加強城堡的防守，而在城門外修建的半圓形或方形的護門小城，屬於城牆的一部分，其兩側與城牆相連，設有箭樓、門閘、雉堞等防禦設施。嘉義城在1836年增築甕城，其壁體以卵石為主結構，分四層砌築。每層之間疊砌石板區隔，推測其卵石內部應為夯土結構。由於嘉義城是全臺距離港口最遠的城，難以取得福建條石，只好就地取材，改以卵石夯土結構建築。

恆春城東門

嘉義城中央城門樓為雙層構造，左邊為主城牆，右邊為甕城

嘉義城附屬甕城

清代臺灣築城表

城名	建造者	建造年代與構造	規模	城高	城門數	尚存城門	城門現址
嘉義城	知縣宋永清 知縣劉良璧 知縣單瑞龍	1704年建木柵 1729年改土石 1788年改磚城	774丈	1丈8尺	4		
鳳山舊城（左營）	知縣劉光泗 知縣杜紹新	1722年建土城 1825年改石城	800丈	1丈9尺4寸	4	東門 南門 北門	海光三村循理教會後 中華一路圓環 勝利路與俾子頭街交叉口
鳳山新城（鳳山）	知縣吳兆麟	1788年圍刺竹 1805年重修	不詳		5	小東門	三民里東福橋東
臺南城	知縣周鐘瑄 知縣楊廷理	1723年建木柵 1788年改土石	2520丈	1丈8尺	8	大東門 大南門 小西門	東門路、勝利路口 南門路34巷 成功大學光復校區
新竹城	知縣徐治民	1733年圍刺竹 1826年改石城	860丈	1丈8尺	4	東門	東門街、中正路口
彰化城	知縣秦士望	1733年植刺竹 1826年改磚城	922丈	1丈8尺	4		
宜蘭城	知縣楊廷理 通判薩廉	1811年植九芎 1830年重修	640丈	6尺	4		
恆春城	欽差大臣沈葆楨	1875年建土城	972丈	1丈5尺4寸	4	東門 西門 南門 北門	往佳洛水公路旁 中山路右側 往鵝鑾鼻公路的圓環 恆春鎮北門路軍營旁
埔里城	總兵吳光亮	1878年建土城	300丈		4		
臺北城	知府陳星聚	1879年建石城	1506丈	1丈8尺	5	東門 南門 北門 小南門	信義路、仁愛路、中山南路交叉口 愛國西路、公園路交叉口 中華路一段、忠孝西路圓環 延平南路、愛國西路交會
雲林城（竹山）	知縣陳世烈	1887年建土城	1300丈	6尺	4		
馬公城	水師總兵吳宏洛	1887年建石城	789丈	1丈8尺	6	小西門	馬公碼頭左側
臺中城	知縣黃承乙	1889年建石城	650丈	2丈2尺	8	大北門	僅存北門上層樓閣在中山公園內

註：1尺=0.333公尺，1丈=3.33公尺
資料來源：《臺灣全記錄》，錦繡出版社，1990年5月出版

第二節 臺灣傳統營造產業

唐山師傅 承攬宮廟大宅

衙門是永久性建築，圖為澎湖廳衙門，為典型清代官署形制，建材與施工皆來自福建

築城牆是大工程，築屋算是小工程。在清領臺灣時期，一般可將房屋建築分為永久性建築與非永久性建築兩大類。永久性建築包括政府蓋的衙門與宮廟，以及民間的廟宇和富豪的宅邸。這些建築其基本結構相似，主要差別只是空間配置與用途不同罷了。至於民眾的住宅或小規模的廟宇則屬於非永久性建築，絕大部分都是用竹木、茅草、土埆建造而成。

永久性建築主要是仿照中國福建或廣東的傳統建築，樑柱系統為木造，壁體為磚石。因為是作為衙門、廟宇與豪宅用途，往往裝飾華麗、雕樑畫棟。興建這些建築的匠師以大木匠為首，負責召集其他木匠、石匠、泥水匠等，甚至還有彩繪、剪黏師父等。木匠師父會有幾名學徒充當助手，石匠、泥水匠也有學徒，但人數較少。

富豪宅邸，一磚一瓦皆來自福建，連師傅都標榜是由唐山來的

由於工程量太少，這些匠師工班都是隨工地遷徙，四處飄泊。在臺灣納入清朝統治之後，臺灣府城需要營建衙門與宮廟時，這些匠師們就渡海來到臺灣施工，工程結束後又返回內地去了。當時凡是遠從大陸聘來的匠師，民眾都尊稱他們為「唐山師傅」，這些唐山師傅包括來自泉州、漳州、福州、潮州及客家匠師等。

土埆厝

臺灣鄉村的農家，壁體以土埆構成

在康熙末年以前，一般民居相當簡陋，建材大都是竹木土石。到康熙末年、雍正初期以後，公有建築及富有人家才逐漸「易茅以瓦」，用磚、瓦來取代木石與茅草。不過，普通民家仍然使用土埆、茅草來構築部分的家屋。土埆的原料為稻桿、白石灰、黏土、甚至包括破爛的麻布袋，將這些原料攪和，製成土埆，待其乾燥，即可堆疊成屋。外牆再敷以稻草根與白石灰，以達防水效果。

不只是師傅來自唐山，建築材料也來自內地。建築材料最重要的是木材，主要來自福州。其他磚頭、石材則來自泉州、漳州。福州不僅是福建省最重要的木材集散地，甚至在全中國而言都是赫赫有名的。至於石材，福建的丘陵很多都是石頭山，是得天獨厚的採石場。磚頭主要來自燒窯，福建多丘陵多樹林，薪柴價格自然低廉，磚瓦工業非常發達。

在大陸享有盛名的唐山師傅遊藝各方，並經常來臺承攬宮廟大宅。因此，當時重要的建築材料，也會自中國大陸引進。大陸出產的磚、石經常被充當貿易商船的壓艙物，運渡到臺灣做為建築材料使用。

臺南城內的兩廣會館是永久性建築，建築材料全部來自廣東

新竹鄭氏家廟為鄭用錫進士第

鄭氏家廟 建築美輪美奐

舉例來說，目前被列為國家三級古蹟，建於1853年的新竹鄭氏家廟，就是當時豪宅的典型。這座豪宅的主人是鄭用錫，他在1822年成為臺灣出身的第一位進士。

鄭氏家廟本體為三開間兩進式的閩南式單院建築，建築結構有垂花、彩繪、斗栱、門神等，木石雕刻精緻，前殿單簷燕尾屋脊之起翹角度與線條皆優美，山牆馬背大弧度較緩，左側為帶單路護厝之合院格局，與相鄰的吉利第、春官第、進士第連為一體，步廊磚雕典雅樸素。門前有旗桿座兩對，代表中試科舉之家，門前埕的八卦形鋪面頗為特殊，可見其格局嚴謹與對風水的注重。

當時臺灣的廣大鄉村幾乎很少有永久性建築。而非永久性建築根本不需要「唐山師傅」，只需要鄉間所謂的「半桶師」來主持，「半桶師」是指對於建築略通一二，負責在現場指揮，管控流程。因此，「半桶師」是對那些只懂得皮毛的非專業師傅的謔稱，在鄉間不只建築師傅，連治病、祭祀等領域也都只有「半桶師」，很少有專業者，他們平常都務農，也非依賴特殊技能維生。

新竹鄭氏家廟窗櫺

鄉間的建築活動通常是在農閒時節進行,在鄰里或親族之間,採取互助合作「換工造屋」的方式,由村民提供勞力。非永久性建築需要的竹木、土磚等,其採集或製造的方法也難不倒農民,工具也只需要農具就能敷用。

早期興建傳統建築的「唐山師傅」,許多人除因榮譽感使然,渾身解數使出絕技之外,也因建築物的精雕細琢,必須長期滯留臺灣,在此落地生根,招收徒弟,於是臺灣的建築匠師也陸續出現了。

換工造屋

從明鄭時期至清代,臺灣漢人的民居多以茅屋草房(茅仔厝)為主,另有土造屋(土墼厝)、竹造屋(柱仔腳厝)、木造屋(架棟厝)和石造屋(石頭厝)等。此時的臺灣傳統社會常見集結家族或同村之力,輪替為所屬成員建屋。建築材料取之於山林、綁藤、捆鋪茅片,夯土的營建技術也與農事開墾的生活技能相通,因此對農民而言,以「換工」的方式群力造屋是符合經濟效益的制度習慣。進行「換工」時,習慣上由起屋主人供給一日五頓餐食,酬謝所有參與工事的村民,通常也不再另外支付薪資。

平埔族在冬天豐收後互助建屋,為換工造屋的典型

臺灣的建築匠師

臺灣營造匠師在寺廟屋脊呈現華麗裝飾的剪黏藝術

建築匠師依技藝類型可區分為大木、小木、土水、石作、雕刻、彩繪、剪黏等工別。行業技藝通常是以父子相傳、家族授業的方式傳承。清代臺灣著名的傳統工匠家族有彰化縣和美鎮的陳姓彩繪家族,以及彰化縣永靖鄉的林姓、江姓剪黏家族等,其中嘉義的葉王(1826-1887年)被譽為「臺灣交趾第一人」。而在彰化田中、北斗一帶,有數個木匠村落,源於泉州惠安溪底村的王姓家族,以「溪底派」聞名,王益順(1861-1931年)即本派之代表人物。

臺南大天后宮的明代螭蛂，此為代表寧靖
王府的三爪金龍，只有皇宮可用五爪金龍

臺南孔子廟的泮宮石坊

臺南北極殿的「威靈赫奕」匾額

臺灣現存明鄭至清代重要寺廟古蹟表

寺廟名稱	建造者	建造年代	建築工法特色	地址
臺南大天后宮（寧靖王府邸）	南明延平郡王鄭經	1664	明代螭蛂、古老龍柱、閩南式屋脊與屋簷均為古典美觀	臺南市永福路2段227巷18號
臺南法華寺	臺灣知府蔣毓英	1664	功德堂木造結構為本寺最古老的木作建築	臺南市法華街100號
臺南孔子廟	諸議參軍陳永華建議	1665	臺灣建築群最壯觀的孔廟，全臺唯一有泮宮石坊的文廟	臺南市南門路2號
臺灣府城隍廟	臺灣最早的官建城隍廟	1669	石製供桌與香爐、木雕門板與門神畫作堪稱精緻	臺南市青年路133號
臺南開基武廟	原為寧靖王府鐘樓	1669	二落單間，前殿狹窄，入口花崗石刻對聯頗為特殊	臺南市新美街114號
臺南北極殿	荷蘭時期中國醫館改建	1671	石柱礎雕刻拙樸，擁有臺灣最古老的匾額「威靈赫奕」	臺南市民權路2段89號
臺南開基靈祐宮	駐軍與居民	1671	三川門前的抱鼓石，雕工頗為精緻細膩	臺南市民族路2段208巷31號
旗後天后宮	福建來臺漁民七戶人家	1673	石雕雕工精緻，特別是龍柱、龍壁、虎壁、石獅等	高雄市旗津區廟前路86號
臺南開元寺	南明延平郡王鄭經	1680	臺南市規模最大的佛寺，屬四合院式配置，組合頗為壯觀	臺南市北園街89號
鹿港興安宮	福建興化移民	1684	保存傳統廟宇棟架，木柱採附壁柱工法施工	彰化縣鹿港鎮中山路89號
臺南祀典武廟	臺廈道王效宗重修	1690	起伏狀有飛簷斜頂的山牆，造型美觀出色	臺南市永福路2段229號
北港朝天宮	樹壁禪師	1700	四落八殿、一埕七院，規模寬廣，屋頂為重脊式飛簷	雲林縣北港鎮中山路178號
學甲慈濟宮	地方耆老募建	1701	三川殿為三脊屋脊形式，屋頂為硬山式的單簷造型	臺南市學甲區濟生路170號
嘉義仁武宮	諸羅知縣毛鳳綸	1701	整座廟宇均為樟木結構，雕刻精緻，在臺灣不多見	嘉義市北榮街54號
嘉義城隍廟	諸羅知縣周鍾瑄	1715	1936年重建，以大師王錦木的木雕、陳專友和林添木的交趾陶，堪稱佳作	嘉義市東區吳鳳北路168號
彰化開化寺	知縣談經正	1724	山門、正殿、後殿組合成二進二院的建築格局	彰化縣彰化市中華路134號
臺中萬和宮	犁頭店12姓集資	1726	三開間三進式，兩護龍縱深式的傳統廟宇建築	臺中市萬和路1段51號

臺南祀典武廟飛簷斜頂的山牆

北港朝天宮屋頂為重脊式飛簷

學甲慈濟宮屋頂為硬山式的單簷造型

彰化南瑤宮斷簷升箭口,即中央屋頂往上升高,兩旁的屋頂斷開,以增加美感

鹿港天后宮正殿為閩南重簷歇山式建築

彰化孔子廟正門入口的石鼓雕刻螺紋「椒圖」

臺北艋舺龍山寺的鑄銅龍柱

臺北艋舺龍山寺的八角藻井

臺南五妃廟的八字牆

臺灣現存明鄭至清代重要寺廟古蹟表

寺廟名稱	建造者	建造年代	建築工法特色	地址
彰化孔子廟	彰化知縣張鎬	1726	建築格局四進三院,以正門入口石鼓雕刻螺紋「椒圖」聞名	彰化縣彰化市弟寶路31號
臺南三山國王廟	臺灣知縣楊允璽	1729	建材均由潮州運來,並雇用潮州匠師擔綱營建	臺南市西門路3段100號
新莊慈祐宮	地方人士	1729	改建時由福建運來石材、磚瓦及杉木作為建材	新北市新莊區新莊路218號
彰化關帝廟	知縣秦士望	1735	木造建築無彩繪,形制簡樸,斗栱造型平實渾厚	彰化縣彰化市民族路467號
鹿港三山國王廟	客家潮州移民	1737	三川門門扇裙板「剔地起突」的雕法精湛,構圖工整	彰化縣鹿港鎮中山路276號
彰化南瑤宮	士民倡議興建	1738	四落四殿,一埕二院,三川殿屋頂為「斷簷升箭口」造型	彰化縣彰化市南瑤路43號
蘆竹五福宮	地方人士	1739	大木構造及木雕、石雕、交趾陶等裝飾均具有藝術品味	桃園縣蘆竹鄉五福村60號
艋舺龍山寺	泉州三邑移民	1740	前殿有八角藻井,擁有全臺唯一的鑄銅龍柱	臺北市萬華區廣州街211號
臺南五妃廟	臺灣府海防補盜同知曾邦基	1746	為「墓廟合一」的陰廟,廟門兩旁「八字牆」頗為特殊	臺南市五妃街201號
新竹都城隍廟	臺灣府淡水撫民同知曾曰瑛	1748	建築為閩南傳統形式,連續山牆具高低起伏為其特色	新竹市中正路75號
芝山巖惠濟宮	漳州移民	1752	七開間、兩殿、兩廊、兩護龍的傳統廟宇建築	臺北市至誠路一段326巷26號
鹿港天后宮	富紳施世榜等	1753	三川殿為五開間建築格局,正殿為閩南重簷歇山式建築	彰化縣鹿港鎮中山路430號
三重先嗇宮	地方人士	1755	改建時採對場作,即虎、龍兩邊不同匠師,呈現兩種風格	新北市三重區五谷王北街77號
彰化定光佛廟（汀州會館）	汀州移民	1761	屬兩殿兩廊兩護龍式,建築本體保存木構架原貌	彰化縣彰化市光復路140號
彰化元清觀	泉州移民	1763	木作具有獨創性,前殿斗座、龍拱板有設計感	彰化縣彰化市民生路209號
新港水仙宮	笨港商人	1780	正殿與拜殿之間的瀉水口「魚龍吐水」頗為知名	嘉義縣新港鄉南港村3鄰舊南港58號
新莊廣福宮（三山國王廟）	粵籍移民	1780	格局、屋架、屋面採用閩南式,通樑採廣東式矩形斷面	新北市新莊區新莊路150號

中港慈裕宮的青斗石獅

新港水仙宮知名的「魚龍吐水」

宜蘭昭應宮以龍柱、青獅聞名

寺廟名稱	建造者	建造年代	建築工法特色	地址
中港慈裕宮	地方人士	1783	青斗石獅雕工精細，堪稱全臺難得一見的石獅藝術精品	苗栗縣竹南鎮民生路7號
鹿港龍山寺	泉州郊商	1786	三進二院七開間的格局，是臺灣保存最為完整的龍山寺	彰化縣鹿港鎮龍山里金門巷81號
艋舺清水巖	泉州安溪移民	1790	前殿中門前的龍柱、兩側山牆的磚雕圖案，具藝術水準	臺北市康定路81號
士林慈諴宮	何錦堂獻地建廟	1796	臺北市唯一於正前方保有三座精緻戲臺的廟宇建築	臺北市大南路84號
大龍峒保安宮	泉州同安商人移民	1805	臺灣現存少見的對場作寺廟，建物以木造雕樑為主	臺北市哈密街61號
鹿港文武廟	富紳蘇雲從倡議	1811	左書院居、中文祠、右武廟，為三合一文教祭祀建築群	彰化縣鹿港鎮青雲路2號
新港奉天宮	將軍王得祿倡建	1811	廟號為嘉慶皇帝御賜，建築的形制是仿照清朝皇宮	嘉義縣新港鄉新民路53號
宜蘭昭應宮	地方人士	1812	三川殿檐下龍柱、青獅、石枕、壁堵，石雕生動華麗	宜蘭縣宜蘭市中山路160號
桃園景福宮	墾首薛啟隆	1813	前、後殿屋頂皆作重簷假四垂式，為全臺廟宇中所罕見	桃園縣桃園市中正路208號
鹿港地藏王廟	地方人士	1815	平面簡單、構造簡潔的廟宇，平面依中軸左右對稱	彰化縣鹿港鎮力行街2號
旗山天后宮	黃群獻地建廟	1816	木造結構來自唐山福杉，斗栱、石材雕刻，皆來自中國	高雄市旗山區永福街23巷16號
淡水鄞山寺（汀州會館）	汀州府人張鳴岡、羅可斌	1822	前低後高、左右對稱構成圓形界線，顯示閩西永定特色	新北市淡水區鄧公路15號
南鯤鯓代天府	地方人士	1822	廟內雕刻精緻、彩繪與傳統剪黏都具有特色	臺南市北門區鯤江村蚵寮468號
大稻埕霞海城隍廟	林佑藻、陳浩然、蘇斐然	1856	全廟僅約46坪，牆壁內部構造為2台尺厚的石材	臺北市迪化街一段61號
艋舺青山宮	泉州三邑人	1859	廟宇基地呈矩形縱深，三開間三進，木造建築頗為樸實	臺北市貴陽街2段218號
景美集應廟	高、林、張三姓人士	1860	兩殿、兩廊、兩護龍，為清代臺灣中型寺廟的代表	臺北市景美街37號
佳里震興宮	泉州府安溪移民	1868	入口處廊牆上方葉王交趾陶「憨番抬厝角」為鎮廟之寶	臺南市佳里區佳里興325號
臺北孔子廟	臺灣兵備道夏獻綸、臺北知府陳星聚	1875	典型的閩南式建築，設計擷取南方建築的諸多精華	臺北市重慶南路一段165號

南鯤鯓代天府的傳統剪黏

佳里震興宮的葉王交趾陶「憨番抬厝角」

間、落、埕、院、殿

臺灣傳統的宅第寺廟常以面寬及進深來表示建築物的規模。所謂「間」（或稱「開間」）即衡量面寬的單位，兩柱之間或兩牆之間，距離為「一間」。但是不同建築物，其「間」之寬度未必相同，即使是同棟建築，其「間」之寬度也常有異。中國古代以奇數表吉祥，所以絕大多數的「間」均為單數，「間」越多代表等級越高。「落」（或稱「進落」）則用來表示深度。埕是指前埕廣場；院是指中埕廣場與後埕廣場。寺廟中的「殿」指廳堂，通常廟宇的前殿稱為三川殿，「三川」意指前殿有三個門，三川殿的屋頂亦稱三川脊，中央為明間位置最高，左右為次間則較低。

附壁柱工法

在建築物主要構成元件中，柱是用來支承屋頂、樓板、地板等荷重物的垂直構材，一般可分為獨立柱及附壁柱。在臺灣傳統的寺廟建築中，在構工施作時將柱子嵌入牆體，而柱身僅露出一半者，稱之為附壁柱工法，也就是把柱子依附在壁體內。彰化鹿港興安宮以此工法支撐門楣上方的木構建築（原來舊廟宇的雕刻及棟架），是當時較為罕見的工法。

鹿港興安宮採取附壁柱工法

對場作

傳統建築在其建造過程中，左右兩邊由不同的建築師傅分別獨自建造，再合力完成整座建築物。其建築物左右兩邊相對應之元件、尺寸相似，但是形狀、樣式、手法卻各異其趣。採取對場作的原因，可能是單一團隊人力不足無法獨力完成工程，或是競爭承包建築物建造的雙方師傅互不相讓，亦有建築物業主希望藉由此相互競爭來激發出更好的視覺效果。

民間建築土壩 截留流水

在18世紀末葉以前，臺灣的土木工程不多，公家主要的就是築城，民間主要的是建築水圳。

築城工程並不是發包給業者去做，而是由政府遴選地方士紳組成「局」（臨時管理機構），依照身家財產向富戶派捐，依照丁口向平民派工，並提供少數特殊材料給承攬業者。

相較於大型的築城案，水利工程就普及多了。在18世紀以前，臺灣的水利工程規模很小，而且只集中在嘉南平原和屏東平原。這些平原上的河川坡度很緩，並且彎曲蛇行。旱季水流幾乎乾涸，雨季大水一來就改道，平原上到處都是斷頭的廢河道，這些廢河道（牛軛湖）只要蓄積雨水，就是一種最原始的灌溉設施，但如果順應地勢築起高岸，更能擴大蓄水，這就是嘉南平原最簡易的「埤仔」。

這種「埤仔」只能蓄積雨水，水源並不充沛。比較大規模的「埤」，則是在河川的流路中，選擇河床寬闊深陷的地段，築一道攔河堰，使之成為小型水庫。嘉南平原河川在枯水期時水流和緩，簡易土壩就可以截留流水。

每年在冬春少雨時，農民們利用水流枯竭時建築攔河堰，開始蓄積溪水，等待春天一期稻插秧時剛好可以派上用場。進入夏天以後，禾苗就不再需要那麼多的水分，「埤」也完成了它的使命。然後，某日雷聲大作，夏季第一場的午後大雷雨來臨，簡易脆弱的攔河堰就被水流沖走了。下一次重建攔河堰，又得等到雨季過去，在水枯見底的冬天了。如此年復一年，循環不已。而這些簡易的灌溉設施，一般農民稍加組織就有能力構築。

牛軛湖

牛軛湖

是位於河川旁一種形狀為彎月形，像是牛軛的湖泊。河川由上游往中、下游流，愈到下游的地方，河道寬度愈寬，流速愈緩，極易形成彎曲的現象，稱為曲流。曲流的外側水流較急，河岸在河水不斷地沖擊下，會逐漸崩解後退，形成較陡的凹岸，稱為切割坡（攻擊坡）；而曲流的內側水流較緩慢，因而產生泥沙淤積，而成為向外凸出的河岸，稱為滑走坡（堆積坡）。在經年累月侵蝕之後，河川切穿曲流頸，形成筆直新河，而舊有的曲流頸淤塞，便形成牛軛湖。

彰化二水林先生廟

大型水圳工程 造福農民

從18世紀開始，隨著大規模的水利設施的興建，才真正出現了專業師傅。

彰化八堡圳是由豪族施世榜糾集流民在1719年開始建造，從鼻仔頭（今彰化縣二水）設圳頭，挖掘渠道，引用濁水溪的水來灌溉農田。當時水圳的建設十分艱難，據說有位自稱林先生的水利專家前來，教導流民利用藤竹做成壩籠，安置在河中將溪水引入大圳。在滿水期時，壩籠可以避免水勢直衝入圳道破壞水圳；在乾旱期可以匯聚水源導入圳道。它是以藤編成的頭寬尾狹的圓錐型壩籠，狀如倒筍，故又稱「圓筍」或「倒筍」，因貌似蛇，也稱為蛇籠壩。

在水圳完工後施世榜想厚謝這位臺灣最早的水利工程師林先生，但他拒絕受酬，也不示姓名，只自稱「林先生」，後人仰其恩德，在二水取水口附近建一廟宇以資紀念，此廟稱為「林先生廟」。

滿清據臺期間，臺灣有三大水利工程，除了八堡圳之外，還有北部的郭錫瑠父子建造的瑠公圳（1740年）以及南部曹謹闢建的曹公圳（1837年），瑠公圳的水利設施以水橋著稱。三個水圳中以八堡圳的興建最早，灌溉面積也最大，所以後人將施世榜尊稱為臺灣水利建設的祖師爺。

八堡圳圳頭，為全臺規模最大的蛇籠壩

曹公圳圳頭施工的樣貌，攝於1900年

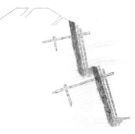

曹公圳圳頭壩體剖面結構圖，左方是壩體外側，右方則是蓄水的內側

曹公舊護坡表面的結構圖，主結構為縱橫交錯的竹子，草蓆固定在坡面上

曹公圳圳頭水壩，結構為砂土重力壩，外側護坡採用草竹柵蓆結構

曹公舊圳取水口的線條圖，共有三個進水口，調節閘板設於內部

蛇籠壩與水橋

從1720年代開始，臺灣中部以北開始建築大規模的水利設施，才出現了需要專業師傅才能建設的土木設施——蛇籠壩與水橋。蛇籠壩是在疏鬆岩石外包纏以藤竹做成圓柱形束狀，以水平或垂直放置，穩定壩體邊坡，由於構造複雜，施工難度和造價都較高，必須依賴專家才能完成。至於水橋，又稱「水梘」，則出現在瑠公圳跨越景美溪上，橋墩採用木構架，槽體以木板片製成，水橋又名渡槽，是一種水利設施，景美的舊名即為「梘尾」。

瑠公圳跨越景美溪水橋，橋墩採用木構架，槽體以木板片製成

第三節 軍事與鐵路建設

日軍犯臺 沈葆楨籌防務

1874年，牡丹社事件爆發，日本以1871年琉球王國船難者遭臺灣原住民殺害為藉口，派兵攻打臺灣。清廷聞訊後派遣福建船政大臣沈葆楨，緊急前來臺灣籌辦防務。沈葆楨於安平興建砲臺（即今臺南億載金城），置西洋巨砲以為防禦，積極備戰。最後，日本因飽受臺灣南部瘴癘之氣所苦，同時因尚未具備大規模對外征戰能力，雙方訂約後，日軍撤離臺灣。

沈葆楨在安平興建砲臺（今臺南億載金城），攝於日治時期

當時臺灣隸屬福建省管轄，府治設在臺南。但是以臺南為首府，對大甲溪以北的臺灣北部地區鞭長莫及，形成防衛空虛現象。於是，沈葆楨奏請設立臺北府，下設淡水、新竹、宜蘭三縣及基隆廳。此外，他也奏請派福建巡撫於冬春兩季移往臺灣辦公，於是時任福建巡撫丁日昌也於1876年來臺，開辦煤礦，並架設中國第一條自建電報線。

丁日昌

1823-1882年，1876年就任福建巡撫後來臺推行新政。同年，上海建成中國最早的淞滬鐵路，這是由英資怡和洋行所投資興建，此鐵路通車僅一個月即因輾死一名士兵，造成民情激憤，清政府於是出資28萬5千兩買下，並在1877年予以拆毀。他奏請將此鐵路材料運到臺灣，以供興築鐵路之用，但因福建省必須分攤左宗棠弭平回亂軍費，加上閩浙總督何璟反對經營臺灣而處處掣肘，苦無經費，這批鐵軌就被棄置在安平海灘上。

臺北建城 外形方正規矩

臺北建城，是在1879年臺北知府陳星聚到任後，開始擬定建城計畫，但苦於經費不足，又受限於城址地為水田，土質鬆軟，於是先植竹培土，待三、四年後基地紮實，再正式建城。

臺北城興築於1882至1884年間，是先有完善的規劃設計再興築的城牆。當時臺北地區最熱鬧的地方是艋舺和大稻埕，但是臺北城卻選擇在兩者之間的空地上建城，因此在建城之初，城內除了少數的民居或廟宇，幾乎都是稻田。

臺北城建城者知府陳星聚，其故鄉河南省臨潁縣為他在當地塑像

臺北城是全臺灣唯一的方形城池。其他地方的城牆，外形構成多遷就實際的地形，或是原有聚落的範圍。若是規模較大的城，例如臺南，圍牆就會較富變化，若是規模較小的城，例如彰化，就會成為橢圓形。唯有臺北城，原來就不打算蓋在舊聚落的人口密集處，而是選擇一塊人口稀少的土地，完全按其理想設定，無需遷就現實條件，因此，臺北城的外形特別方正規矩。

臺北城牆內外兩面皆用堅硬的長條石塊，這些石塊來自士

昔日臺北北門，攝於日治時期

昔日臺北城大南門，攝於日治時期

原來的臺北東門景福門，攝於日治時期

臺北天后宮，原址在二二八紀念公
園國立臺灣博物館後方

臺北城內的布政使司衙門位於植物園內，攝於日治時期

林、內湖等山區的打石場，將巨石依一定尺寸打鑿切段，載運至工地使用。在石條中間，則是填入沙土，並且層層夯實。石塊間的砌合處又以三合土黏結，而建城前要深挖地基，地基同樣以石塊填實。所以，臺北城的用料和施工，相當講究。

臺北城從城門、城牆到甕城、角樓、敵臺等，全部採用條石建築，磚造的城垛外部還覆以灰泥，堪稱全臺灣工事最完整的城牆。臺北城也是第一個採用本島條石的案例，除此之外，臺灣各城的條石皆購自福建。

值得一提的是，臺北城的方形城牆每隔一段距離，設計一個突出牆面的平臺，稱之為「敵臺」，這是城牆上用來防禦的高臺，可以更有效地攻擊處於牆腳下的敵軍。此外，方城的四個轉角，各設一座角樓，角樓有屋頂簷樑，功能如同碉堡，平時可遮風避雨，供守軍休息或儲放軍事物資，戰時則用來當作砲臺。

臺北城內的建設，最重要的就是政府辦公廳，包括巡撫衙門、布政使司衙門、臺北府衙、籌防局、考棚等。還有官廟，包括文廟、武廟和天后宮。此外尚有軍隊的營房和西學堂、番學堂

臺北城新市街

清末出現於臺北城的新市街

臺北城新市街類似「販厝」。臺灣巡撫劉銘傳組織來自江浙地區的商人成立興市公司，興建商店，這些由富商投資建築的新街，採用相同格局的店面，完工後再販售或租賃出去。這些建築物的每間店面都有「亭仔腳」（騎樓），「亭仔腳」外有排水溝，馬路則由政府出資以條石和卵石砌築，甚至可見其洩水坡面，此外還裝設電燈，開鑿新式公共水井。這些新市街位於西門街、石坊街（今衡陽路、重慶南路）及北門街（今博愛路）一帶。

現代營造廠的出現

將「營造」冠於承攬工程的現代廠家名稱上始於1880年，上海川沙人楊斯盛在上海創立楊瑞泰營造廠，這是中國第一家新式營造廠，他所承建的「江海北關」成為當時上海地標式的西洋建築。之後，新式營造廠所承攬的工程從建築物擴增至橋樑、公路、鐵路、車站、港口、水庫、電廠、機場、大型廠房、體育場館等。因此，嚴格定義的現代營造業發展至今不過一百三十年。

楊斯盛在上海創立中國第一家新式營造廠

等。至於全臺北耗資最巨的大建案——機器局，則緊鄰北門城外。另外，隨著人潮的聚集，商業也開始發展，在臺灣巡撫劉銘傳主政時期，臺北城新市街也出現了。而就在臺北城蓬勃發展的同時，在中國的上海也創辦了第一家現代營造廠，自此「營造業」也開始朝專業及科學的方向發展了。

臺灣現存清代砲臺古蹟表

砲臺名稱	建造者	建造年代	工法與特色	位置
臺灣府城巽方砲臺（巽方靖鎮）	地方官紳	1836	以珊瑚礁砌成，黏以三合土，有花崗石樓梯可登樓	臺南市光華街
四草砲臺（鎮海城）	臺灣道姚瑩	1840	圍牆外側為花崗石板，內側以大鵝卵石和三合土砌成	臺南市顯草街
安平小砲臺	臺灣道姚瑩	1840	以花崗石、卵石砌成，南、北、西面有六個磚造堞	臺南市安平區
二鯤鯓砲臺（億載金城）	欽差大臣沈葆楨	1874	建材以三合土及磚材為主，部分磚材來自傾圮的熱蘭遮城	臺南市安平區
旗後砲臺	淮軍統領唐定奎	1876	建材為鐵、水泥及紅磚，磚牆採用「人」字砌法	高雄市旗津區
社寮島東砲臺	臺灣巡撫劉銘傳	1886	石砌存蓄水池、營舍校兵臺、指揮所、機槍堡、觀測所等	基隆市和平島
滬尾砲臺	臺灣巡撫劉銘傳	1888	回字形碉堡式建物，外圍牆垣高3丈餘，中間有三間磚房	新北市淡水區
基隆二沙灣砲臺（海門天險）	臺灣巡撫劉銘傳	1888	採用傳統中國城門築法，內有東砲臺、北砲臺區等	基隆市中正區
西嶼西臺	臺灣巡撫劉銘傳	1889	聘請德國工程師包恩士（Baons）規劃設計	澎湖縣西嶼鄉
西嶼東臺	臺灣巡撫劉銘傳	1889	有內外二城廓、觀測所，內廓有營舍與砲座	澎湖縣西嶼鄉
金龜頭砲臺	臺灣巡撫劉銘傳	1889	城垣為玄武岩疊砌及混凝土構造，有砲臺基座及樓梯	澎湖縣馬公市
獅球嶺砲臺	臺灣巡撫劉銘傳	1894	主要的結構建材為山岩，為清末小型砲臺的代表	基隆市仁愛區
頂石閣砲臺		1894	採用磚石卷拱的興築方式，為清領時期特有的建築特色	基隆市中正區

巽方砲臺

四草砲臺

安平小砲臺，攝於日治時期

清代的臺鐵辦公廳

歷經中法戰爭 臺灣建省

　　1884年，中國滿清政府與法國為越南主權問題爆發中法戰爭，為防戰火波及臺灣，清廷命准軍將領劉銘傳督辦臺灣軍務。法國水師提督海軍中將孤拔（Anatole Courbet）率軍東來，下令進攻基隆及滬尾（今淡水），幾度激戰後法軍遭守軍擊退。戰事延續至次年，孤拔一度率領艦隊佔領澎湖，再遭守軍浴血抵抗，孤拔重傷不治。最後因犧牲慘重，中法議和，結束戰役。

　　經此一役，臺灣地位更顯重要。1885年，臺灣改制為行省，首任巡撫劉銘傳延續先前治臺的福建巡撫丁日昌之構想，深知鐵路對國防軍事及政治經濟發展之重要性。抵臺就任後數次上奏朝廷，終於在兩年之後獲准在臺興建鐵路。劉銘傳成立「全臺鐵路商務總局」（今臺灣鐵路管理局前身），規劃修築基隆到新竹間的鐵道。

興建鐵路 現代營造萌芽

　　臺灣鐵路在1887年開工，當時臺北車站設於大稻埕，隔年大稻埕至錫口（今臺北松山）一段即告通車。7月18日，由機器局

劉銘傳

1836-1895年，臺灣首任巡撫，其任內在臺的建設以興建臺北到基隆間32.2公里的鐵路為首要。其他建設包括架設天線，分別是陸路線臺北至臺南，海路線淡水至福州及安平至澎湖；拓展船運，組設商務局，積極發展國際貿易；興辦軍火工業，在臺北府城北門外，設立臺北機械局；創辦新式學堂，電報學堂設於臺北大稻埕（今臺北市延平北路）、西學堂設於臺北府城內；建設臺北府城，修築城垣並重新規劃城內街道鋪以石塊，同時在主要街道裝設路燈；購置第一輛蒸汽輾路機等。就鐵路建設而言，臺灣鐵路是全中國首見官辦並且運客的鐵路，在1887年動工興建，以大稻埕一帶為中心，沿著基隆河南岸往北延伸，足足花費了五年的工期。原本，鐵路應在1893年延伸到新竹，但劉銘傳在1891年因基隆煤礦弊案備受攻擊而告老還鄉。繼任臺灣巡撫邵友濂則因財政困難與理念不同而放棄許多既定政策，臺灣的鐵路建設也宣告中斷。不過，劉銘傳時代仍堪稱開啟臺灣近代化建設之先河。

舉行試車典禮,當時連日臺北府城內外,扶老攜幼前往觀看者人山人海,眾人無不嘖嘖稱奇。

鐵路工程可以分為幾個工區,自基隆起點起算,分別是:獅球嶺段(今基隆市)、汐止工區、南港工區、臺北工區、龜崙嶺段(今桃園縣龜山)、桃園工區、新竹工區等。其中只有獅球嶺和龜崙嶺兩段由兵工負責,佔路線總長不到兩成,其他各工區則外包給民間。

當時興建鐵路最大的包商是在中法戰爭中立下軍功的蘇樹森,他負責獅球嶺到南港路段,手下有30多名小工頭。另外,錫口到南港間委由大工頭陳青松帶班,臺北至錫口一段則由林乖等3名工頭帶班。

臺北以南的路段則是指定地方士紳當督辦委員。龜崙口(今桃園縣龜山)至鳳山崎(今新竹縣湖口)段由新埔士紳陳朝綱督辦,鳳山崎至新

最早的臺北火車站是大稻埕車站

龜崙嶺段為清代臺鐵土方工程最艱巨的路段

蘇樹森

1827-1903年,祖籍泉州府安溪縣,其祖先於乾隆年間渡海來臺,由滬尾(今淡水)上岸,後來遷到七堵,以製作豆乾、豆腐為生,後經營雜貨店。自其父時遷到水返腳(今汐止)。他因經營茶行而致富,1884年參與抗法戰事有功,率領義軍300人將法軍擊退至貢寮,1895年受朝廷封為「四品軍功」舉都司銜,後又任鄉賓。日人據臺後,於1897年獲授紳章。他所遺留之清代官服現收藏於國立臺灣博物館。

獅球嶺隧道

獅球嶺鐵路隧道

清代在臺灣興建鐵路,施工最困難的莫過於穿越獅球嶺全長235公尺的隧道工程。這是由劉銘傳的子弟兵「銘字營」負責營造,1887年夏動用駐防的三營官兵,投入挖山洞的工程。然而,勞力顯然不足,軍隊一營編制500人,實際上只有七、八成在營,扣除生病與陣亡者,實際只有一半人數。此外,「銘字營」還必須支援砲臺建築,相當辛苦。工程期間,最具有殺傷力的是熱帶傳染病,「銘字營」來自外省,本來就水土不服,加上基隆地區氣候潮濕,疾病肆虐,在施工進行時,據傳有40～50人因此病逝。

竹段由富商林汝梅督辦，新竹以南中部路段由霧峰士紳林朝棟督辦。不過後來鐵路只蓋到新竹，因此林朝棟並沒有參與施作。

在中國的傳統觀念中，大型公共工程和戰爭幾乎毫無差別，工地的組織管理方式也和帶領軍隊一樣，都稱之為「役」，不管工役或戰役都是「役」。滿清當局把蓋鐵路當成打仗，因此鐵路的發包方式，也和中法戰爭時雷同，蘇樹森、林汝梅、林朝棟等人，在被劉銘傳徵召組織鄉勇抵禦法軍後，又奉命督辦鐵道工程。他們在中法戰爭時招募來的鄉勇，在戰爭後就轉成鐵路工人。這與劉銘傳麾下的士卒戰時打仗，戰後做工程，如出一轍。

與築城工程粗獷的品質相較，鐵路工程要求的準確度高，坡度、彎道、邊坡駁坎都馬虎不得，因此，鐵路工程給了臺灣現代營造業萌芽的機會。鐵道工程中最重要的橋樑由廣東包商張家德獨攬，連材料都由他經手從廣西邊境運送來臺灣。臺灣本地人能

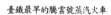

臺鐵最早的騰雲號蒸汽火車

夠參與的，只有技術等級最低的土方工程而已。然而，在臺灣鐵路的興建期間，隧道屢建屢坍、橋樑屢搭屢斷，無懼開山闢路艱辛，不畏山林瘟疫橫行，這全賴先人的毅力與新工法的發明才得以克服萬難。

　　就在被當時民眾稱為「火輪車」的列車奔馳在臺灣西北部的軌道上時，也正象徵著臺灣的營造業已度過漫漫長夜，迎向黎明。

張家德與淡水河大橋

廣東籍華僑工程師張家德興建的淡水河大橋

廣東籍的華僑工程師張家德僑居美國多年，以造橋技術精湛而聞名。他應劉銘傳邀請來臺，負責臺灣鐵路沿途橋樑的建築工程。他在實地考察後，克服土地鬆浮、隨處崩塌的不利地貌，從基隆至新竹主持修建橋樑74座。其中以1889年興建跨度448公尺的淡水河大橋最巨，架橋石材取自觀音山，鐵料部分則為松滬鐵路舊品，不足者再委由瑞記洋行向外採購，本橋以上通火車、下通舟楫，可隨時起閉而遠近馳名，但於1897年因颱風暴雨所襲，沖毀幾近三分之一。

鐵路建設與金瓜石金礦

金瓜石的本山五坑曾大量生產黃金

金瓜石金礦發現於鐵路建設期間。1891年在修築八堵鐵橋時，一位曾參與美國鐵路建設、歷經過淘金潮的粵籍工人，在午餐後抱著好玩的心態，以其飯碗在橋底淘洗河沙，赫然發現基隆河的砂金。於是淘金客紛紛聞風而至，最高同時有3,000多人來此。1891年以後的五、六年間是高峰期，清政府在此設關抽稅，當時登記報稅量有2萬兩。

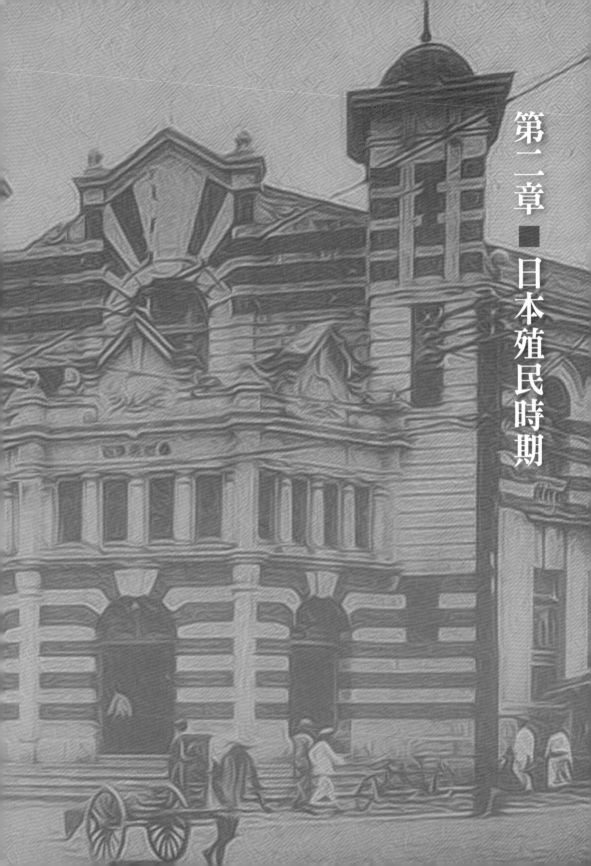

第二章 ■ 日本殖民時期

大倉喜八郎

第一節 殖民統治下的公共建設

牡丹社事件 大倉來臺

　　最早來到臺灣的日本請負業（營造業）是大倉喜八郎，他於1874年牡丹社事件日本進軍臺灣時，曾以包商身分負責為日本陸軍調配軍需物資和募集「軍夫」，從而嶄露頭角，利用政商權力結合，迅速累積資本，並於1883年創業，成立大倉組。

　　依照日本軍隊的編制，軍人是正規士兵，任務是作戰，其他搬運裝備彈藥、構築軍事工程的工作則由「軍夫」負責。軍夫因為有構築工事的任務，因此這些包商逐漸培養出土木建築的能力，藉此為日本現代營造業奠基。

　　牡丹社事件之後，正逢日本本土鐵路工程如火如荼地展開，大倉喜八郎手下的人馬立即投入鐵路工程，慢慢培養出專業的鐵路施工能力。此外，大倉組更獨得長崎佐世保軍港與廣島吳軍港的建築案，因此，他們也在各地建築軍港與要塞砲臺。

發行事業公債 興建鐵路

久米民之助

　　1894年中日為爭奪朝鮮半島的控制權而爆發甲午戰爭，滿清政府戰敗，被迫將臺灣割讓日本。1895年日本佔領臺灣，大倉組和日本陸軍御用的包商有馬組看準商機，大倉組派分部主任高石忠慥、有馬組派工事部長澤井市造，率先來臺搶食大餅。

　　日本治臺的第一項大工程，是在1896年由軍務局所主辦的鐵路工程，以開通的新鐵路線，取代清代所開鑿的舊線。其中竹仔嶺隧道（今基隆市）東半段指定給大倉組，西半段指定給有馬組。過去曾與高石有同事之誼的久米組負責人久米民之助，也因尋求資金援助，投入大倉組麾下，被派來擔任工事主任；而有馬

請負業

日文的請負（Ukeoi,うけおい），意指承包工事，日文的「工事」即為工程，「請負業」或「土木建築請負業」即為中文之營造業。請負特別強調「按件付酬」，根據日本民法第632條，請負是一種典型的民事契約，當事者一方「承建商」（請負人）依約完成所交付的工作，另一方「定作人」（注文者）必須依約支付報償。請負契約的法律性質包括：承諾完成、雙方義務及有償契約。另外日本商法502條第5項規定，以營業為目的之勞務承包是一種商業行為。

組的工事主任則由澤井市造親自擔任。這項工程非常艱巨，興建期間有300多人殉難，終於在1898年2月完工通車。

　　1898年，第四任臺灣總督兒玉源太郎上任，起用後藤新平擔任民政長官。為了建設臺灣，兒玉總督向東京帝國議會爭取到「臺灣事業公債」，這項公債發行成為興建工程最重要的奧援，在事業公債總額3,500萬日圓中，光是縱貫鐵路一項就將近3,000萬圓。

　　1899年，主辦縱貫鐵路工程的臺灣鐵道敷設部（後改組為鐵道部）成立，日本鐵道局工程師長谷川謹介應後藤新平的邀請來臺，擔任鐵道敷設部技師長，後來並升任鐵道部長。長谷川是日

高石忠慥

1850-1922年，原籍日本東京，出生於福岡縣。1895年以大倉組分部主任身分來到臺北，承包縱貫鐵路工程。1910年後，他自組「合資會社高石組」（日文合資會社即為英文的Limited Partnership Company，有限合夥公司），從事土木營建。1910年，高石組在臺北撫臺街一丁目的新會社建築落成，是獨棟的洋樓式店鋪（今撫臺街洋樓），他承造的工程包括基隆郵便局（1912）、兒玉總督後藤民政長官紀念博物館（今二二八公園內之臺灣博物館，1915）等。1917年由其子高石威泰接手，再組「株式會社高石組」繼續經營。

澤井市造

1849-1912年，出生於日本京都府。1895年以有馬組工事部長的身分來到臺北，承包縱貫鐵路工程。1898年離開有馬組獨立創業，名為澤井組，從事承包縱貫鐵道工程、埤圳等大規模土木工程。他所承包的建築工程，包括

澤井組臺北分店

新起街市場（今西門紅樓，1908）、臺北電話交換局（1909）。他過世後，由其子澤井市良繼承事業，1913年澤井組改為「合資會社澤井組」，1923年澤井組解散，改名為鬼武組。澤井市造的墳墓原在臺北十五號公園，1997年被臺北市工務局公園處掘出。

本鐵路建設的元老級人物，隨著鐵路工地的轉移，與許多長年合作的業者建立夥伴關係，其中最密切的就是鹿島組。長谷川答應來臺主持鐵路工程，也帶著長期的合作夥伴同行。除了鹿島組之外，他也引進了佐藤組、吉田組、志岐組等業者。

興建縱貫鐵路在財務計畫落實之後，緊接著要面對的是工程資材的問題，臺灣雖然有豐富的木材、石材和煤炭，但是如何將資材運至動工的現場，卻有很大的困難。最後決定大部分的資材是由日本或由其他國家進口，先運到基隆港和高雄港，再運到工地。

七家業者得標 劃分工區

臺灣縱貫鐵路開工，被指定參與投標的業者，總共有大倉、澤井（1898年澤井市造自立門戶）、久米（久米民之助的久米組）、鹿島、佐藤、吉田、志岐等業者。

長谷川謹介

1855-1921年，出生於日本山口縣。1874年進入鐵道寮擔任英語通譯，1877年轉至鐵道工技生養成所，後擔任日本鐵道局的工程師。1899年受臺灣民政長官後藤新平邀請來臺，擔任臨時臺灣鐵道敷設部（後改組為鐵道部）技師長，並於1906年升任鐵道部部長。他除規劃縱貫鐵路外，也負責港口、車站與支線的建設工作，被稱為「臺灣鐵道之父」。在1908年縱貫鐵路完工後即離開臺灣，返日後歷任鐵道院技監、鐵道院副總裁等職。

臺北驛（今臺北車站）正前方的銅像為鐵道部長長谷川謹介，由營造業者們捐款塑造

臺灣事業公債

兒玉源太郎就任臺灣總督後，向日本中央政府提出高達6,000萬日圓的「臺灣事業公債」法案。不過，當時因為日本經濟蕭條，中央政府對於發行公債抱持猶豫態度。幾經折衝，帝國議會於1899年通過了「臺灣事業公債法」，但將公債發行總額砍到只剩下3,500萬圓。臺灣總督府發行事業公債，投入「四大事業」（縱貫鐵路、土地調查、基隆築港、建設總督府辦公廳）建設。「臺灣事業公債」採獨立會計，帳目和總督府的歲入歲出無關，期限長達十年，成為建設臺灣最主要的財源。

決定得標名單的人，主要就是後藤新平與長谷川謹介。鐵道部以平衡為原則進行安排，七家業者全部得標，得標金額和包商規模相符合，而且標案的規模與技術難易度，也都事先經過計算與規劃。

縱貫鐵路從臺北到打狗（今高雄）分為四大工區：北部改良線（臺北至新竹）、北部新線（新竹至豐原）、中部新線（豐原至濁水溪北）、南部新線（濁水溪橋至打狗港）。其中的北部

竹仔嶺隧道是日本領臺後第一個大型工程

改良線是將滿清時期在基隆至新竹間所鋪設約100公里的鐵路，只保留其中的8公里，其餘都重新測量、鋪設。不過，原來在滿清時期所採用1,067mm軌距，則予以沿用。

橋樑隧道工程 精確發包

鐵路四大工區的包商安排，分成土工、橋樑與隧道三部分。土工技術等級最低，工作面不受限制，施工容易，全線400公里的土工，總價為當時幣值的280萬圓，平均分配給大倉、澤井、久米、鹿島四大包商，剩下一些零星路段則分給小包商佐藤、志岐、吉田等組。

縱貫鐵路的軌距

鐵路的軌距有所差異

國際鐵路協會在1937年制定1,435mm（英制4呎8½吋）為標準軌，在這之前，由於各國的地形不同，而各自採取不同的軌距，日本大部分的鐵路軌距是1,067mm，所以1,067mm是日本標準軌，清代臺灣所建鐵路也是1,067mm。臺灣直到臺北捷運、高速鐵路、高雄捷運興建時，才採用1,435mm國際標準軌。由於1,067mm較1,435mm短少約三成距離，所以又稱「七分車」。日治時期也在臺灣興建產業鐵路，為適應複雜多變的地形與減少成本，採用762mm軌距，俗稱「五分車」，阿里山森林鐵路就是762mm窄軌，而日治時期花蓮臺東線原為762mm，在十大建設時配合北迴鐵路改造為1,067mm。

日治時期的臺灣幣值

臺灣銀行發行的拾圓紙鈔

日治初期，臺灣的幣制非常的混亂，流通的貨幣種類有100多種。臺灣總督府在1899年以100萬圓為額度，認購臺灣銀行股份，成立「株式會社臺灣銀行」，同年9月26日開始營業，當年先發行臺灣銀行券之壹圓銀券（銀本位）及伍圓銀券，第二年則發行拾圓與伍拾圓紙鈔。自此，臺灣各地流通百餘種貨幣的紊亂金融情形得以改善。以1905年的薪資水準來看，擔任木工、煉瓦、製茶的職工，平均月薪約為17至18圓。

苗栗隧道北口有臺灣總督兒玉源太郎的題字——功維敘

第九號隧道為縱貫線最長的隧道，現已改為「后豐鐵馬道」自行車道

隧道則集中在中部的三義段，豐原以南完全沒有，總價高達240萬圓；橋樑總造價約750萬圓，最為昂貴。因為橋樑和隧道需要技術和經驗，考驗著包商的實力，在分配工作時就必須仔細考量。

在四大包商中，大倉組和澤井組的事業重心在臺北，除了鐵路工程之外還接下政府部門其他的案子，因此，鐵道部將其承包路段集中在豐原以北。相反地，鹿島組被鐵道部安排在南部，專心承包鐵路工程。至於久米組則工地散布全線，中部和南部都有專職經理各自負責。

與其他主要包商相較，澤井組的技術背景最薄弱，但鐵道部仍然提供他們培養經驗的好機會，在北部改良線工區的七座大橋中，將距離臺北最近的新店溪橋保留給澤井組，因為這裡距離鐵道部最近，還可以就近指導與監控。另外，在北部新線工區中，也指定距離新竹建設事務所最近的中港溪橋，由澤井組承建。隧道部分，澤井組包到的都是短隧道，包括造橋隧道、勝興到泰安間的四號、五號、六號隧道及泰安到后里間的八號隧道。

針對技術背景第二薄弱的久米組，在北部改良線工區中，鐵道部把距離臺北第二近的第一大科崁溪橋保留給他們。至於北部新線工區中，久米組包下魚藤坪橋、銅鑼隧道、三義到勝興間的一號隧道、勝興到泰安間的三號隧道和后里到豐原間的九號隧道。久米組所承包的九號隧道，是全線最長的一座，也是其負責工程中最艱難的一項，久米組能夠順利完成九號隧道，實屬不易。

鐵路完工 貫通臺灣南北

其他豐原以北所有困難的工程,自然都非大倉組莫屬。就橋樑而言,北部改良線七座大橋中,除了距離臺北最近的兩座讓給澤井與久米組之外,剩下第二大斝崁溪橋與竹北地區的鳳山溪、荳仔埔溪、紅毛田溪、烏樹林溪等大橋,都由大倉組承包。大倉組承包的五座橋總價將近100萬圓,相較於澤井與久米組負責的橋樑不過20萬圓上下,其規模難度差異,可見一斑。

至於北部新線工區六座大橋中,最容易的兩座委託澤井與久米組,每座造價不過12至13萬圓左右。剩下後龍溪、內社川(苗栗鯉魚潭)、大安溪、大甲溪四座大橋,總價將近120萬圓,也都必須仰賴大倉組才得以完成。

此外,大倉組也對縱貫鐵路的隧道工程貢獻卓著。北部新線比較長的苗栗隧道、勝興到泰安間的二號隧道以及七號隧道,都是大倉組的傑作。七號隧道是全線最困難的一座,施工期間長達三年,工程施作時湧水與落磐災

第七號隧道技術困難全臺第一,由大倉組承包

縱貫鐵路隧道工程分配表

名稱	長度(公尺)	區間	承包營造業者
造橋隧道	193	造橋—豐富	澤井組
苗栗隧道	441	苗栗—南勢	大倉組
銅鑼隧道	240	南勢—銅鑼	久米組
一號隧道	230	三義—勝興	久米組
二號隧道	725	勝興—泰安	大倉組
三號隧道	511	勝興—泰安	久米組
四號隧道	48	勝興—泰安	澤井組
五號隧道	237	勝興—泰安	澤井組
六號隧道	228	勝興—泰安	澤井組
七號隧道	1,262	勝興—泰安	大倉組
八號隧道	515	泰安—后里	澤井組
九號隧道	1,270	后里—豐原	久米組

註:九號隧道今成為后豐鐵馬道一部

魚藤坪橋

魚藤坪橋跨越山谷小溪

位於今苗栗縣三義鄉龍騰村,為1907年興建的縱貫鐵路磚造橋墩橋樑,1935年新竹臺中發生大地震時毀損,變成斷橋,1999年的九二一大地震,又造成第四號橋墩上半部被震毀崩落。在1935年的地震後,臺灣總督府鐵道部即在原橋西側另建第二代魚藤坪橋,於1938年竣工,予以取代。魚藤坪橋在目前赫赫有名,是因為其紅磚拱造型討喜。以工程面論,本橋唯一大跨距只有中央200呎上承鋼樑一座,橋身則利用高聳的磚拱結構補足路面高度,橋墩未立於河床上,不須製作沉箱,就技術層面而言並不算困難。

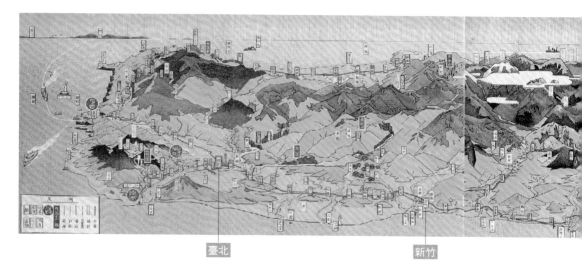

臺北　　新竹

縱貫線第一長橋的濁水溪橋為鹿島
組傑作

下淡水溪鐵橋完工後，西部鐵道全
線貫通，攝於1913年

變不斷，若非委由大倉組如此技術和資本背景雄厚
的包商來擔綱，終究難竟全功。

　　在四大業者中，鹿島組別樹一格。他們先前毫
無在臺灣施工的經驗，在縱貫鐵路開工前，才由長
谷川謹介引薦跨海來臺，而其所有的工地都在大肚
溪以南。所分配到的路線沒有任何隧道，重點工程
在大肚溪、濁水溪、曾文溪、二仁溪等大橋，四座
橋加起來經費超過180萬圓，全由鹿島組承包。

　　從1899年至1907年間，鹿島組的工程幾乎不受
年度預算波動的影響，一直維持著穩定的狀態。這
和臺中以北每年視預算情況發包，業者難以做長遠
打算的情況不同。此外，鹿島組除了縱貫鐵路工程
外，也未涉足其他土木工程，不像大倉組及澤井組
一樣，只要是政府的建案，無論是鐵路、築港、營
舍、官廳等都全包。而且由於鹿島組承包的路線交
通不便，臺北鐵道部官員也很少赴現場勘察，只靠
彰化和高雄事務所少數鐵道部職員監督。但是，鹿
島組的全力投入，讓工程得以一路順遂。

　　1908年4月20日縱貫鐵路在大甲溪橋上合龍，
全線完工，鐵路總長度為400公里，總工程費2,880

臺灣總督府鐵道部於《臺灣日日新報》刊登標明鐵路沿線各站的觀光地圖，1928年

| 臺中 | 嘉義 | 臺南 | 高雄 |

萬圓。10月24日在臺中公園舉行開通典禮，為了這場重要典禮，特別在臺中公園興建湖心亭，並由鐵道部長長谷川謹介引導來臺主持大典的日本皇室閑院宮載仁親王進入亭內休憩。湖心亭工程是由櫻井貞次郎創立的櫻井組所承包，櫻井也因此沾光，聲名大噪。長谷川完成階段性任務後，於當年12月返日升任鐵道院東部鐵道管理局長，結束在臺為期九年的鐵路工程任務。

臺中公園湖心亭為櫻井貞次郎所承造

臺灣縱貫鐵路工程建設營造業者

工程名稱	承包營造業者			時間
	土 工	橋 樑	隧 道	
北部改良線 基隆→臺北	大倉組 有馬組		大倉組 有馬組	1895.10- 1898.03
北部改良線 臺北→新竹	大倉組 澤井組 久米組 吉田組	大倉組 久米組 澤井組		1899.11- 1902.03
北部新線 新竹→豐原	大倉組 久米組 澤井組 佐藤組 吉田組 志岐組	大倉組 久米組 澤井組	大倉組 久米組 澤井組	1900- 1908.03
中部新線 豐原→濁水溪北	鹿島組 久米組	鹿島組		1899.09- 1907.10
南部新線 濁水溪橋→高雄港	鹿島組 久米組	鹿島組		1899.09- 1907.10

桃園大圳入口的俯瞰全景，為今石
門水庫壩址所在，由大倉組承包

桃園大圳施工期間為材料運輸而興
建大平橋

桃園大圳是澤井組解散前最後一個
大工程，在輸水隧道出口處建「供
養塔」，紀念工程殉職人員，右為
供養塔背面碑文「施主　澤井組」
落款字樣

嘉南大圳組合出張所

南北兩大水圳 造福農民

臺灣北部的桃園臺地由於地勢較高，早期農民挖掘8,000餘處埤塘，但埤塘間並無圳路互通，遇旱即乏水灌溉，臺灣總督府為改善灌溉問題，擬定興建跨越臺北、桃園、新竹三地的大圳計畫，用來灌溉農田。

總督府民政部土木局技師狩野三郎及八田與一奉派進行調查設計，工程內容包括官設埤圳的新建及改良現有埤塘兩部分，主要在大嵙崁溪（今大漢溪）上游的石門引水，將舊有各式塘埤串連，總計修築約114公里長的12條支圳，再通過隧道等水工結構物，連結241處埤塘，儲水面積100公頃，總工程費為1,248萬圓。

桃園大圳原本工程龐大，但公開發包的卻只有輸水幹線的隧道，分別由澤井組與大倉組承包，其他工程則採取官方直營方式進行。工程在1916年動工，1924年完工通水，1928年全線完工。大圳灌溉農田約230平方公里，地區涵蓋今桃園縣桃園市、大園鄉、中壢市、蘆竹鄉、觀音鄉、新屋鄉、楊梅鎮、新竹縣湖口鄉及新豐鄉等。

與桃園臺地不同，臺灣南部的嘉南平原，自荷蘭、明鄭至清朝時期，即因長年屯墾而埤、塘、堤、圳散布。臺灣總督府因糧食需求，相中嘉南平原具備農業發展的條件，於1919年將原來負責桃園大圳施工監督的八田與一指派到此，負責規劃設計嘉南大圳。主要目標為引曾文溪、濁水溪的溪水灌溉農田。

嘉南大圳工程，發包者為嘉南大圳管理組合（事務所），總負責技師為八田與一，承包商為鹿島組、大倉組。工程於1920年9月動工，整體工程包括：官田溪上游興建烏山頭水庫（又稱珊瑚潭水

庫），越域引入曾文溪水，開鑿
南、北幹線，南幹線灌溉官田、
麻豆、善化、新市、新化等地，
北幹線灌溉六甲、柳營、新營、
後壁、鹽水、下營等地。另於濁
水溪興築林內等三個進水口，引
濁水溪水源，再開鑿濁水幹線，
合計幹線總長約1,600公里。

嘉南大圳總工程費5,414萬
圓，絕大部分花在直營工程的機
具採購和人事費，真正委外包辦
的工程很少。其中，鹿島組負責曾文溪橋樑工程、北幹
線水路工程、南幹線水路工程、麻豆支線水路工程等共
十一處主要水利工程；大倉組負責烏山頭約2,000名工
程人員的宿舍、烏山嶺隧道、烏山頭水庫輸水管。

嘉南大圳官田溪排水渠採用蒸氣挖土機，是臺灣土木工程史最先使用的「怪手」

1930年4月嘉南大圳竣工，灌溉農田約1,500平方公
里，灌溉區域涵蓋今雲林、嘉義、臺南等縣市，使嘉南
平原水田大幅增加30倍，成為臺灣地區最大穀倉，四年
後的稻獲量也增加為4倍。總計，嘉南大圳使農業生產
量劇增，60萬農民因此受惠，稻米、甘蔗及雜糧的年產
量高達8.3萬噸。

嘉南大圳大壩下方排水隧道，在大壩施工期間導流官田溪溪水

八田與一

1886-1942年，日本石川縣河北郡今町村人，1910年從東京帝國大學工
科大學畢業後來臺，擔任總督府土木局技手。1916年，奉派參與桃園埤圳
計畫，在工程進行時，總督府再命他調查嘉南大圳的工程可能性。嘉南大
圳的建造工程在1920年啟動，他擔任嘉南大圳組合出張所所長，以創新的
工法興建大壩。這是亞洲唯一的溼式堤壩水庫，規模也是舉世絕無僅有，
美國土木工程學會命名為「八田水壩」，他也開創亞洲之先，引進大型的
土木用蒸氣動力機械投入工程，包括鏟土機、壓力噴水機、砂石運輸車
等。嘉南大圳讓嘉南平原的洪水、乾旱和鹽害等三大障礙一掃而空，為感
念他對臺灣農民的貢獻，中華民國政府斥資1.29億元，在臺南市官田區烏
山頭水庫附近興建的「八田與一紀念園區」，於2011年落成啟用。

烏山嶺隧道

嘉南大圳烏山嶺隧道，由大倉組獨攬，是嘉南大圳工程中最長的一座隧道

烏山嶺隧道為貫穿烏山嶺並連接曾文溪的引水隧道。這是嘉南大圳工程最艱難的工程，隧道有兩處開口，曾文溪取水口位於東邊稱為東口，至於烏山頭水庫的入水口則稱為西口。溪水在進入西口之前會先匯聚於堰堤，底下有一個直立坑道，稱為西口豎坑，水就由豎坑灌入西口再進入水庫。烏山嶺隧道長3,078公尺，若加上連接兩端的明渠、暗渠、水門工程，則超過4公里。工程在1922年2月開工，12月因挖到天然氣引發爆炸，造成50多人傷亡，自此之後，烏山嶺隧道進度緩慢，由於每年度工程款配額太少，只好讓工程牛步化進行。後來工程一再變更設計，才終於通過危險區域，隧道工程總共花費七年的時間，最後在1929年11月才完工。總計烏山頭大壩和隧道工程共有134人殉職。

高木友枝

水力發電 請教美國專家

就在興建桃園大圳與嘉南大圳的同時，臺灣總督府民政部土木局也開始計畫日月潭水力發電工程。總督府調查發現日月潭三面環山，只需興築一面堰堤就形成天然屏障，可開發10萬瓩的水力發電量，充分供應民用及工業用電所需。

1918年，土木局提出「日月潭水力電氣工事大要」，分就測量調查、雨量、濁水溪流量、日月潭貯水量及面積、土砂沉積速度、水路、發電量、工事概要、工事用材料輸送及動力等十一個項目加以規劃，並聘請日本理科大學教授神田小虎勘察現場，保證施工時地質無虞。

次年，總督府成立臺灣電力株式會社，由高木友枝擔任社長，推動工程建設，不過到了1922年卻因資金不足而停工，1923年，復工資金再因關東大地震賑災調度而無法兌現。

在日本帝國議會的要求下，再以七個月的時間，邀請美國的電力工程顧問公司史東與韋伯斯特工程公司（Stone & Webster Co.）派員前來鑑定，他們建議特別注意現場測量和基礎調查、增加機械的使用，並納入地震因素，整體計畫也加進日本地質、土木、水力、構造、電氣等專家的調查修正意見。

史東與韋伯斯特工程公司

史東與韋伯斯特工程公司派員來臺對發電計畫作全盤技術檢討

這是一家總部設在美國麻薩諸塞州斯托頓（Stockton）的工程服務公司，成立於1889年，業務包括提供工程、建築、環境評估和設備運行與維護等。在20世紀初，曾在美國達拉斯、休士頓和西雅圖修築有軌電車系統，後來長期從事興建發電廠及參與美國多數核電廠計畫案。1928年3月，該公司派遣建設部副部長Patten、土木技師Levee及電氣技師Wood，來臺對發電計畫作全盤技術檢討，4月提出報告，認定日月潭水力發電工程在技術上可行。

指名競標 六家業者獲選

　　1929年日本帝國議會通過日月潭工程計畫再啟，商借面額4,900萬圓的外債，其本利由政府保證支付。當年12月，松木幹一郎接任臺灣電力株式會社的第二任社長，著手主持大計。

　　1930年9月，臺灣電力株式會社完成規劃，決在濁水溪上游的武界設立水壩，利用水社、頭社堰提高水面60尺，再由水壩的南端，利用長達15公里的地下水道，穿過水社大山送入日月潭，貯水量44億立方尺。

　　發電所設於臺中州門牌潭（今大觀第一發電廠），經過五條鐵管路線，以流下320公尺斷崖的迴轉水庫，來轉動2萬瓩的發電機五部，所發出的電力，透過南北120餘哩的高壓送電幹線，北送至霧峰、臺北各變電所，南則送至嘉義、高雄各變電所，提供全臺電力使用。

　　由於工程浩大，總督府與臺灣電力株式會社決定採取指名競標的方式，邀請日本的大型營造業者來臺投標，為了承包日月潭

松木幹一郎

1871-1939年，出生於日本愛媛縣，曾任東京市電氣局（今東京都交通局）首任局長，1929年奉派接替高木友枝出任臺灣電力株式會社社長，任內完成日月潭第一發電所（1934）、日月潭第二發電所（1937），日月潭水庫總發電量是當時亞洲第一、世界第七大發電所，因此他被尊稱為「臺灣電力之父」。由於其貢獻，當他在1939年6月去世時，臺灣工業生產比重已上升為28.22%，大幅超越農業的24.97%。

日月潭發電工程中的武界濁水溪堰堤

發電工程，日本本土的大型業者大林組在1931年來臺設立營業所，一起來臺的還有鐵道工業會社。

1931年修正復工計畫，工程經費為4,191萬圓。8月，總督府指名營造廠參加各區工程競標，營造廠的資格是資本額100萬圓以上，納稅額15,000圓以上。每一工區指名七至九家營造廠參加。

日月潭水力發電工程建設營造業者

工區	內 容	得標者	金額（萬圓）
第一工區	武界取水口堰堤、取水口、洪水放出口、隧道3,454公尺	鹿島組	207.60
第二工區	第一工區終點起2,963公尺隧道	大林組	74.70
第三工區	第二工區終點起2,600公尺隧道	鹿島組	64.43
第四工區	第三工區終點起2,582公尺水路隧道、暗渠、水路橋	今道組	39.47
第五工區	第四工區終點到日月潭貯水池落口約3,509公尺水路、隧道、暗渠	高石組	28.97
第六工區	水社、頭社兩堰堤、水壓隧道入口，餘水吐、水壓隧道673公尺	鐵道工業會社	169.60
第七工區	水壓隧道2,291公尺，平壓塔、水壓鐵管路工程，發電所基礎及建物，放水口工程、護岸工程	大倉組	139.87

鹿島組參與日月潭發電工程

　　得標結果揭曉，鹿島組獲得272.03萬圓工程，鐵道工業會社
169.6萬圓，大倉組139.87萬圓，大林組74.7萬圓，今道組（創
業者為今道定治郎）39.47萬圓，高石組28.97萬圓，如此也顯示
了技術層次與人脈關係之高下。

臺籍業者 參與承包工程

　　在日月潭發電工程中除主體工程之外，還有變電所、開閉所
及送電線路建設工程、保線所等工程，共分成四十二標工程。其
中變電所、開閉所、保線所共有二十八標，只有瑞芳變電所建設
工程是由臺灣人楊泉承包。

　　送電線路工程（即輸變電工程）則共有十四標，部分由臺灣
人承包，黃港承包三標、林煜灶承包兩標，其他還有共益社（專
長為冷凍設備工程）、高進商會（專長為電氣工程）等，這些臺
籍業者與離開久米組而自行創立「大和工業會社」的園部良治
（曾任臺灣土木建築協會常務理事）都標到了這項工程。在土木
工程的施工中，送電線路算是比較艱困者，臺籍業者有能力承包

楊泉

1876-?年，出生於臺北，幼時學習漢學，最初經營農業，在新店溪採集砂石販賣起家，1909年成立楊泉組，在臺北兒玉町（今南昌街一帶）開業經營包工業，供給基隆港增建修築所需人力，進而自行承包花蓮港之築港及其他建築營造工事。他於1914年被舉為保正，1920年擔任市區改正之町委員，也兼任土木委員社會事業之助成評議員、臺北州方面委員等名譽職等，並曾任城內信用組合長等重要職務，臺中郵便局（1933）即為他所承包。

黃港

1884-?年，出生於臺北州大安庄，幼時學習漢學，1903年開始從事包工業，在周受祿手下任職八年，隨後轉投靠李旁生手下任職五年。1916年在臺北古亭町（今羅斯福路二段、三段一帶）開業擔任包商，主要業務是電力會社、州廳、總督府、各會社、官衙等發包的工程承攬。

林煶灶

1893-1971年，字尚志，是出生於臺北市大安的農家子弟，1915年7月自臺灣總督府工業講習所（日後的臺北工業學校，今臺北科技大學）建築科第一屆畢業後，任職於株式會社高石組、矢部組（矢部米吉於1918年創業）。1919年創立協志商會，並於1939年創立大同鐵工所（大同集團前身），供應鋼鐵五金等建築材料、保養工程機器、製造馬達等設備，除了原來的土木建築之外，還利用剩餘的建材製作一些鐵製品。從1919年創業至1950年，協志商會承造了600餘項工程，土木工程的種類包括鐵路、公路、橋樑、港口、機場等交通工程，以及堤防、水壩、排水溝等治水灌溉工程。協志商會於1953年自請撤銷甲等營造廠登記，結束了三十五年的協志營造時代。他交棒給其子林挺生，並在第二代手中開始轉型，開啟了以工業、電器用品為主的大同時代，1971年成立中華映管公司，改朝顯示器、液晶面板等方向發展。

這類工程，確實讓人刮目相看。

在各大承包商中，鹿島組所負責的部分金額最高，也最為艱難。施工期間問題最多者都發生在武界工區，包括隧道崩塌、洪水侵襲、瘧疾肆虐等。正如同興建縱貫鐵路一樣，鹿島組再度以高度的技術與驚人的毅力，完成使命。

日月潭水力發電工程於1931年動工，工期四年，1934年7月18日舉行完工通水典禮，同日並舉行工程殉職者49人的慰靈祭，臺北竣工祝賀會則於1934年10月28日在臺灣鐵道飯店舉行。這

項重大工程從開始規劃起算，前後共花費將近十五年的時間，經歷十位總督，總工程經費為6,400餘萬圓，完工正式供電後，全臺總發電量達35萬瓩。

1935年，臺灣總督府又擔心電力使用不足，所以再增加第二期工程，即日月潭第二發電所（水裡坑發電所）。這是再利用日月潭第一發電所的放水，以落差140公尺的水力來發電，可得43,000瓩電量，工程於1935年12月動工，分為三大工區，承包者為第一工區及第二工區的大倉組、第三工區的大林組，並在1937年8月完工。

松木幹一郎社長在完成日月潭兩期的水力發電工程之後，又致力於北部火力發電所、霧社水力發電計畫及臺灣水力調查，提出十年開發水力30萬瓩計畫，並推動日本鋁業會社與臺灣電化會社的成立，開辦電氣試驗所及製鐵試驗所等，為臺灣經濟發展奠定重大基礎。

臺灣鐵道飯店

臺灣鐵道飯店

為臺灣第一座西式飯店，於1908年落成，由臺灣總督府交通局遞信部（位於今臺北市中正區長沙街一段2號，當時主管電話、郵務等業務）直營。建築由松崎萬長等人設計，本體為紅磚砌成，為德式建築。內部有挑高大廳與吊燈等設施。所使用的備品與設備，從餐廳的刀叉到房間的瓷製馬桶，都是從英國輸入的舶來品。飯店有27間客房，住宿費依等級從16日圓到3日圓不等，第一位下榻的客人是來臺灣主持「臺灣縱貫鐵道全通式」的閑院宮載仁親王。飯店現址為樓高51層的新光人壽保險摩天大樓。

長尾半平

第二節 日本營造體系進入臺灣及其影響

成立營造機關 推動建設

　　當日本殖民政府在臺灣開啟一連串重大建設之際，也將現代化的營造事業經營與管理方法帶來臺灣。在此同時，大批學有專精的官員及觀念新穎的營造業大小財閥與經營者，也隨之來到臺灣，準備在此大展身手。

　　1895年日本據臺的第一年，臺灣的政治環境正處於軍政時期，臺灣總督府為平定各地反抗勢力而無暇建設，官廳多延用清朝建築，並無正式的營造主管機關負責建設。此時由近衛師團及第二師團的工兵負責臺灣道路、橋樑與鐵路的建造與修築，同年，為了建設軍營，臺灣最早的營造主管機關——臺灣建築部成立了。

日治時期的基隆港

（臺湾）　基隆港全景（其二）　A VIEW OF KEELUNG HARBOUR, FORMOSA. 內地との連絡は定期船（隔日出帆）があり、郵船商船の一萬噸級客船六隻がこれに當って居る、勿論貨物船は日毎に各方面より出入して大いに活況を呈し居る

總督府在1896年廢除軍政，大幅充實民政組織，在總督府以下設民政局與軍務局，軍務局除了軍方的土木建設事業外，還掌管鐵路及築港事業。至於民政局下，則設置民政局臨時土木部，掌管道路、橋樑、河川及港灣調查、水道、排水設施構築、廳舍及官舍建設等項目，對臺灣的建設也正式起步了。

　　民政局臨時土木部在次年改制為「財務局土木課」，1897年及1898年軍務局陸續將鐵路事業及築港事業移交財務局土木課後，總督府在1899年設置「民政部土木局土木課」，將土木與建築業務全歸屬於「土木課」之下。

日本建築大師辰野金吾

　　當時，民政長官後藤新平為建設臺灣，從日本本土網羅許多優秀的技術官僚來臺。畢業於東京帝國大學土木工學科的長尾半平，於1898年11月自日本埼玉縣土木課長轉至臺灣總督府，擔任民政局土木課長，他來臺後即主持於1899年開始的基隆港增建修築，工程計畫為期五年，總預算244萬圓。

　　1902年，總督府首度將土木與建築營繕事業分開管理，在民政部土木局下分設「土木」與「營繕」二科。營繕課自此多以建築工程為主要業務。

總督府技師 人才輩出

　　最先擔任營繕課長的是田島稽造，而後繼任者分別是：野村一郎、中榮徹郎、井手薰、近藤十郎及大倉三郎。當時營繕課的許多技師與課長都出身於東京帝國大學工科大學造家學科（今東京大學建築學科前身），在校時師承英籍教授康德（Josiah Conder, 1852-1920年）的理念，並受到當時日本建築巨擘辰野金吾（1854-1919年）以新古典主義（Neoclassicism）為主的建築設計影響，讓臺灣各大城鎮出現了不少造型華麗、氣氛莊嚴的建築物。

英籍建築大師康德
（Josiah Conder）

　　1914年臺北本町（今重慶南路一段）街屋重建工程由前後任的營繕課長野村一郎、中榮徹郎主持。這項工程堪稱臺灣街屋採用牌樓面設計的鼻祖，此時所引進的西洋古典式樣，因受到巴洛克風格所影響，出

臺北本町街屋重建工程，野村一郎及中榮徹郎主持

1904年臺灣總督府拆除臺北城，
1905年臺北小南門三線道路（今愛
國西路）竣工

臺灣總督府官邸改建，森山松之助負責

現以圓環為中心的輻射式街道設計方式，以及引進屋面的花綵裝飾等元素。

　　此時，營繕課內已經稱得上是人才濟濟了。包括近藤十郎、森山松之助、井手薰等都是赫赫有名的技師，這群東京帝國大學工科大學造家學科的前輩與後輩們，在臺灣留下許多豐富的建築作品，其中大部分為具有西洋古典建築外貌、裝飾色彩強烈等特徵的所謂「樣式建築」公共設施。

　　其中，備受矚目的臺灣總督府新建工程由森山松之助負責，他於1907年就任總督府營繕課技師，為設計此新工程，他曾於1912年至1914年赴歐美考察。1919年落成的臺灣總督府（今中華民國總統府）成為其巔峰時期的代表作。森山在臺期間約十四年，時值日本大正時期（1912-1926年）的公共建設高峰期，他結合紅磚與白石營造出歐式古典風，是官方建築彰顯統治威權的最佳寫照。

　　森山松之助最得力的助手是井手薰，井手於1910年因承接臺灣總督府工程來臺，並於1914年擔任這項工程的工事主任。從此到1940年7月退休前，都任職於總督府營繕課，並且在1919年與1924年兩度出任營繕課長。

　　總督府在1925年由於財政支出縮緊而改變編制，廢除遞信、土木二局，並改將土木局中的營繕課歸入「官房會計課營繕係」。井手薰為營繕技師中的主要人物，在其營繕課長任內，

森山松之助

1869-1949年，出生於日本大阪市，1897年畢業於東京帝國大學工科大
學造家學科（今東京大學建築學科前身）。1907年擔任臺灣總督府營繕課
技師，並參加總督府廳舍新建工程競圖，1915年起兼任臺灣勸業共進會
工務部營繕係事務委員，1916年4月4日起兼任臺灣勸業共進會審查部審
查官。在臺期間約十四年，時值明治末期與大正前、中期的公共建設高峰
期，其作品華麗感與莊嚴感兼具，可充分彰顯統治者之威權。於1921年返
日，在東京銀座開設森山松之助建築事務所。

臺灣總督府，森山松之助設計

井手薰

1879-1944年，出生於日本岐阜縣，1906年畢業於東京帝國大學（今東
京大學）建築科，曾追隨日本近代建築大師辰野金吾從事設計建築。在
1910年來臺，任職於土木局營繕課，擔任森山松之助的助手，負責各官
署建築設計與興造，至1940年7月退休前，皆任職於總督府營繕課，擔任
營繕課長將近十七年。於1926年創設臺灣建築會，自創會即擔任會長直至
過世為止，帶領會員開啟臺灣建築領域相關知識與論述之研究。他於1944
年病逝於臺北。

臺北帝國大學附屬病院，近藤十郎
設計

臺中驛（今臺中車站），臺灣總督府鐵道部工務課設計

最後一任營繕課長大倉三郎

1929年營繕課直屬總督府官房管轄。

　　井手薰曾經是辰野金吾的學徒。而近藤十郎、森山松之助及井手薰的系列作品，包括臺北新起街市場（今西門市場）、臺北帝國大學附屬病院、臺中驛（今臺中車站）、臺灣總督府及專賣局等，也都饒富「辰野風格」。

　　此外，這些營繕課長們對於知識推廣及教育也都相當熱衷。近藤十郎曾兼任成淵學校的校長與教師，講授土木工程課程；井手薰自1929年起即兼任臺灣建築會的會長職務；最後一任營繕課長大倉三郎在1944年創設臺南工業專門學校建築學科（今成功大學建築系），並兼任教職，教授建築計畫課程。

專賣局，森山松之助設計

臺北新起街市場（今西門紅樓），中榮徹郎設計

臺灣總督府民政部土木局重要作品一覽表

年代	營繕課長	重要技師
1902-1904	田島穟造 聖路易斯世博會臺灣館 （1904）	野村一郎 第一次臺北驛工程（1900） 第一次總督官邸工程（1900） 第一次臺灣銀行工程（1903）
1904-1914	野村一郎 臺北本町 （今重慶南路一段，1914） 兒玉總督後藤民政長官紀念博物館（今二二八公園國立臺灣博物館，1915）	小野木孝治 臺北東門外的赤十字支部及病院 （原國民黨中央黨部，1904） 中央研究所 （今改建為中央聯合辦公大樓，1909） 中榮徹郎 臺北新起街市場 （西門市場，日後的紅樓戲院，1907） 臺北第一中學（今建國中學，1910） 基隆郵便局（1911） 森山松之助 臺南郵便局（1910） 臺灣總督府官邸改建（1912） 臺南地方法院（1913） 臺中州廳（今臺中市政府，1913）
1914-1918	中榮徹郎 臺北本町 （今重慶南路一段，1914） 彩票局（後改為總督府圖書館，今博愛大樓，1914）	森山松之助 鐵道部廳舍（1915） 臺北州廳（今監察院，1915） 臺南州廳（今國立臺灣文學館，1916） 井手薰 日本基督教團臺北幸町教會 （今濟南路基督長老教會，1916） 近藤十郎 臺北帝國大學附屬病院（今臺大醫院，1916） 臺中驛（今臺中車站，臺灣總督府鐵道部工務課設計，由民政部土木局興建，1917）
1919	井手薰	森山松之助 臺灣總督府（1919）
1920-1923	近藤十郎	森山松之助 新竹第一代神社（1920） 專賣局（今臺灣菸酒公司總公司，1922） 井手薰 臺北市役所（今行政院，1920）
1924-1940	井手薰 臺北建功神社（舊中央圖書館，今國立教育資料館，1928） 臺灣教育會館（前美國文化中心，今二二八國家紀念館，1931） 臺北公會堂 （今臺北中山堂，1936） 臺北市公會堂前北白川宮御遺跡紀念碑（1936）	森山松之助 遞信部 （今國史館臺北辦公處及總統文物展示館，1925） 臺南神社（1925）
1940-1945	大倉三郎 臺南赤崁樓古蹟修復工事 （1943-1944）	

田島穟造設計的聖路易斯世博會臺灣館，1904年

臺北驛（今臺北車站），野村一郎設計

第一次總督官邸工程，野村一郎設計

臺北州廳（今監察院），森山松之助設計

臺南神社，森山松之助設計

下包成功轉型 嶄露頭角

　　從日治初期開始，總督府的營造主管機關始終是建設臺灣的領導者與統籌規劃的實行者。在日治時期的許多官廳、宿舍、土木工程都出於臺灣總督府營造主管機關的規劃設計，並與地方或民間的營造廠合作興建。

　　在民營營造廠方面，在經歷日治初期最大的工程縱貫鐵路興建之際，澤井組的下包古賀組、鹿島組的下包住吉組也趁勢崛起。

　　古賀組的創始者古賀三千人長期在澤井市造麾下任職，並曾出任澤井組打狗（今高雄）出張所所長，後來自立門戶創立古賀組。

　　1904年日俄戰爭爆發，日本為了籌措軍費而大量發行國債。戰後景氣復甦，日本國內游資氾濫，引發投資熱潮，部分資金流向臺灣，導致1906年以後製糖業竄起，大規模的機械製糖廠紛紛開設，為土木建築業者創造許多工作機會。由於製糖廠集中在南臺灣，盤據打狗的古賀組於是逐漸壯大，承包製糖廠、會社及住宅建築而獲利，並繼鐵路工程之後，再朝水利（灌溉與發電）與治水（河川整治）工程發展，後來更跨足樟腦及製冰業。

　　住吉組的創始者住吉秀松則是以鹿島組組員的身分來臺，以鹿島組下包的名義承攬鐵道部工程，包括臺灣南部及東部許多鐵

古賀三千人

1869-?年，在1896年以鐵道隊員的身分來臺，先後在有馬組及澤井組任職，並於1906年創立古賀組。對地方公共事務相當熱衷，設立打狗（今高雄）工會、打狗商工會及打狗信用組合（信用合作社），獲選為高雄州協議委員，並曾任總督府評議委員、臺灣史料編撰委員等。於1927年成為日本勞働黨議員，1928年因參與社會事業有功獲天皇授與獎金與銀杯。古賀組承包的工程包括基隆及臺北間鐵路改築工程、六龜里發電所、濁水溪護岸工程、製糖會社建築及土木橋樑工程等。

六龜水力發電工程是古賀組承包，當年的攔河堰及水路隧道仍保留，圖為2009年八八水災後

路與鐵橋建設，例如大甲溪鐵橋、臺北橋、濁水溪河川工程及苑裡至大肚間之鐵路鋪設等大小工程，他在1908年脫離鹿島組，創立住吉組，並獲得鹿島組的默許得以自己名義承接公共工程，從此被納入鐵道部與土木部指名競標名單。

古賀組在高雄扎根、住吉組在臺南發展。漸漸地，他們與主要活動範圍在臺北的大倉組、鹿島組、澤井組、久米組，形成了六雄稱霸的局面。

房屋建築市場 業者競逐

就在1907年臺灣縱貫鐵路工程結案之際，臺灣事業公債的支出項目轉向公共建築，創造出建築市場的黃金十年。

市場的蓬勃發展在於新建與改建案不斷出現，新建案追逐新流行，以鋼筋混凝土（Reinforced Concrete, RC）替代磚造；而改建的原因則是原有的木造結構遭受嚴重的蟻害所致。不過，對於房屋建築款項，政府仍以一般會計項目支出，標案零星細瑣，這對大型營造業者缺乏吸引力，但卻因此讓眾多的小型業者大放異彩。

相較於專注土木工程的大倉、鹿島、久米、澤井等四大業者，建築市場所培養出來的業者特性迥然不同。以房屋建築為專業的業者中，高石組（創業者高石忠慥）與堀內商會（會長桂光風）是較具規模的承包商。

住吉秀松

?-1928年，出生於日本廣島縣，在1900年來臺，從事土木請負業，他於1908年成立住吉組。住吉組屬於中型的土木建築業者，在都市建設蓬勃時期適時投入基礎建設，其本店設於臺南市，在臺北市設有支店，另於宜蘭街、南投郡集集街及臺中州大甲街設有出張所。他協同營建業同業創設臺南消防組並擔任組頭，也曾擔任臺南市協議會員，在臺灣南部頗富聲望。他逝世後，長子住吉勇三繼承住吉組，至1935年再由中井清枝接手經營。

臺南消防組瞭望塔，右下方二樓露臺上有一座銅像，是住吉秀松，位於今臺南市中西區中正路2-1號

住吉秀松銅像，俯瞰臺南市中心

堀內商會臺北分店，為建築材料專
賣店，代理進口美日的專利建材

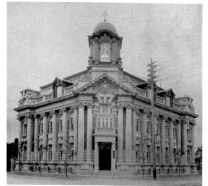

帝國生命保險株式會社，曾是臺北
最氣派的商業大樓，在今博愛路寶
慶路口，由石坂新太郎承作

此外，還有一些小商行，其經營型態就比較像是「店舖」而非「會社」。例如：石坂商行（業主石坂新太郎）、濱口商行（業主濱口勇吉）、德丸商行（業主德丸貞二，承包工程有部分的地方支廳、總督府專賣局樟腦倉庫等）。

傳統的建築業並非一門獨立的專門事業，而是由木匠、泥水師、磚瓦工、石匠等多種職工組合而成的。這些匠師們全職的不多，大部分都是兼職，平時還得務農或打零工。各種匠師中以木匠所需的技藝最高，也最受社會尊崇，因此建案大多以木匠為「匠師首」，負責協調各種工班的進度。

相對於匠師，材料行的資本規模就比較大，通常也會開設一個店面販賣建材，同時幫忙叫工。臺北的堀內商會的本業就是物品販賣，而石坂商行、濱口商行、德丸商行也都是以販賣建材及和洋百貨起家的，1907年以後受到公共建築需求增加的刺激，才逐漸轉型成專業的營造業者。

石坂新太郎

濱口勇吉

1870-?年，出生於日本高知縣，在1896年來臺，1900年於臺北府後街（今館前路）開設濱口商行，成立濱口組。於1910年負責比利時萬國博覽會臺灣館工程，因技術優秀獲得銀牌獎。濱口組的作品包括臺北病院、總督府醫學校校舍、總督府土木部廳舍、臺灣銀行本店行舍、總督府新廳舍、臺灣銀行基隆支店及廈門支店行舍、臺中廳廳舍及臺中公立中學校校舍等。1917年因涉及圍標案，遭永久撤銷在臺灣承攬公共工程的資格，1922年在東京復出，作品有日活映畫館、築地本願寺和田堀廟所、銀座資生堂等。

總督府土木部大樓是濱口勇吉的傑作，他充分
發揮西洋建築特長，這是當時臺灣最高的大樓

高石組活躍於建築市場，臺北新公園內的博物館即由其承攬施作

鋼筋混凝土 技術創新

在從事建築市場的營造業者中，高石組是龍頭老大。高石忠慥在1900年離開大倉組自行創業後，在鐵路標案未能得標，卻傾全力爭取軍方和土木局發包的工程，與軍方建立了良好的關係。

這時總督府軍事工程的主辦機關是「臺灣軍經理部」，自1900年起逐年發包建築營房、軍醫院、官舍及堡壘砲臺。高石組除了在臺北承包部分軍營工程外，以承接基隆要塞建案最為豐碩，包括重砲兵大隊高規格的全套建築、衛戍病院，以及豪華氣

臺北延平南路的撫臺街洋樓是當年高石組總社

鋼筋混凝土（Reinforced Concrete, RC）

鋼筋混凝土曾在臺北步兵第一連隊（今中正紀念堂）建築物做實驗

法國人漢尼畢克（François Hennebique）在1892年發明鋼筋混凝土，日本隨即引進技術。十川嘉太郎在擔任臺灣總督府土木技師時，再將日本的鋼筋混凝土構造技術及力學理論引進臺灣。他在1900年利用新建臺灣總督官邸（今臺北賓館）的機會，先在陽臺實驗運用鋼筋混凝土，後來擴大運用於臺北步兵第一連隊（今中正紀念堂，1903）與臺南步兵第二連隊（今成功大學舊文學院及大成館，1907）等軍營建築。1908年完工的兩層樓臺北電話交換所（今衡陽路與桃源街一帶），為臺灣第一棟鋼筋混凝土建築，技術領先殖民母國日本三年。

高石組致力於研發鋼筋混凝土結
構，后里圳水橋是臺灣第一座鋼筋
混凝土拱橋，由高石組承攬施作

瑠公圳跨越景美溪的水橋，是臺灣
第一座鋼筋混凝土水橋，由高石組
承攬施作

臺北電話交換局是臺灣第一棟鋼筋
混凝土結構的房屋建築，由高石組
承攬施作

神戶駒一

派的司令官官邸，全部歸高石組承攬。軍方的臺南營區，大部分的營舍和衛戍病院也指定給高石組承包。

1910年高石忠慥湊足資本額20萬圓，將高石組改組為合資會社。除了擴大公司規模外，在技術上也不斷精進。當時的鋼筋混凝土技術尚屬萌芽期，透過外國期刊可以看到歐美實例的報導，但是在日本很少有人嘗試。

總督府土木部技師十川嘉太郎對鋼筋混凝土非常有興趣，從樓板、壁體等次要結構開始試驗。十川技師所設計的鋼筋混凝土結構，絕大部分都是由高石組負責施工。包括臺北淡水河堤防、臺北自來水沉澱池、龜山發電所堰堤、后里圳水橋（拱）、坪林尾橋（桁架）、博物館穹拱、臺北電話交換局等。以上案例，幾乎每項都是該類結構在臺第一個案例。隨著鋼筋混凝土結構逐漸普及，高石組也在鋼筋混凝土施工技術上成為業界第一。

三層以上高樓 陸續出現

在土木市場無往不利的澤井組，也對建築市場著力甚深。事實上，在1895年有馬組指派澤井市造率領來臺灣的組員當中，就有一位專門負責房屋建築的神戶駒一。他於1902年自立門戶成立神戶組，並成為澤井的下包。

由於澤井組的主力為土木工程，因此若承接到公家的建築案，幾乎全部都轉包給神戶組，例如專賣局（今臺灣菸酒公司）、臺北州廳（今監察院）等大型建案，名義上由澤井組承攬，實際上全是成於神戶駒一之手。1923年澤井組解散後，神戶組繼續澤井組的光環，進入政府大型建案的指定競標名單內。

類似的人物還有船越艙吉，他也是在1895年與澤井市造一起來臺，1923年創設太田組，從事鐵路建設、修路及官署建築工程等，對土木營造界的貢獻極大。

在第一次大戰（1914-1918年）後，日本的經濟一度空前繁榮，但是很快就變成泡沫化的恐慌，隨即遭受1923年關東大地震的打擊，景氣始終無法脫離長期低迷的窘境。1926年進入昭和年代後，政經情勢逐漸向戰爭體制靠攏，日本中央政府財政擴張、濫

發國債、通貨膨脹、軍事產業至上等各種畸形發展，也都深刻地影響到臺灣。

大約在1927年以後，因財務問題曾拖延多年的公共建築陸續發包興築，不過此時的建築設計已經揚棄十幾年前流行的樣式建築，改走折衷主義或現代風格。在結構上則以三層以上的高樓為主流，採用鋼骨或鋼筋混凝土承重，若是大跨距的廠房則應用鋼桁架屋頂。新時代的建築，催生了新時代的領導業者，包括米重和三郎、浦田永太郎、池田好治等人。

菊元百貨店為米重和三郎代表作，為臺灣第一家大型綜合百貨公司，到菊元搭乘電梯蔚為風尚

米重和三郎師承石坂新太郎，在1920年自立門戶，創立米重工務所，主要承攬民間建案，最著名的代表作是臺灣第一座百貨公司菊元百貨店（1932）。浦田永太郎於1903年創立浦田組，原為建材販賣商，後來承包臺北西本願寺（今萬華406號廣場）等公共建築案。池田好治於1913年成立池田組，代表作為臺北第二師範本館（1927）、嘉義驛（今嘉義車站，1933）等。

臺北第二師範學校（今臺北師院）為池田好治所承造

在臺主要日本營造業者資本與規模表

會社名稱	資本額（萬圓）	成立時間	備註
株式會社大林組	500	1892	大林芳五郎創立，1931年來臺
鹿島組	500	1840	鹿島岩吉創立，1899年來臺
合資會社清水組	300	1804	清水喜助創立，1927年來臺
大倉組土木株式會社	200	1887	大倉喜八郎創立，1895年來臺
臺灣土地建物株式會社	150	1908	由《臺灣日日新報》主筆木下新三郎所成立的半官方組織，主要承包各市街建築更新案
合資會社澤井組	30	1914	原有馬組澤井市造創立
久米合資會社	25	1902	原大倉組久米民之助創立
合資會社太田組	20	1923	船越艙吉創立
大和工業合資會社	20	1920	原久米組經理園部良治創立
合資會社高石組	20	1910	高石忠慥創立，高石威泰繼承
合名會社櫻井組	10	1908	櫻井貞次郎創立

浦田永太郎承包臺北西本願寺

第三節　臺籍營造業之發展

工業講習所 開啟職教

總督府工業講習所創設時的校舍

工業講習所木工科學生實習情景，從中央木造房屋模型可知，主要訓練房屋建築

日本殖民政府認為教育是同化臺灣人的首要工作，因此對於興建學校相當熱衷，在據臺第一年的1895年即在臺北芝山岩設置第一所西式小學校（今臺北市士林國小）。日本政府循序發展初等教育（義務教育）、中等教育及高等教育。

在職業教育方面，1912年在臺北廳大加蚋堡大安庄（即今臺北科技大學現址）創立「工業講習所」，這是臺灣工業教育的開端，並特別著重發展土木建築專業教育，初期開設木工、金工與電工三科，招收對象為公學校六年畢業、年滿14至20歲的臺灣人。其中木工科又分為「木工分科」與「家具分科」，1917年以後擴展為「土木建築科」。工業講習所的定位是職業教育，訓練重點在木工法、製圖與工場實習，而非基礎的數理學術知識，也未教授設計規劃。

在工業講習所創辦當時，臺灣尚未設立高等學校（相當於今高中）或大學，這是社會背景使然。在營造業的實務上，當時一般的房屋建築都是「工匠」依照傳統樣式蓋的，「建築師」還不成為一個行業。工業講習所土木建築科畢業的學生，畢業後理當進入營造廠，從事現場施工。土木建築科分為「土木分科」與「建築分科」，和營造業界的工作分為土木與建築兩大領域完全吻合，教育與就業相互搭配。

臺北工業學校 作育英才

後來，工業講習所歷經數次改名，1920年因地方改制，工業講習所也跟著改歸臺北州管轄，更名為「臺北州立臺北工業學校」，將建築與土木各自獨立為一科，修業年限改為五年，除了

本科之外，另外也設立了修業年限只要三年的「專修科」。1921年改名為臺北州立第二工業學校，1923年與臺北州立第一工業學校合併為臺北州立工業學校，共分成六科：機械科、電氣科、土木建築科、應用化學科、家具科與金屬細工科。此後一直到日治時代結束前，臺北工業學校都是職業教育體系的最高學府。

日治時期土木科學生測量實習

臺北工業學校最著名的教師是千千岩助太郎，他在校任教長達十五年，也參與創辦臺南工業專門學校（今國立成功大學）建築學系，是日治時期相當出色的建築教育家。

臺北工業學校採「共學制」，並不區分臺灣人或日本人，但統計其畢業人數，臺灣人大概只佔四分之一，在當時，能夠接受如此高等教育的臺籍歷屆校友，也多數能在社會上表現得出類拔萃。

日治時代之卒業證書（建築科）

然而，從臺北工業學校培養出來的臺籍人才中，在日治時代就能嶄露頭角的並不多，林煜灶和陳海沙兩位堪稱為箇中翹楚。林煜灶和陳海沙都畢業於臺北工業學校。林煜灶是木工科第一屆的畢業生，陳海沙則晚兩屆，所學為機械。他們畢業後共同創立「協志商會」，陳海沙不久後另創設「光智商會」。這兩家商會後來在營造業界都發展順遂，成為臺籍業者中青壯輩的代表。

千千岩助太郎

1897-1991年，出生於日本佐賀縣，畢業於日本名古屋高等工業學校建築科，曾任教於廣島、宮崎、名古屋等工業學校。1925年來臺，任教於臺北州立臺北工業學校（今國立臺北科技大學）建築科。1930年加入臺灣建築會，並擔任《臺灣建築會誌》編輯，是會長井手薰的重要助手。1940年擔任臺北州立臺北工業學校校長，隨後任職於臺灣總督府營繕課，1944年擔任臺南工業專門學校（今國立成功大學）建築學科長。戰後被臺灣省行政長官公署留用，1947年二二八事件後返日。曾著作《臺灣高砂族之住家》一書，被公認為臺灣原住民住屋研究之泰斗。

陳海沙

1895-1978年，生於臺北市劍潭，自大龍峒公學校畢業後，進入臺灣總督府工業講習所（今臺北科技大學前身）機械科就讀，為該科第三屆畢業生。1923年，在臺北大橋町（今臺北橋附近）獨資創立光智商會，從事土木建築工程營造業務。當時土木承包業不只是單純的土木建築工程，還包括工廠的設計施作及機械的安裝設計等，他是學機械出身，具備精湛的鐵工技能，因此承包工程時，機會比同業更多。1940年當太平洋戰爭爆發後，光智商會所承建的軍事工程，遍布臺北、高雄、岡山、東港、新竹及屏東等地。戰後，他當選首屆臺北參議員，並擔任大安工業俱樂部（臺北工業學校校友會）會長，對臺北工業學校的學弟多所提攜。光智商會培育了許多營造業界的人才，例如建築師陳榮洲及福住建設董事長簡德耀等。

協志商會 林堤灶創業

　　林堤灶出生於1893年，1915年工業講習所畢業後，進入高石組工作。那時高石組正處於極盛時期，承攬的大部分都是房屋建築，特別以鋼筋混凝土結構著稱。為了承接工作，自然得新聘員工，林堤灶畢業後立刻就被錄取。在1915年工業講習所畢業的第一屆畢業生，求職大概還不太困難。但隨後建築市場大蕭條來臨，後幾期的畢業生求職就比較困難了。

The Main Street Looking North, Taipeh
台北表町通

林堤灶曾任職矢部組，臺北三井物產株式會社（圖左）由矢部米吉承包

林煜灶曾歷任於高石組，以及由高石組出身的矢部米吉所創的矢部組，後來在1919年自行創立「協志商會」。他自立門戶後，開始還擔任矢部組的下包，只能作臺北地區的小型水利修繕工程，這也是諸多臺籍業者重要的業務來源。

協志商會所承包的工程當中，以臺北市役所（今行政院，1920）最為著名，其他還包括臺灣縱貫道路通霄至大甲海岸線（1935）、臺北自動電話局（1936）、屏東陸軍高射砲隊基地（1936）等。直到臺北自動電話局完工時，協志商會的技術和信用才受到業界的肯定。

臺南第二聯隊本部是軍方在南臺灣最大的營舍建築，由高石忠慥承攬

嘉義飛行場 協志揚名

真正讓協志商會事業起飛的是軍事工程，特別是1935年嘉義軍用飛行場工程，讓協志商會聲名大噪。嘉義軍用飛行場僅次於屏東軍用飛行場，是軍方在臺灣建立的第二個航空基地。在1934年，臺北松山飛行場並未配屬飛行聯隊，只是作為民航用途，就已經為眾多的臺籍業者帶來不少生意了。1935年6月，軍方公布了懸宕多時的第十四聯隊基地地點，嘉義打敗積極爭取的臺中和新竹，脫穎而出。

嘉義市尹（即今市長）川添修平發表聲明，決心出面整合市內所有營造業者，以資本額20萬圓的嘉義軌道株式會社為基礎，

軍事工程

軍事工程主要是指軍隊駐地的設施及營舍興建，其所在地與軍方的部署有關。以1935年為例，臺灣的軍事部署包括：臺灣守備隊司令部（臺北）、臺灣步兵第一聯隊（臺北）、臺灣步兵第二聯隊（臺南）、臺灣山砲大隊（臺北）、臺灣高射砲第八聯隊（屏東）、基隆要塞司令部、基隆重砲大隊、澎湖島要塞司令部、馬公重砲大隊（澎湖）、飛行第八聯隊（屏東）、臺南衛戍病院。1936年，嘉義郡水上庄新設飛行第十四聯隊，於是飛行第八聯隊、十四聯隊、第三飛行教育隊聯合成立陸軍第三飛行團（屏東）。後來海軍航空隊也開始建制，基地分別位於高雄、東港、臺南、新竹。估計當時日本在臺總兵力約17萬人。

日治時期的光智商會廣告

擴大重組為資本額100萬圓以上的超大營造會社，聲言將獨攬軍用飛行場工程。

川添修平公開指出，過去嘉南大圳和日月潭發電工程排斥中小型業者，將工程發包給臺北那些大廠家，但事實上最後還是下包給在地的中小型業者來做。這次軍用飛行場設在嘉義水上，軍方必須尊重在地業者，不可再因循舊規，獨厚臺北那幾家特定業者了。

結果出人意料，10月底飛行場預定地內的居民遷徙作業開始時，負責人竟然是臺北來的林煜灶，嘉義市民從未聽過這號人物。而在遷移作業完成後，整地工程也是林煜灶，後來甚至聯隊本部等重大工程也都由林煜灶通吃。別說嘉義在地的中小型業者不能參與，臺北那些業界龍頭也別想分一杯羹。嘉義基地工程規模之大，和協志商會完全不成比例。與此相較，1927年屏東第八飛行聯隊的工程，軍方是將工程拆散分包給不同業者來做。

嘉義軍用飛行場不按牌理出牌的發包方式，預告了戰時體制「軍事協建」時代已經到來。此後海軍高雄航空隊基地（岡山）和東港航空隊基地（大鵬灣），也都是直接發交給特定廠商，根本不考慮營造業界倫理或政府行政慣例。當然，岡山基地的發包金額以千萬計價，和屏東、嘉義這些陸軍航空基地頂多兩、三百萬等級不同。而能夠做到海軍生意的，也只有鹿島組和大林組這樣重量級的業者。

屏東飛行基地

光智商會 飛行場發跡

　　陳海沙曾與林煜灶一起創辦「協志商會」，並共事近三年。1922年，臺灣總督府實施煙、酒、鹽、油、火柴及樟腦專賣制度，並開始實施採購新制，陳海沙看好機不可失，醞釀自立門戶。1923年他創立光智商會，客戶鎖定臺灣軍經理部。1925年，軍方開始建造屏東軍用飛行場，陳海沙因為與軍方關係良好，包到許多倉庫和宿舍等周邊工程。

　　當時無論日籍、臺籍，與軍方關係良好的營造業者很多，但是陳海沙能夠脫穎而出，主要是靠鐵工方面的專長。飛行場內需要許多大跨距的建築，充作飛機的機棚或是發動機的修理場，即使是一般機械工廠與庫房也都比較大。大跨距建築物得使用鋼鐵桁架，必須具備鐵工技能才能施作。大部分營造業者的專長在木工，木桁架難不倒他們，但卻沒有能力組裝鐵桁。從鐵工背景出身的陳海沙，等於掌握了技術上的優勢。

屏東飛行第八聯隊（今屏東空軍基地）

THE 8 TH AEROPLANE REGIMENT, HEITO FORMOSA.

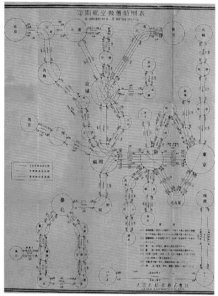

清水組土井豐吉在空難中喪生，圖
為日治時期之航空時間表

飛行場的主體工程包括整地（含跑道）、聯隊主體建物、飛機機棚。不過，陳海沙包到的只是周邊小工程，真正重大的主體建物是由浦田永太郎的浦田組承攬，而技術等級最高的機棚則是由清水組承攬。

日本大型營造業者清水組早在1899年即應日本軍方的特別拜託，在建築澎湖要塞時曾前往構築砲臺。在屏東飛行場工程之前，清水組從未在臺灣本島設立營業所，清水組的施工能力無庸置疑，更重要的是他們深獲軍方信任，因而賦予最機密的工程。原則上，機密工程應避免使用本地營造業者或勞工，才能達到保密的要求。施工廠商不必有地緣關係，這也是清水組得以取得澎湖砲臺大型工程的主因。基於同樣的道理，1927年屏東興建臺灣有史以來第一個機棚時，軍方毫不考慮臺灣業者，直接在東京與清水組簽約。

然而，即使是受到業界肯定的清水組，在施作屏東機棚時也不免失手。1927年5月17日，仍在工程進行中的機棚骨架倒塌，詳情不明。清水組完成本案後，一度想在臺灣拓展業務，但始終不得要領，甚至連1931年日月潭發電工程招標時也被摒除在投標名單之外，直到後來派土井豐吉前來臺北擔任經理後，才打開臺灣市場。很不幸地，1938年12月8日土井從臺北搭乘飛機回日本，卻遇上臺灣航空史上第一次空難而喪命。清水組在臺灣的發展，真是充滿戲劇性。

臺籍營造業承攬工程一覽表

營造業者	所屬會社	承造工程名稱（年份）
林煜灶	協志商會	臺北市役所（1920）、臺北電話局（1936）、臺中病院（1942）
陳來成	永大商會	熱帶醫學研究所士林支所（1936）
陳海沙	光智商會	臺灣總督府稅關廳舍（1928）、臺北高等學校體育館（1928）、臺北高等學校宿舍（1929）、臺北州草山公共浴場（1930）、臺北帝國大學理農學部昆蟲學教室（1936）、新竹市育樂館（1933）、日本航空運輸株式會社臺北支所（1936）、臺北飛行場事務所（1936）、碧潭吊橋（1937）、士林國小（1941）
曾坤玉		新竹州商品陳列館（1929）、新竹市警察署廳舍（1935）
謝龍波		臺南高等工業學校電器工程科教室（1932）、化學科教室（1932）、本館（1933）、講堂（1934）
楊泉	楊泉組	臺中郵便局（1933）
張石定		臺北警察署廳舍（1933）、中央研究所本部圖書館及倉庫（1933）、宜蘭醫院傳染病棟（1933）
葉仁和	榮興商會	松山療養所（1940）、米穀局廳舍（1941）

光智商會承包碧潭吊橋工程

陳海沙承造臺北州草山公共浴場

日治時期的臺籍請負業

在日治時期，由臺灣人自行創業的請負業多為日人業者服務，或做其下包。臺灣人成立的請負業，較具規模者包括：林煜灶的協志商會、陳海沙的光智商會、葉仁和的榮興商會、賴神護的賴神護商會、陳來成兄弟的永大商會。其他創立組合或工務所者包括：王成傳、王添福、邱都、呂春後、呂其淵、李燦、林才、林必昌、林全福、林振標、洪添生、徐舜、郭華琳、陳榮堯、陳天賜、張石定、張令紀、張得成、黃港、黃秋桂、黃茂松、童阿六、曾坤玉、曾慶元、葉金木、楊泉、楊坤岳、歐茂清、謝龍波等。其中只有協志、光智、榮興三家商會有資格與日人大組頭平行競標大工程，其餘只能承包小規模的工程或者下包大組頭的工程。

臺籍請負業者及地方聞人在報紙登廣告賀年

葉仁和

1908年出生於臺北州臺北市，設籍在建成町（今大同區長安西路、華陰街、太原路一帶），為葉榮申的長男。年輕時輔助父親經營榮興商會，1933年繼承父親的土木建築包工業，擔任榮興商會株式會社社長，主要業務為建築材料及水泥特約販賣，並承包土木工程。曾任防衛團副團長、建成區分區長、保正等。葉仁和之子葉正元熱愛藝術，任職佳士得拍賣公司亞洲區主席。

葉仁和負責松山療養所1940年改建

兒玉秀雄

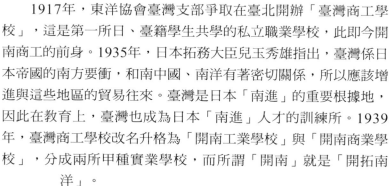

臺灣商工學校創立於1917年

臺灣商工學校校門

開南工業學校由臺灣商工學校升格
成立

第四節　營造人才的培育與戰時的產業發展

臺灣商工學校 落實南進

　　1898年，日本政界與財界人士為配合官方的殖民政策，由第二任臺灣總督桂太郎及臺灣總督府首任民政長官水野遵號召在東京組成「臺灣協會」，目的是為協助政府經營殖民地臺灣。該會在日本各地及臺灣都設有支部，並發行機關報，進行宣傳與募款活動。

　　臺灣協會在1900年於東京都文京區出資設立學校，在日俄戰爭勝利後，隨著日本勢力的擴大，1907年臺灣協會改稱為「東洋協會」，會務活動範圍從臺灣擴大到朝鮮、滿洲等地區，所經營的學校也改名為東洋協會專門學校，即今拓殖大學，之後也在朝鮮的漢城、滿洲的旅順及大連設立學校。

　　1917年，東洋協會臺灣支部爭取在臺北開辦「臺灣商工學校」，這是第一所日、臺籍學生共學的私立職業學校，此即今開南商工的前身。1935年，日本拓務大臣兒玉秀雄指出，臺灣係日本帝國的南方要衝，和南中國、南洋有著密切關係，所以應該增進與這些地區的貿易往來。臺灣是日本「南進」的重要根據地，因此在教育上，臺灣也成為日本「南進」人才的訓練所。1939年，臺灣商工學校改名升格為「開南工業學校」與「開南商業學校」，分成兩所甲種實業學校，而所謂「開南」就是「開拓南洋」。

臺南工業學校 成大前身

　　臺北工業學校（今臺北科技大學）與開南工業學校是臺北市兩大工科學生的搖籃。1931年，臺灣總督府也在臺南市創辦「臺南高等工業學校」（今成功大學），創校初始，設機械工學、電氣工學及應用化學三科。直到第二次世界大戰結束前一年的1944年，才改名為「臺南工業專門學校」，增設土木科及建築科二科。

安大營造公司董事長廖萬應於日治時期就讀開南工業學校，他在接受訪談提到當時培育營造人才的狀況。在1940年代，臺北工業學校開設有建築與土木兩科，每科招生人數約20至30人，該校的臺籍學生與日籍學生比例約1：15。開南工業學校招生人數較多，每年級建築科三班，約150人，機械科也招收約150人，開南工業學校的臺籍生與日籍生比例較高，約為1：5。開南工業學校的總務長由臺灣總督府官員兼任，許多教師也來自總督府，教學品質頗佳。

臺南高等工業學校

無論臺北工業學校、開南工業學校或臺南工業學校，都以專業的土木建築教育，為營造業界培養出新一代的人才。平心而論，學校本科的畢業生，進入業界後要經過歲月的磨練，才能在業界闖出名號。因此，日治時代開辦的專業教育，在真正完全普及並至開花結果，進而對業界產生重大影響，與其說是在日治後期，不如說是在光復以後。而這三所學校的傑出校友，在光復後確實有不少人活躍於營建業、實業界、金融界及政治界。

電力充沛 吸引建廠工程

1937年中日戰爭爆發後，臺灣包括營造業在內的各項產業均以軍需為優先。1938年，日本政府通過「國家總動員法」，1940年制定物價統制令、企業整備令，政府完全控制物價，並阻止業界內部競爭。營造業者被整編組織「軍建協力會」與「戰時

廖萬應

1928年生於臺中，畢業於開南工業學校，係日本近畿大學法學部學士。曾在光智營造廠設計部任職近一年，於1952年創立安大營造。由於當時國民政府來臺，通曉土木工程的人員並不多，他以工程專業及處事用心，獲得當時負責督導工程官員的尊重及禮遇。早年曾義務協助著名建築師楊卓成的和睦建築師事務所，進行大量美援或美資工程的工程分析及工料計算。以精於算圖及預算編列聞名業界。1953年，安大營造與互助營造聯合經營，擔任互助營造副董事長，互助公司以承包小工程起家，逐步擴展，跨足飯店、高爾夫球場、機電及科技等行業，他後來擔任互助、安大聯營企業體的副總裁。

高雄港工業區，是戰時工業化第一
重鎮，圖為美軍偵察機拍攝

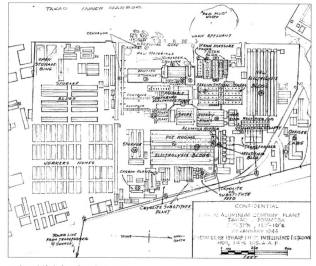

日本鋁業株式會社高雄廠平面圖

建設團」，全力支援軍事構工。進入
戰爭時期，臺灣與日本本土幾乎已經
沒有隔閡，任何政治與經濟的波動完
全同步。

　　1937年日月潭發電廠二期工程完
工後，臺灣有了充沛且廉價的電力，
促成日本本土各種肥料、化工、煉
鋁、鹼氯工業來臺投資設廠。這些工
廠幾乎全部集中在高雄和花蓮兩地，
建廠工程為營造業帶來空前的機會。

　　不過，這些工程的發包業主並非
政府，而是設在東京的株式會社總
部。這些會社多半已經在日本建立工
廠，所以在建廠時首先會考慮過去曾
經合作過的營造業者，這些業者當然
不會是臺灣在地的營造商。

　　承包最多建廠工程的是大林組，
其代表性的建案有花蓮港的日本鋁
業、高雄港的旭電化工廠、臺灣肥料
廠等。日本鋁業和旭電化工在日本本
土的工廠原本就已由大林組承攬，在
臺灣設廠當然也就直接委託給大林組
了。

　　電力是軍需工業的原動力，為了
支援前線作戰，作為後援重鎮的臺灣
在成功開發日月潭水力發電後，也積
極再籌設水力電廠。1939年圓山與新
龜山電廠開工，臺灣電力株式會社僅
找來大林組與大倉組兩家業者投標，
結果大林組以600萬圓標得圓山工
程、大倉組以190萬圓取得新龜山工
程。

大甲溪發電 因戰停頓

新龜山與圓山的發標案完成後一個月,台電社長松木幹一郎突然因肺炎病逝,由林安繁接任新社長。林安繁過去長期擔任日本兵庫縣宇治川電氣株式會社社長,他不僅將宇治電的技術專家帶進台電,還把長期承攬該公司工程的佐藤工業帶到臺灣。

大甲溪發電計畫是總督府的綜合開發計畫,主要工程是達見大壩(今德基水庫),並在大甲溪上下游建立六座電廠,預計工期為八年,計畫總金額高達1億3,500萬圓,其中台電自行負擔3,500萬圓。1940年底完成發包,第一工區歸大林組,第二工區歸佐藤工業,第三工區歸鹿島組。同時間啟動的霧社發電計畫,則以700萬圓交由大倉組承攬。

大甲溪計畫後來因為戰局惡化而中止,精算已發生的工程款項後,鹿島組獲得477萬圓、大林組得到1,174萬圓。戰時工程價款飆升速度之快速,令人咋舌。

軍事工程 經費令人咋舌

水力發電工程的膨脹速度驚人,但是軍事工程更為可觀。軍事工程事涉機密,大部分細節至今仍無法明瞭,只能由實際完成的工程規模推估。

以大林組為例,在1941年間由臺灣軍經理部發包的「高雄軍事工程」,總工程款就高達1,459萬圓。在名目上,高雄地區的軍事工程有大港埔陸軍病院、苓雅寮燃料油槽、前鎮艇庫、戲獅甲倉庫、高雄倉庫、鳳山倉庫、輕油倉庫、航空燃料倉庫、兵器補給廠、輜重四八部隊、步兵四七部隊、以及散布在高雄鳳山的陸軍官舍及高射砲隊等,這些未必只有大林組一家業者承攬,也不只是在1941年內就全部完成。然而,以「高雄軍事工程」的統

佐藤工業

即1899年參與臺灣縱貫鐵路土工工程的佐藤組。出生於日本富山縣的初代佐藤助九郎,在1862年創立佐藤組,當時他僅16歲,從事土木建築業的動機是服務鄉里。1904年,初代佐藤助九郎的養子二代佐藤助九郎繼承家業,他對修築發電廠及水壩工程頗為專門。二代佐藤助九郎在1931年籌資200萬圓,將佐藤組轉型為佐藤工業株式會社。二代佐藤助九郎曾任日本貴族院議員。

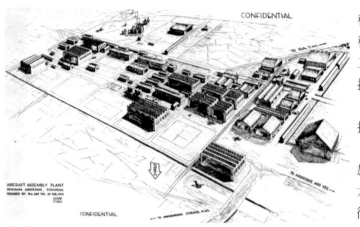

岡山第六十一航空廠，美軍依照偵測資料繪製實體復原圖，為臺灣規模最大的軍工廠

稱在一年內支付給大林組的工程款，就有1,459萬圓，那麼總工程款項到底如何，確實難以捉摸。

規模更大的營造工程還包括海軍左營軍港及第六燃料廠（今中油高雄總廠）、岡山高雄航空隊（今空軍官校）與第六十一航空廠（今空軍航空技術學院）、東港大鵬灣基地、虎尾飛行場、臺南飛行場、新竹飛行場等工程。依照規模比例推算，這些軍事工程經費應該超過1億圓。據悉，鹿島組、大林組和大倉組都參與這些工程，但是由於戰亂而細節不明。

日本軍方所有的工程都隨著戰敗而劃下句點。1945年10月25日，最後一任臺灣總督安藤利吉向國民政府新任臺灣行政長官陳儀遞交投降書。這場投降典禮就選擇在臺北公會堂舉行，諷刺的是，這也是日治時期知名建築設計師、總督府營繕課長井手薰生前最後的一件重要作品。

從1895年到1945年，總計日本統治臺灣五十一年，臺灣的總人口從割讓當時的260萬人，增加到1945年650萬人。日本殖民政府在臺灣留下許多重大建設，為臺灣農業及工業的現代化奠定了厚實的基礎。

日軍投降典禮在臺北公會堂舉行

小粗坑發電所

打狗竹子門發電所

日治時期的重大建設

項 目		工 程 內 容
交通	鐵路	淡水線（1901）、臺灣鐵路縱貫線（1908）、阿里山森林鐵路（1912）、臺東線（1917）、平溪線（1921）、屏東線（1921）、宜蘭線（1924）、東港線（1940）
	港口	基隆港（1886）、高雄港（1912）、花蓮港（1939）、馬公港（1937）
	運河	臺南運河（1926）
農業	水利	桃園大圳（1928）、嘉南大圳（1930）
工業	電力	龜山水力發電所（1905）、小粗坑發電所（1909）、打狗竹子門發電所（1909）、后里發電所（1911）、日月潭第一發電所（1934）、日月潭第二發電所（1937）、萬大發電所（1941）

日治時期留下的重要古蹟

項目	工程內容
衙署官舍	臺灣總督府交通局鐵道部（1887）、臺灣總督府官邸（1901）、臺灣軍司令官官邸（1909）、臺南郵便局（1910）、臺南公會堂（1911）、臺南地方法院（1912）、專賣局（菸酒公賣局）（1913）、新竹州廳（1915）、臺灣總督府博物館（1915）、臺北州廳（1915）、臺南州廳（1916）、臺灣總督府（1919）、臺灣軍司令部（1920）、原建成小學校（今臺北市政府舊廈，1921）、臺灣總督府交通局遞信部（1925）、前美國駐臺北領事館（今光點臺北，1925）、草山御賓館（1923）、臺北州職業介紹所（今臺北市政府衛生局舊址，1930）、臺北郵便局（1930）、臺南警察署（1931）、高雄州廳與青年會館（1931）、臺北警察署（今大同分局，1933）、臺灣總督府高等法院及地方法院（1934）、新竹專賣局（1935）、臺北公會堂（1936）、專賣局嘉義分局（1936）、臺北市役所（1940）
校舍	臺灣總督府國語學校第二附屬學校（今老松國小，1896）、臺北第一中學紅樓（今建國中學，1908）、原臺南高等女子學校本館（今臺南女中自強樓，1917）、原臺南中學校講堂（1918）、臺北工業學校紅樓（1918）、臺灣總督府高等商業學校（今臺大法學院，1919）、蕃薯藔公學校（今旗山國小，1920）、旗山第一國民學校鼓山分校（今旗山鼓山國小，1920）、原帝國大學校舍（今臺灣大學，1928）、原臺北高等學校講堂（臺灣師範大學，1929）、臺北州立臺北第一高女（今北一女中，1930）、帝國大學校門（1931）、打狗公學校（今為旗津國小，1935）、臺北第三高女（今中山女中，1937）
醫院	前日軍衛戍醫院北投分院（1915）、臺北帝國大學附屬病院舊館（1907）
車站	嘉義驛（1906）、舊山線勝興驛（1906）、阿里山鐵路北門驛（1912）、新竹驛（1913）、臺中驛（1917）、香山驛（1928）
事業廳舍	橋仔頭製糖所（1901）、麻豆總爺製糖所（1910）、臺灣電力株式會社社長宿舍（1910）、前臺灣銀行社長宿舍（今嚴家淦故居，1910）、三井物產株式會社舊廈（1920）、原臺北信用組合（1927）、帝國生命會社舊廈（1930）、勸業銀行舊廈（1933）、原日本勸業銀行臺南支店（今土地銀行臺南分行，1937）、臺灣總督府電話交換局（1937）、臺灣銀行（1938）
宗教建物	臨濟護國禪寺（1900）、北投普濟寺（1905）、長老教會北投教堂（1912）、臺中神社（1912）、嘉義日本神社附屬館所（1915）、濟南基督長老教會（1916）、西本願寺鐘樓（1923）、淡水禮拜堂（1933）、中山基督長老教會（1937）
監獄	臺北監獄（1910）、嘉義舊監獄（1919）
橋樑	下淡水溪鐵橋（1914）、國姓鄉北港溪石橋（糯米橋，1941）
其他	臺灣煉瓦會社打狗工場（1897）、原臺南測候所（1898）、臺北新起街市場（1907）、臺中公園湖心亭（1908）、臺北撫臺街洋樓（1910）、士林公有市場（1910）、竹寮取水站（1911）、北投溫泉浴場（1913）、蕃薯藔信用組合（今旗山鎮農會，1914）、圓山別莊（1914）、阿里山林場招待所（今嘉義營林俱樂部，1914）、偕行社（今婦聯總會，1915）、內湖郭氏古宅（1919）、原梧棲官吏派出所及宿舍群（1919）、永和網溪別墅（1919）、原高砂麥酒株式會社（今建國啤酒廠，1920）、大稻埕幸宅（1920）、文官宿舍（今蔡瑞月舞蹈研究社，1920）、高雄武德殿（1924）、原佳山旅館（今北投文物館，1925）、內湖庄役場會議室（1930）、內惟李氏古宅（1931）、原臺灣教育會館（1931）、萬華林宅（1932）、原林百貨（1932）、臺灣廣播電臺放送亭（1934）、吟松閣（1934）、桃園神社（今桃園縣忠烈祠，1935）、原臺南武德殿（今忠義國小禮堂，1936）、原臺南合同廳舍（1938）、屏東書院（1939）、原嘉南大圳組合事務所（今嘉南農田水利會，1940）

臺南郵便局，1910年

臺灣軍司令部（光復後為警備總部），1920年

臺北郵便局由臺灣總督府營繕課設計建造，1930年

高雄州廳與青年會館，1931年

臺灣總督府高等法院及地方法院，1934年

臺灣第一座製糖工廠橋仔頭製糖所的施工照，1901年

麻豆總爺製糖所相當具有代表性，1910年

勸業銀行舊廈，1933年

臺中神社，1912年

日治時期日系營造業參與臺灣建設工程年表

年代	工程	參與業者
1895	馬關條約後清廷將臺灣割讓日本，大倉組最早在臺設立營業所	大倉組
1897	臺北小學校新建工程	大倉組
1898	基隆郵便局電信局新建工程	大倉組
1899	鹿島組在臺設立營業所	鹿島組
1899.10-1908.04	臺灣縱貫鐵路工程（總長400公里）	鹿島組、大倉組、久米組、吉田組、澤井組、志岐組、佐藤組
1907-1915	高雄→屏東鐵路工程（工程曾中斷五年）	鹿島組
1908	臺灣鐵路旅館新建工程	大倉組
1909.07-1912.06	阿里山鐵路工程（總長9.73公里），施工者鹿島組（6.23公里，45個隧道）、大倉組（3.5公里，36個隧道）	鹿島組、大倉組
1912.09-1912.12	阿里山鐵路第九工區截取築堤工程	大倉組
1912.12-1913.03	大安溪護堤工程	大倉組
1913.08-1914.12	二仁溪坤川工程	大倉組
1915-1924	臺東線鐵路工程（工程曾中斷六年）	鹿島組
1916.01	土壟發電所工程（現高屏發電廠）	大倉組
1917.05	桃園廳下八塊中壢隧道工程發包	大倉組
1917.11	八堵猴洞第三工區鐵路工程	大倉組
1918-1920	宜蘭線鐵路工程	鹿島組
1919.06	宜蘭線第四工區鐵路三貂嶺隧道工程	大倉組
1919.07-1922.03	天送埤（宜蘭濁水溪）發電所工程	大倉組
1920.05	嘉義新高製糖公司宿舍工程	大倉組
1920.05	宜蘭發電所工程	大倉組
1920.09	基隆碼頭工程	大倉組
1921-1930	嘉南大圳工程	鹿島組、大倉組
1921.01	臺灣醫學專門學校工程	大倉組
1921.05	桃園廳八塊中州隧道暗渠工程	大倉組
1922.03-1923.03	宜蘭線王子崙雙溪間鐵路工程	大倉組
1927	清水組在臺設立營業所	清水組
1927	屏東陸軍機場停機坪工程	清水組
1929.03-1931.05	臺北帝國大學理農學院工程	大倉組
1930.02-1931.03	臺北市水道拓展工程	大倉組
1930.03-193101	高雄發電所工程	大倉組
1931.07	臺北新鐵路工廠新竹工程	大倉組
1931	為承包日月潭發電所第一期工程，大林組在臺設立營業所	大林組
1931.10-1934.09	日月潭發電所第一期工程，分為七工區，施工者鹿島組（第一工區）、大林組（第二工區）、鹿島組（第三工區）、今道組（第四工區）、高石組（第五工區）、鐵道工業會社（第六工區）、大倉組（第七工區）	鹿島組、大林組、今道組、高石組、鐵道工業會社、大倉組
1932.02-1933.09	勸業銀行臺北支店工程	大林組
1932	臺中郵便局、臺中病院工程	清水組
1933	臺北遞信部長深川繁治官邸工程	清水組
1933.01-1933.11	基隆漁市場辦公室工程	大林組
1933.09-1934.03	交通局碼頭合同廳舍工程	大倉組
1933.11-1934.03	臺灣鐵路工場事務所工程	大倉組
1934.07-1937.02	臺灣銀行本店新建工程	大倉組
1934	專賣局嘉義支局工程	清水組
1934	臺東呂家溪大南橋工程	清水組
1935.10-1937.10	日月潭發電所第二期工程，分為三工區，施工者大倉組（第一工區）、大倉組（第二工區）、大林組（第三工區）	大倉組、大林組
1935.10-1937.03	臺灣鐵路中部大地震震災復原工程，臺中線三、四、五、六、八隧道	大倉組
1935	高雄橋仔頭驛地下道工程	清水組
1935	彰化北白川宮能久親王駐營碑工程	清水組
1935	臺灣博覽會迎賓館工程	清水組

年代	工程	參與業者
1935	臺北機場停機坪工程	清水組
1935	日本鋁業高雄廠辦公室工程	清水組
1936	通霄五里碑改建工程	清水組
1936	東洋製罐高雄廠工程	清水組
1936	屏東西鄉都督遺蹟紀念碑工程	清水組
1936	臺北宮前公學校工程（現中山國小）	清水組
1936	臺北樺山小學校工程（現警政署）	清水組
1936	勸業銀行臺南支店營業所工程	清水組
1936	臺灣銀行臺南支店修繕工程	清水組
1937	臺灣興業羅東工場工程	清水組
1937	臺北州立第三女子高等學校工程	清水組
1937	屏東衛戍醫院工程	清水組
1937	明治生命保險臺北出張所工程	清水組
1937	三井物產臺北支店長住宅工程	清水組
1937	臺灣水產販賣倉庫增建工程	清水組
1937	日本鋁業高雄廠沉澱槽工程	清水組
1937.05-1937.12	臺北新貨運車站倉庫工程	大倉組
1937.07-1939.06	嘉義鹿寮溪儲水池工程	大倉組
1938	臺北州立蔬菜乾燥場工程	清水組
1938	臺北市農會肥料配給所工程	清水組
1938	臺北州丁種官舍改建工程	清水組
1938	勸業銀行臺中支店營業所工程	清水組
1938	臺北臺陽礦業石底礦業所斜坑工程	清水組
1938	臺灣銀行屏東支店工程	清水組
1938	臺北州立第三中學校工程	清水組
1938	臺北州畜產會松山皮革倉庫工程	清水組
1938	臺灣水產販賣社住宅工程	清水組
1938.05-	霧社至萬大道路工程	大林組
1938.08-1939.01	高雄碼頭工程	大倉組
1939	嘉義簡易保險健康相談所工程	清水組
1939	嘉義郵便局工程	清水組
1939	臺灣電力萬大出張所霧社發電所工程	清水組
1939	日本鋁業清水發電所工程	清水組
1939.05-1941.05	圓山發電所工程	大林組
1939.05-1940.12	新龜山發電所工程	大倉組
1940.05	高雄大橋工程	清水組
1940.08	高雄驛及地下道工程	清水組
1940	陸軍屏東機場飛行跑道工程	鹿島組
1940	左營海軍燃料廠儲油槽工程	鹿島組
1940-	海軍岡山航空場工程	鹿島組
1940.09-19410.5	日本航空臺北支所工場新建工程	大倉組
1940.10-1943	嘉義市水道工程	大倉組
1941.03-1945.12	霧社發電所土木工程	大倉組
1941.11-1942.06	海南興業臺北工場工程	大倉組
1941-中斷	大甲溪天冷發電所工程	鹿島組
1941-中斷	大甲溪豐原發電所工程	鹿島組
1942	臺北警官練習所工程	鹿島組
1942	臺灣窒素工場及宿舍工程	鹿島組
1942-1945	臺北州烏來發電所工程	鹿島組
1944-1945	明治發電所工程	大林組

第三章 ■ 光復初期與國民政府遷臺

美軍轟炸臺灣的主力為B-25型轟炸機

在美軍轟炸中受損的臺北帝國大學附設醫院（今臺大醫院）

在美軍轟炸中受損的臺北第一中學（今建國中學）

第一節 國民政府接收臺灣 與日籍營造業撤離

美軍轟炸臺灣 滿目瘡痍

二次大戰末期臺灣遭美軍轟炸，造成基礎設施及農工生產嚴重的破壞，鐵公路及多數重要橋樑被炸毀，戰後實際能通車路線僅剩四成。至於基隆港與高雄港為臺灣重要的口岸，更受到猛烈轟炸，戰前兩港口原本可停泊萬噸級輪船，戰後僅能通行300噸級船隻。水利防洪設施雖非主要攻擊目標，亦因戰事影響而年久失修，灌溉面積只剩下戰前的一半。總計臺灣整體經濟受戰爭影響甚巨，1945年的農業產值只有戰前1937年產值的49%，工業產值僅為33%。

戰後，國民政府指派臺灣省行政長官公署接收臺灣，在行政長官陳儀與日本最後一任臺灣總督安藤利吉的監督下，進行交接與善後工作，以及日軍與日籍平民的遣送返國作業。跟隨陳儀前來臺灣接收的官員，許多都是學有專精的技術官僚，因此接收事宜很快就上了軌道。即使當時的臺灣飽受戰爭摧殘，國民政府所接收到的臺灣，與中國大陸相較，仍是高度進步的工業社會。

接收產業 設公共工程局

在營造業的中央主管機關交接方面，行政長官公署工礦處扮演著關鍵性的角色，當時由包可永擔任處長。

臺灣省行政長官公署

臺灣省行政長官公署即日治時期的臺北市役所

由國民政府於1945年9月1日成立，目的在於接管臺灣時，能夠事權統一，完整接收。其組織有部分沿襲原有臺灣總督府舊有官署組織。最高主管之行政長官，由時任國民政府主席的蔣介石任命陳儀擔任（並兼任臺灣省警備總司令部總司令），下設民政處、教育處、會計處、工礦處、農林處、交通處、臺灣省專賣局、臺灣省法院等相關組織。

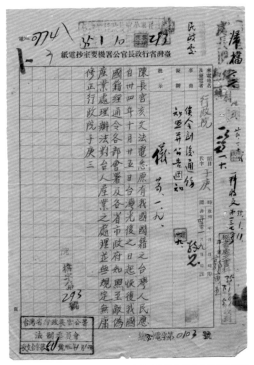

工礦處合併原臺灣總督府土木課及營繕課兩部門，將其業務歸屬其轄下的公共工程局掌理。公共工程局負責的業務有公路、水利、建築、市政、材料等，首任公共工程局長是費驊。

行政長官公署於1946年7月4日又在民政處下成立營建局，管轄的業務包括都市計畫、審勘、設計、營繕等，首任局長為盧樹森。

營建局成立後，臺灣所有的住宅營造事務都歸其監督指揮。並負責協助各縣市恢復房屋建築、改良臺灣建築、修訂建築法規、改善平民勞工住宅、推進都市計畫、改善農村建築等。

營建局將日治時代的臺灣住宅營團（經營建築房屋）、臺灣神宮造營事務所（經營建築房屋）、臺灣土地建物株式會社（經營房地產出租業務）、牧田材木店（經營建材業務）、濱崎材木店（經營建材業務）等五家企業，合併為「臺灣營建公司」，這家公司雖屬省營，但一切經費都是由公司的利潤撥用，並於1947年5月以後為公共工程局接收。

行政院函臺灣省行政長官公署指示日產接收作業

臺灣土地建物株式會社被合併成為臺灣營建公司

行政長官公署工礦處

工礦處主管工業、礦務、電業、職業，設有公共工程局、技術委員會、材料室等單位。自1945年11月1日開始接收日本在臺灣所遺留下來的工業，並成立糖業、電業、電冶業、石油業、肥料業、水泥業、製鹼業、煤業、金銅礦業、電工業、機械業、紙業、紡織業、化學製品、油脂業、玻璃業、窯業、印刷業、工礦器材等十九個委員會，將隸屬於各項工業的日產全部合併於各委員會下，再重新組織公司。

費驊

1912-1984年，出生於江蘇省松江縣，1934年畢業於上海交通大學土木系，1936年獲美國康乃爾大學土木工程碩士。於戰時任職於交通部公路總局川康公路管理局，來臺後擔任行政長官公署工礦處公共工程局局長，先後在臺灣省交通處、交通部工作，曾任交通部常務次長、政務次長，1972年出任行政院秘書長，1976年擔任財政部部長、行政院政務委員。1984年，在陽明山家門口附近晨跑時，不幸遭臺北市公車撞擊身亡。

日產整併接收 範圍繁雜

　　日產的接收與整併是此階段最重要的任務。根據日產處理委員會的資料顯示，行政長官公署各單位總共接收了860家日產企業。在這些企業當中，由日本人所支配者佔775家，由臺灣人所支配者只有85家。這些公司包括石油、瓦斯、電力、水泥、紡織、橡膠、礦產、肥料、造紙等眾多類型的公司。

行政長官公署工礦處負責日產移交作業，圖為臺灣省日產移轉清理辦法草案

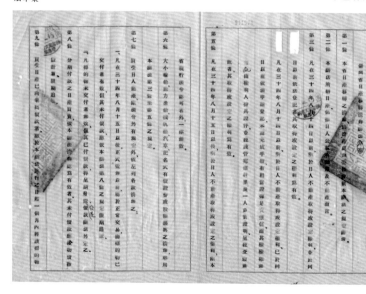

　　日產處理委員會除了接收公司之外，也會將私人企業公營化。在日產處理委員會的名單中，當時臺灣的土木建設業者有16家，都陸續進行了整併、接收或標售。

　　此外，對日治時期營造會社的接收與合併則是由工礦處主其事，由吳文熹負責。他與費驊同樣畢

業於上海交通大學土木系，1946年6月，他將日
治時期臺灣營造界的五大會社，包括鹿島組、大
林組、清水組、大倉組和日本鋪道組等，在解散
後所留下的資產、機具等，合併成立臺灣工程公
司，吳文熹並擔任總經理。

行政長官公署工礦處的公共工程局原本與
民政處營建局是平行單位，1947年二二八事件
爆發後，由於臺灣多數本省人對陳儀為首的行政
長官公署強烈不滿，4月22日，國民政府裁撤長
官公署，改為臺灣省政府。此後，工礦處歸屬省政府建設廳，公共
工程局成為建設廳管轄單位，並將營建局併入。後來，省建設廳公
共工程局的編制一直延續到1978年，與「國民住宅興建委員會」
合併改組成立為省「住宅及都市發展局」，公共工程局至此消失。

糖廠是日產接收的主要內容，圖為製糖株式會社

1947年5月，工礦處將所轄管的12家公司，合併成為臺灣工
礦股份有限公司，臺灣工礦公司除了煤礦、紡織之外，也將臺灣
工程公司併為轄下的分公司，稱為臺灣工礦公司工程分公司，並
設立營建部。

臺灣工程公司原本的業務範圍包括：承辦各種建築之土木、
房屋、橋樑、道路、隧道、水利、水力工程、海港、國防、市政
工程等。至於成為工礦公司工程分公司之後，則設有路面、修繕
及房屋三項工程處，並在臺北、士林、基隆、高雄、草嶺、谷關
設分支單位。

日本五大營造會社解散後成立臺灣工程公司

戰後16家土木建設業整合

處理方式	主導機關	處理情況
合併	臺北市政府	將臺北市內原屬日人的南邦建築、臺北建築、大成建築、兒玉建築、建睦會，合併為一大建築組合
接收	臺南市政府	接收經營以土木建築及製造水泥瓦為主要業務的湯水組、佐吉組、東洋鋼骨水泥株式會社
接收	高雄市政府	建築會社大野資產組、株式會社湯川組高雄支店，由市政府試辦經營
標售	臺灣省日產標售委員會	森田組（經營建築業）由李泉得標 佐藤組工業株式會社（土木包辦業）由甘金池得標 佐藤工業株式會社（土木包辦業）由陳海沙得標 錢高組新竹出張所（土木包辦業）由林培英得標 池田組臺灣支社（土木包辦業）由陳來明得標 錢高組臺北支店（土木包辦業）由吳春江得標

臺灣工礦公司南港橡膠廠

臺灣銀行首任總經理張武

留用日人 協助戰後復員

戰後，大部分的在臺日人都被遣返回日本，但是在最初幾年間，為了清理業務，維持生產事業之運作及特殊需要等，在必要的技術人員獲得補充之前，各機關均留用一批具有技術、特殊技能或知識經驗的日本人，以協助接收與復員。

這批留用日人的重要貢獻之一，就是協助修復戰爭期間遭受空襲損毀的日式建築，例如華南工程公司的廖欽福，承接臺灣銀行營業廳的復建工程。這項復建工程是由曾留學日本的張武負責，張武在1945年被國民政府指派為臺灣省財政處銀行檢查委員會主任委員，後來負責接收臺灣銀行，並出任首任總經理。在工程進行期間，張武即請他京都帝國大學的同學大倉三郎擔任監督。

大倉三郎於日治時期的1940年接任井手薰，擔任臺灣總督府營繕課長，戰後被臺灣大學慰留在土木系任教。大倉三郎留臺期間，還與同樣出身於京都帝國大學，戰前也任職於總督府營繕課的安田勇吉（在日治時期與井手薰同為臺灣建築會的發起人，後為民政處營建局留用），一起率領臺籍及大陸籍的工程師，指導臺灣總督府的修復工程。安田勇吉待主要規劃設計完成，並在施工進行大約一年半以後，才返回日本。

廖欽福

《廖欽福回憶錄》封面

1907-2007年，出生於臺北大安庄，就讀臺灣商工學校土木科時，受測量老師土肥慶大郎的賞識，在土肥的提拔下，參加桃園大圳工程，後來還參與嘉南大圳、日月潭電力工程等工作。1936年，進入林煜灶經營的協志商會，參與臺北自動電話局交換局新建工程、屏東陸軍高射砲隊基地工程、嘉義第三航空教育隊新建工程、日本鋁業會社花蓮廠引水道工程、臺中陸軍水湳機場等工程，並擔任協志商會臺北本店支配人（總經理），1945年成立華南工程公司，1984年跨足飯店業，開設臺北福華飯店，逐年擴展成為本土最大的飯店集團品牌。他做生意最重信義，就算會賠錢，也要把工程做完的工作態度，在臺灣建築業建立良好的信用。曾任私立開南商工職業學校董事長。

廖欽福在戰後成立華南工程公司，在報紙刊登廣告

戰後初期營建機關之留用日僑

縣市別	姓名（出身學校）	留用機關	留用資格	官吏關係
臺北市	中村綱	民政處營建局	技師	總督府技師
	青島勝三	民政處營建局	技師	礦工局技師
	坂口利夫	民政處營建局	技手	礦工局技手
	織田權一	民政處營建局	技手	礦工局技手
	鶴田富美雄	民政處營建局	技手	礦工局技手
	安田勇吉	民政處營建局	服務員	總督府技師
	乾馨	民政處營建局	服務員	總督府技手
	赤松與一	民政處營建局	服務員	財務局技手
	長谷川進	民政處營建局	助理員	財務局囑託
	柳久人	民政處營建局		
	松坂源一	民政處營建局		
	吉浦進	民政處營建局		
	松尾太郎	營建公司籌備處	技師	
	長田庄司	營建公司籌備處	技師	
	佐藤英一	營建公司籌備處	技士	
	夏秋克己	營建公司籌備處	技師	
	川上謙太郎（九州帝大）	工礦處公共工程局	正工程司	礦工局技師
	北川幸三郎（京都帝大）	工礦處公共工程局	正工程司	礦工局技師
	近藤喜久治（熊本高工）	工礦處公共工程局	工程司	礦工局技師
	前田長俊（東京工學院）	工礦處公共工程局	工程司	礦工局技手
	松下寬（京都帝大）	工礦處公共工程局	留用員	礦工局技師
	松下卯三郎（東京工學院）	工礦處公共工程局	留用員	礦工局囑託
	今野覺治（仙台高等工業學校）	工礦處公共工程局	副工程司	礦工局技師
	齊藤明（臺北工業學校）	工礦處公共工程局	工程司	礦工局技手
	岩井久治（中央工學校）	工礦處公共工程局	幫工程司	礦工局技手
	中川貞藏（日本大學專門部）	工礦處公共工程局	工務員	礦工局技手
	村上晉（臺北工業學校）	工礦處公共工程局	工務員	礦工局技手
	上原榮人（熊本高工）	工礦處公共工程局	副工程司	礦工局技師
宜蘭縣	車田次夫（臺北工業學校）	工礦處公共工程局	工務員	
新竹市	大曲暢（開南工業學校）	公共工程局第二工程處	工務員	礦工局技手
臺中市	大西義雄（臺北工業學校）	工礦處公共工程局	技手	礦工局技手
屏東市	鳥山貞雄	工礦處公共工程局		
高雄縣	深川利一	公共工程局第九工程處	工務員	礦工局技手
	津野田稔	公共工程局第九工程處	工務員	礦工局技手

安田勇吉

第二節 政經環境改變對營造產業 之衝擊

戰後的營造工程，修築軍用飛機場
（*LIFE*雜誌）

戰後的營造工程，建設海軍基地
（*LIFE*雜誌）

戰後的營造工地，是孩子們玩耍的
樂園（*LIFE*雜誌）

成立同業公會 積極建設

　　戰後，臺灣滿目瘡痍亟待復建，而營造業者也懷抱著重建工程的使命。行政長官公署民政處長陳健舟，於是出面召集營造業人士開會，組織公會，集中力量，協助國家從事復原的工作。

　　臺籍營造業者於日治時期即已成立「臺北土木建築請負組合」，及其後的「社團法人臺灣土木建築協會」，在戰爭期間奉命組織「臺灣土木建築統制組合」。

　　戰爭結束日本人陸續撤離後，協志商會的林煜灶考量營造同業須組織公會，便於1945年10月以私人財產向「臺灣土木建築統制組合」購買臺北市延平南路的房屋及部分器具，預備給公會使用。

　　1945年11月，營造同業全體公推林煜灶、陳海沙、葉仁和、賴神護、陳榮堯、林才、陳來成、黃秋桂、葉金水、李水等十人組成籌備委員會，組織「臺北市土木建築工業同業公會」，12月21日向臺北市政府申請成立，1946年1月31日獲得核准，3月30日召開成立大會。林煜灶眾望所歸，出任公會理事長，同時選出常務理事葉仁和、陳盛周，理事陳海沙、陳來成、賴神護、陳榮堯、林才、李水等，常務監事楊月銘，監事呂其淵、廖欽福等。

　　公會召開臺灣復興建設推動方案座談會，決定聘請留臺的日人北川幸一、中村

綱、松本虎太、安田勇吉、大倉三郎等技師，以及臺籍的林金樹、許尊泉、吳建峰等專家擔任顧問，並推舉賴神護、林才、廖欽福負責土木工程，陳海沙負責建築工程等復原計畫。

調度工程資材 提供貸款

由於戰後初期建築資材嚴重缺乏，公會特別設立事業組，任命陳春霖、陳抱鑰擔任業務。負責採購水泥、紅磚、鐵材、鐵釘、玻璃、亞鉛板、油毛氈等材料，配售給會員使用。對於會員間所有的工程資材、材料或機具，也協調互相通融使用。並且經營金融資金的存放款業務，會員多餘資金的存款，貸放給會員周轉。

臺北市土木建築工業同業公會聘松本虎太為顧問，1946年

由於當時營造業者使用的土木建築工程用語仍以日語為主，為因應戰後語言的轉換，公會還組織編輯委員會，編譯《中日英土木建築技術語對照》一書，印發給會員備用參考。

以林煡灶等人為首的臺北市營造業者，除組成臺北市土木建築工業同業公會之外，為團結全臺同業，也敦促各縣市成立公會，再共同組織全省聯合會。臺灣省土木建築工業同業公會聯合會於1946年7月6日成立，召開第一次會員代表大會，並推選幹部。

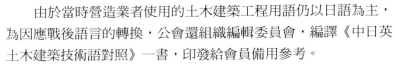

臺灣省土木建築工業同業公會技術委員會合影

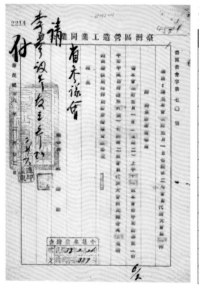

臺灣區營造工業同業公會公函

臺灣省土木建築工業同業公會聯合會各縣市會員代表

縣市別	會員代表及幹部職銜
臺北市	林煜灶（理事長）、陳海沙（常務理事）、葉仁和（理事）、賴神護（理事）、廖欽福（理事）
基隆市	徐希道（理事）、王煙勞
新竹市	蘇維銘（理事）、張如淮、吳爐
臺中市	賴朝枝、顏春福（監事）、盧炎生
臺中縣	彭煥郎（理事）、何來成
彰化縣	王寅（理事）、李棟材
嘉義縣	劉阿燕（理事）、鄭火木（監事）、許壬子
臺南市	許全（理事）、林祖壽
臺南縣	曾連窗、王水永（監事）、李港、吳森然
高雄市	洪欲採（理事）、陳東富、林本南、趙壹、陳其祥（監事）
高雄縣	蕭水波（理事）、黃耀宗（監事）、莊扶持
屏東縣	邱海（理事）、吳可免
花蓮縣	鄭根井（理事）、張令紀

《臺灣營造業》第3期，1947年

日治時期的臺北工業學校改為臺北
工業專科學校

發行刊物 致力提攜後進

　　1947年5月15日，以林煜灶為發行人，由臺灣省土木建築工業同業公會聯合會所發行的《臺灣營造界》雜誌創刊，為戰後臺灣第一本營造業發行的刊物。這本雜誌有意延續日治時代《臺灣建築會誌》實務的風格，作為業界交流的溝通管道。但是，後來在通貨膨脹極端嚴重的情況下，雜誌終止出版。

　　1947年11月，臺灣省社會處命令各縣市土木建築工業同業公會，改名為營造工業同業公會。臺北市土木建築工業同業公會，也改名為臺北市營造工業同業公會，公會在次年1月31日召開會員大會，決議設立技術員養成所，希望於短期內培育有志青年學得土木建築技術，促成同業間提高技術水準。

　　其實在日治中期以後臺灣建築營造人才的養成途徑已經相當多元，包括州立臺北工業學校、私立臺灣商工學校（開南商工）、土木測量技術員養成所（創立於1934年，國立瑞芳高級工業職業學校的前身）等學校，都培育出相當多的營造人才。

還有不少留學日本，畢業於東京高等工業學校、大阪工業學校、名古屋高等工業學校、京都帝國大學、東京工學院等名校的優秀人才。這些學生部分於學成後服務於各級機關的營繕單位，部分則為日人會社（公司）所雇用。

戰後繼續從事營造的專業人士也很多，除了三大營造廠——協志、光智、榮興之外，尚有其他規模較小的業者，以及如廖欽福、高明輝等，於日治時期任職於協志商會，戰後即自行開業。

由八田與一和總督府技師西村仁三郎創辦的土木測量技術員養成所，戰後轉型為瑞芳高工

臺籍人士於此時累積的經驗，至戰後已有能力獨自承攬工程。即使是戰後崛起的營造業者，他們所招募而來實際參與施工的師傅們，仍多為日治時期以來即參與營造者，或是承襲了日治時期的工法，他們嚴謹的施工態度，在1950到1960年代中，構築了不少優良的營造工程。

臺灣省營造業登記證

登記設營造廠 蔚為風潮

由於預期會有數量龐大的修復工程，因此營造廠在戰後如雨後春筍般地成立。戰後初期的營造廠商登記，曾由臺灣省公共工程局舉行臨時包商登記，唯此項登記為時甚短即行截止。

1948年12月29日，臺灣省管理營造廠商實施辦法公布，其中第三條規範了營造廠資格。按照規定，甲級營造廠可承包一切大小工程；乙級營造廠為1,000萬元以下工程；丙級營造廠為400萬元以下；丁級營造廠為100萬元以下（舊臺幣）。

經歷1949年臺幣改制後，1953年10月21日，中央修正管理營造

臺灣省營造廠資格規定（1948年12月）

等級	資本額	承辦工程累計值	曾承辦單一工程值	主任技師資格
甲	5,000萬	5,000萬	800萬	技師
乙	2,000萬	2,000萬	300萬	技師或技副
丙	200萬	400萬	60萬	技師或技副
丁	100萬	免	免	免

業規則，並修正臺灣省管理營造廠商實施辦法及臺灣省土木包工業管理辦法。根據這項辦法，甲級營造廠可承包一切大小工程；乙級營造廠為45萬元以下工程；丙級營造廠為15萬元以下；土木包工業為5萬元以下。至1953年年底止，營造廠商登記有1,275家，其中甲等164家，乙等165家，丙等946家。

1954年5月，政府又辦理營造廠商重新登記。依照規定，日後營造廠商承建工程，應憑會員證始可參加投標比價，登記有案的營造廠商，也必須加入公會始能參加工程投標。

臺灣省營造廠資格規定（1953年10月）

等級	資本額	承辦工程累計值	主任技師資格
甲	60萬	乙等＋300萬	經濟部核准技師
乙	30萬	丙等＋150萬	經濟部核准技師
丙	15萬	土木包工業＋30萬	經濟部核准技師或技副

臺灣省管理營造廠商實施辦法

1939年2月27日，國民政府行政院在重慶公布「管理營造業規則」。1943年1月，行政院修正規則，將營造業的等級與技術能力，區分為甲、乙、丙、丁四個等級，並規定了其相應的業務範圍。戰後，國民政府於1948年12月29日公布「臺灣省管理營造廠商實施辦法」，本法共18條，但辦法上並無法源文字。辦法第3條規定營造廠的等級規範，包括資本額、承辦工程累計值、曾承辦單一工程值及主任技師資格。本法於1953年1月及10月兩度修正，並於1974年9月廢止。

臺幣改制

臺灣改革幣值，發行新臺幣

壹仟圓舊臺幣

國民政府接收臺灣後於1946年5月22日開始發行臺幣（舊臺幣），其幣值為以1：1兌換日治時期臺灣總督府所發行的臺灣銀行券。而新臺幣的發行，起因於1948年上海爆發金融危機，連帶使舊臺幣幣值大幅貶值，造成臺灣物價水準急遽上揚。不過坊間傳說，在國共內戰開始後，國府把臺灣的民生物資大量運送到戰區，以供應軍需，造成臺灣的民生物資銳減，通貨膨脹嚴重，一日三市，幣值急速貶值。為解決經濟問題，省政府在1949年6月15日正式發行新臺幣，明訂4萬元舊臺幣兌換1元新臺幣。

第三節 大陸營造業與土木人才來臺

烽火連天 大陸廠商遷臺

　　臺灣光復後，部分來自大陸的營造廠在臺設立分公司，但是正值國共內戰兵荒馬亂的時期，這些大陸業者的營業狀況並不明朗。直到1949年，政治情勢出現大逆轉，中華人民共和國在北京宣告成立，許多大陸的營造業者隨著國民政府播遷來臺。

南京金陵大學東大樓由陳明記營造廠承包

　　當國民政府在南京時期，有所謂「民國四大營造廠」，分別是陳明記、新金記、陶馥記及陸根記。不過，在四大營造廠中，只有陶馥記與陸根記來到臺灣。

　　「陳明記」是由陳烈明創於1897年，早期南京的學校、教堂、醫院等建築，大都出自陳明記之手；「新金記」於1919年創辦於上海，業主康金寶承包過中山陵第二期工程。

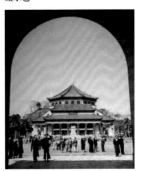

廣州市中山紀念堂

　　陶馥記營造廠是陶桂林所創辦，曾承包興建廣州市中山紀念堂、南京中山陵第三期工程。陶馥記在1932年承包上海國際飯店時，大廈內部結構向德國西門子採購鋼框架，原本該公司允諾派遣德國專家前來指導安裝，但因故延誤到達，陶桂林於是親自指揮安裝工程，待德國專家抵達時，工程已安裝到第11層（總共24層），而且品質符合要求，讓德國人大為驚訝。大廈工程僅用二十二個月的時間即完工，自此陶馥記聲名大噪，享譽海內外。

上海國際飯店

南京中山陵第三期工程陵門興建時所攝

陶桂林

1891-1992年，出生於江蘇啟東，出身於木器店學徒，曾擔任木工翻樣、工地監工、工地主任等職，曾主持字林西報館（今上海外灘桂林大樓）、四川路橋塊郵政總局大廈等建築工程。在1922年創辦陶馥記營造廠，1949年遷廠來臺，並擴組為公司，擔任董事長兼總經理。在臺灣營造業界享有盛譽，曾任中華民國營造公會聯合會首屆理事長，亞洲暨西太平洋營造公會國際聯合會會長，他在1967年獲「十大優秀營造企業家」首獎。除了營造本業外，他也是中華民國第一屆國民大會代表，於1989年退職。他於1973年即遷居美國。

上海百樂門舞廳由陸根記營造廠承包

南京國民大會堂

陸根記營造廠是陸根泉所創辦，在1934年承包被譽為「遠東第一樂府」的上海百樂門舞廳，其玻璃地板舞池堪稱一絕，在完工後轟動社會。陸根記於1936年承包南京國民大會堂，此外，還包括中央美術陳列館（今長江路江蘇美術館）、洪公祠軍統總部辦公大樓（今南京市公安局）。後又為汪精衛、張學良、戴笠等人建造公館及別墅等。

此外，由孫德水所創辦的孫福記營造廠也隨國民政府來臺，登記設立公司，孫福記1949年承建泰國曼谷機場，自1950年代開始，承包許多香港的重大工程，例如怡和大廈、於仁行（今太古大廈）、文華酒店和香港最繁華的中環皇后大道及部分指標性建築物，孫德水因此在香港營造業叱吒風雲。

無論陶桂林、陸根泉、孫德水都是學徒出身，他們的共同特點是跟對師傅、學得技藝，然後因緣際會，在上海的十里洋場發跡，進而闖出名號。

學院優秀人才　轉進臺灣

中國在1919年的五四運動之後，西學東漸走向最高峰，新知識、新文化、新思維席捲全國，態勢銳不可當，研究西方的土木營造也成為新潮流。1930年，曾任北洋政府代理國務總理的朱啟鈐在北京創立「中國營造學社」，旋即，畢業於清華學校高等科的梁思成及建築史學家劉敦楨成為學社中的領航者。從1932年至1937年抗日戰爭爆

陸根泉

1898-1987年，出生於浙江鎮海，家境貧寒，早年在上海投入湯秀記營造廠門下，學習泥工，再跳槽到久記營造廠做小包工頭，1929年，在上海創辦陸根記營造廠。創業後經人介紹結識許多上海的權勢人物及南京政要，包括上海青幫老大杜月笙；時任行政院秘書長的褚民誼；以及蔣介石身邊的紅人、時任軍統局局長戴笠等。陸根泉在1949年來臺，而其上海陸根記營造廠被視為官僚資本，遭中國共產黨人民政府沒收，陸根記營造廠在臺的重要作品為臺北中華商場（1961），陸根泉後來逝世於臺灣。

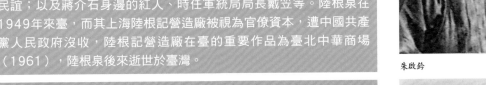

朱啟鈐

孫德水

1890-1975年，出生於浙江餘姚，早年在上海余洪記營造廠任職，拜營造界前輩余積臣為師，學習看工（工地施工員），成為上海灘有名的「兩個半看工」之一。在余積臣逝世後，他以余洪記名號，又先後建造一批重要工程，包括：中國銀行地基、滙豐大樓、工部局現代化宰牲場等。抗日戰爭爆發後，在上海創設孫福記營造廠，戰後將事業重心移出中國大陸。

《中國營造學社彙刊》

發前的短短五年中，他們帶領學社成員以現代建築學的觀點，對當時中國大量的古建築進行探勘和調查，在學術上為後人留下了珍貴的資料。

同時，中國營造學社不同於一般的學術團體，加入學社必須經過考試，進入之後還需實施專業訓練，這使得學社像是一所專門學校，培養出大量的人才。

1945年，梁思成寫信給清華大學校長梅貽琦，極力主張清大應設建築系。1946年7月，清大建築工程學系設立，梁思成為系主任，其後他為中國培育出不少優秀的建築師。民國時期與營造業相關的學術重鎮除了梁思成所領導的中國營造學社之外，就是交通大學土木系。當時，交通大學在大陸共有三所，分別在上海（抗戰時遷到重慶）、唐山及北京（兩校在抗戰時遷到貴州遵義）。

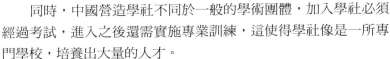

劉敦楨

在1949年來臺的大型營造廠業主當中，殷之浩是代表性人

物。他自上海交通大學土木系畢業，後來進入隴海鐵路和川康公路管理局工作。第二次大戰期間，他在四川成立「偉達營造廠」，戰後改組為「大陸工程公司」，來臺後繼續帶領大陸工程公司從事營建工作。

知名業界人士 各擅勝場

與殷之浩同樣畢業於上海交通大學土木系還有先前提過的費驊與吳文熹。事實上，許多交大土木系友對臺灣公共工程規

梁思成

梁思成與林徽因

1901-1972年，係思想家梁啟超之子，在其父流亡日本時於東京出生，是中國著名的建築學家和建築教育家。他有系統地調查、整理、研究了中國古代建築的歷史與理論，參與北京人民英雄紀念碑等設計。然而最讓人津津樂道的是，他是建築才女林徽因的丈夫，林徽因與徐志摩間似有若無的情愫，被製作成電視劇《人間四月天》而廣為人知。諷刺的是，他與林徽因都是中華人民共和國國徽的設計者，梁思成卻在文化大革命期間遭到批鬥，1972年在貧病中去世。

殷之浩

1914-1994年，浙江溫州平陽金鄉鎮人。1936年畢業於上海交通大學土木工程學院結構系。先後任職於隴海鐵路管理局和川康公路工程局。1941年在成都創辦偉達營造廠，1945年在上海成立大陸工程公司，承建戰後復建工程，1949年將大陸工程公司遷往臺灣。1964年立法院三讀通過「國軍退除役官兵輔導條例」，允許榮工處優先議價承辦公共工程，使得民營營造業喪失公平發展的機會，招徠眾怒，他持續領導抗爭不輟，並於1987年結合熱心同業成立中華民國營造業研究發展基金會，向政府遊說改善營造業發展環境的八大政策，終獲成效，對營造業貢獻卓著。他長期活躍於臺灣營造與建設開發產業，以及相關國際性組織中，1968年他發起成立臺北建築投資商業公會，並擔任理事長；1972年成立臺灣不動產協會，出任理事長。並曾任亞太不動產聯合會會長、世界不動產聯盟亞太委員會主席、亞太營造業聯合會會長等；1987年當選為世界不動產協會總會長，並於1991至1993年出任世界營造工業聯合總會會長。他熱心公益，關注社會改革，1978年設立浩然基金會，長期推動文化與社會發展，典範長存。

劃與建設作出了極大的付出和貢獻。包括出身於唐山交通大學的
王章清，他曾任公共工程局局長（1958）、臺北市工務局長
（1967）、行政院秘書長（1984）。至於畢業於上海交通大學
的還包括：張祖璿，曾任公共工程局總工程師、都市建設及住宅
計畫小組執行秘書；陳鍊鋒，1973年與吳文熹合作興建大陸大
樓；劉永楙，水工專家，曾任疏散工程處主任、省建設廳副廳
長。另一位著名的交大校友傅積寬，其妻修澤蘭則是中央大學的
知名校友。

　　而與修澤蘭同一時期來臺的中央大學系友們也都在臺灣大放
異彩。他們包括：鄭定邦，作家龍應台曾在《大江大海一九四九》
提過他，經他大筆一揮，臺北市的街道從此以中國大陸的地名命
名；陳其寬，曾任東海大學建築系主任與工學院院長，也是知名
畫家；葉樹源，知名建築師，成功大學教授；黃寶瑜，中原大學
建築系第一任系主任、復興工專校長、大壯建築師事務所負責
人；王重海，中原大學建築系教授等。

葉樹源

王章清

1920-2011年，出生於湖北京山，1944年畢業於唐山交通大學土木工
程系，戰後進入公路總局工作。來臺後，任職於臺灣省交通處，曾任臺
灣省公共工程局局長、臺北市工務局長、交通部政務次長、行政院經濟
建設委員會副主任委員、行政院秘書長。曾為交通大學在臺復校奔走協
調，貢獻良多。

陳其寬

1921-2007年，出生於北京，1944年畢業於南京中央大學建築系，
1948年赴美，1949年取得伊利諾州立大學建築碩士學位，1951年進入
哈佛大學建築研究所，並擔任麻省理工學院建築系講師。1960年回臺，
創辦東海大學建築系，先後擔任系主任與工學院院長，與建築師貝聿銘
合作設計東海大學路思義教堂。1964年成立「陳其寬建築師事務所」，
1967年當選臺灣十大傑出建築師。他也是著名畫家，2004年獲第八屆
國家文化藝術基金會美術類文藝獎。

中國工程師學會臺灣分會創立《臺灣工程界》刊物，1947年

　　以上所謂「交大幫」與「央大幫」在臺灣算是人多勢眾，但是其他名校的傑出校友卻也不遑多讓。張昌華，北京清大工程系畢業，他先在臺灣開設營造廠，後來受到也在1949年隨政府來臺的教育部長梅貽琦賞識，當清大在臺復校時，承包興建許多校舍。楊卓成，畢業於廣州中山大學建築系，是中正紀念堂的設計師。沈祖海，畢業於上海聖約翰大學建築系，被稱為「臺灣建築界教父」。

　　此外，由中國鐵路之父詹天佑所創立、總會設於北京的中國工程學會，在1945年臺灣光復後，旋即在臺成立分會，並發行《臺灣工程界》刊物。該會在國民政府自大陸退守後，於1951年3月在臺復會，定期召開年會、辦理各項學術活動，加強會員之聯繫與交誼。

楊卓成

1914-2006年，畢業於西南聯大與中山大學建築系，是和睦建築師事務所負責人，來臺後受到蔣介石總統及夫人宋美齡的賞識，興建圓山大飯店、中正紀念堂、國家音樂廳、國家戲劇院以及慈湖陵寢等地標性建築。擅長使用鋼筋混凝土材料，表現出中國北方宮殿建築的特色。此外，其作品還包括臺北清真寺、臺大體育館、中央百世大樓、中央銀行等。

楊卓成原來所繪的中正紀念堂設計圖（《建築師雜誌》，1976年）

修澤蘭

傅積寬與修澤蘭

1925年出生於湖南沅陵，重慶中央大學建築系畢業，在重慶即結識當時兼任中央大學校長的蔣介石委員長。1949年來臺，進入臺灣鐵路局任職，曾任聯勤工程處的副工程師。1965年蔣介石總統決定興建陽明山中山樓時，指定她為建築師，因此獲得臺灣建築成就獎，被譽為「臺灣第一女建築師」。作品還包括日月潭教師會館、新店花園新城等。

陽明山中山樓為修澤蘭設計規劃

沈祖海

1926-2005年，祖籍福建福州，是沈葆楨的嫡孫。出生於上海市，他畢業於上海聖約翰大學建築學系，並曾到美國伊利諾大學及密西根大學深造。他來臺後在四十多年之間，以多項知名建築創下不少奇蹟，並榮獲許多建築獎項。作品包括臺北世界貿易中心、臺北國際會議中心、嘉新大樓、臺北松山機場、海關大樓、國際學生中心、臺北希爾頓大飯店（今臺北凱撒大飯店）、台視大樓、華視電視製作大樓、廣播電視大廈、臺北火車站等。

華南公司承包北一女中的整修工程

華南公司承包臺灣銀行臺北總行修復的第一期營業廳工程

修復完成的臺灣銀行臺北總行，1949年（*LIFE*雜誌）

第四節 戰後修復工程與特權浮現

修復工程發包 黑箱作業

戰後，許多在空襲中損毀的日式公家建築修復工程陸續展開，這對於曾在日治時期從事建築營造的業者來說，可謂大顯身手的機會。但招標不公的情事卻使臺籍營造業者感到挫折，臺籍營造業者與大陸移入的營造業者之間立足點不平等的競爭，在華南工程公司承包臺灣銀行修復工程中透露出端倪。

廖欽福所領導的華南工程公司，以勇於任事在業界聞名，許多政府公家機關沒有把握的工程，華南公司都積極承包，例如北一女中的整修工程。

臺灣銀行臺北總行的修復工程分為兩期，第一期營業廳工程採取公開招標方式，由華南公司承包，其施工品質還受到省財政廳長嚴家淦的稱讚。第二期臺銀信託部工程展開之際，傳聞主其事者為省府高官的親戚，決定不公開招標，而由上海來臺的四家營造廠商估價承包，最後直接指定孫福記營造廠承接。

當時的《台灣民報》先後以五篇報導及一篇社論對此事件加以批判，該報所質疑的主要有三點。第一，行政長官公署規定20萬元以上的工程要經過公開招標手續；第二，本工程第一期較困難的修復工程，由華南公司以公開招標方式承包，而第二期較為簡易的工程，卻由上海廠商承辦，完全未考量先前的實績；第三，本工程第一期修復工程費用不過200萬元（舊臺幣），而第二期較為簡易的工程，卻增加8倍經費至1,600萬元，啟人疑竇。

此外時任臺灣省土木建築工業同業公會常務理事的陳海沙，也向政府請願，要求飭令臺灣銀行將第二期修建工程重行公開招標。

廖欽福後來在回憶錄上表示「我們終於明白日夜企盼的祖國原來是這種樣子，到1947年就激起腥風血

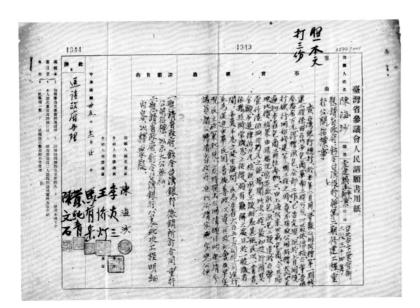

《台灣民報》對臺灣銀行修復
工程的發包過程曾加以批判，
另陳海沙也曾為此工程重行公
開招標，提出請願（左）

雨的二二八事件了，很多臺籍菁英遇害，接著臺灣就進入清鄉、
戒嚴時期。」

而曾經為華南公司打抱不平的《台灣民報》，在二二八事件
後，當年3月8日被迫停刊，社長林茂生失蹤遇害。

總督府修復 工程浩大

當時最具象徵意義的是舊臺灣總督府建築物修復工程，於
二二八事件後，在風聲鶴唳的氣氛中展開。

1945年5月31日，盟軍沿著淡水河轟炸，在臺灣總督府投下
500噸炸彈，其正面大門中央塔、左側升降機、樓梯間和辦公室
兩間，以及靠近臺灣銀行的一樓及北側辦公室被炸毀，合計受損
面積為3,957平方公尺。大火延燒三日，內部幾乎全被燒毀，延
燒面積約達2萬6,380平方公尺，即總面積百分之八十受損。

安大營造公司董事長廖萬應在接受訪談中曾提到自己經歷過
這次轟炸。他在1943年2月被派去當學生兵，編制進入測量隊，
當時部隊在淡水構築工事，主要是挖掘坑道，當時負責工事測量
的都是臺北州廳的技師，學生兵則協助搬運儀器。1945年5月31
日當美軍轟炸臺北市時，他正好休假完畢欲返回所屬部隊，行進

為避免遭美軍轟炸，在日治末期，臺灣總督府曾予偽裝，但是還是難逃被炸

至臺北橋附近，搭上送菜車，回到駐地所在的五股山上，從山上向下俯瞰，剛好目擊到美軍對臺北的大空襲，在那時臺灣總督府也遭轟炸，這次空襲造成臺北市民3,000餘名死亡，傷者及無家可歸者逾數萬人。日本在1945年8月15日宣布無條件投降，學生兵直到8月28日才解散回校讀書。

1947年7月，臺灣省政府建設廳公共工程局由副局長張金鎔主持舊臺灣總督府修復計畫，他也是交大土木系系友。本項專案由高啟明擔任工程處主任，並與張祖濬、劉漢傑及李重耀等共同進行修復設計。1947年9月6日正式開工，參與此項工程之監工人

總督府正門入口修改前（李重耀提供）

總督府正門入口修改後（李重耀提供）

在美軍轟炸中受損的臺灣總督府（正面圖）

在美軍轟炸中受損的臺灣總督府
（側面圖）

員包括：陳福坤、張錫金、黃建枝、陳阿添、周信雄、杜振興、蔣榮茂、陳連棠、林瑞盛、陳世倫等十多人，並於1948年底修復完成。其間，總督府營繕課課長大倉三郎及技師安田勇吉，也提供許多寶貴意見。

對於舊臺灣總督府修復工程，在介紹建築師李重耀的《桁間巧師——李重耀的建築人生》一書中有詳細介紹，李重耀在訪談中提到，前總督府營繕課技手赤松與一負責修復工程中的電氣部分。

李重耀

描寫李重耀事跡的《桁間巧師——李重耀的建築人生》

1925年出生於新竹州桃園郡（今桃園縣龜山鄉），1941年進入臺北開南工業學校建築科就讀，畢業後進入臺灣總督府財務局營繕課服務，擔任技術員一職。戰後於1945年起，任臺灣行政長官公署財政處營繕科技士，負責規劃修復立法院（原第二女中）、行政院（原臺北市役所）、總統府（原總督府）。於1954年參加建築技師考試及格，建築設計作品一百餘件，包括：木柵指南宮凌霄寶殿（1963）、林安泰古厝拆遷工程（1977）及桃園神社修復工程（1985）等。

承攬總督府修復工程的三合發公司
在《臺灣營造業》登廣告

舊臺灣總督府建築物修復工程

工程期數	工程內容	發包時間	承包公司
第一期	磚石瓦礫之清理，被炸毀部分之拆除與重建，以及全部屋頂的新築工程	1947年9月	三合發公司
第二期	大門停車處及車道改建工程	1947年12月	三合發公司
第三期	全部門窗1,886扇的新裝工程	1948年1月	臺灣工礦公司工程分公司
第四期	包括外部補修及刷新工程	1948年1月	三合發公司
第五期	內部粉刷工程	1948年3月	光智商會及三合發公司
第六期	1. 油漆工程		臺灣工礦公司的油漆公司
	2. 電氣設備（臺灣電力代辦）		平和、日東及利西等公司
	3. 電話設備		電話管理局
	4. 園藝		園藝試驗所士林分所
	5. 自來水設備		臺北水道局辦理
使用人力及物力	人力：人工約81,009餘人次，經常每日動員500餘人		
	物力：清除磚石瓦礫約牛車10,000車次、水泥28,000餘包、鋼筋104,241公斤、紅磚508,600塊、檜木6,778石、玻璃45,900平方公尺		

工礦公司 屢獲特權保障

　　省籍對立與不公平待遇，釀成二二八事件，事後，臺灣進入漫長的白色恐怖與戒嚴時期，不公平待遇的狀況，有增無減。特別是隸屬於臺灣省建設廳的臺灣工礦公司，已儼然成為營造業中的「怪獸」，並且獲得建設廳明目張膽的直接掩護。

　　例如，臺中縣政府有一樁官舍工程，分成三標，規定同一廠商以投一標為限，臺灣工礦公司工程分公司營建部前往登記投標時，因營造業登記證不足憑信而遭到拒絕受理。建設廳於是在1951年1月出具公文給省屬各機關及各縣市政府，指稱為防止圍標風氣，責成臺灣工礦公司儘量參加省府所屬各機關的工程標案，工礦公司只要備具正式公函就准許參加投標，免繳驗登記證，而且不受標數限制。

　　同年，臺灣營造工業同業公會提出陳情，指近來有許多工程係由主辦機關直接將所有土建工程指定工礦公司包辦，似有壟斷行為，也與扶植民營企業的旨意違背，請求日後工程都應以投標

或者比價公開發包，以示公平。

對此，省政府建設廳在1951年3月發函省屬各機關，為工礦公司量身打造了三種獨家議價權。公文指明，若具有「工程艱巨」、「爭取時效」及「軍事祕密性質」者，還是要由工礦公司以議價的方式承辦，而其他的一般工程才按照新審計法的規定公開招標。

省建設廳還特別為工礦公司找理由說「他們有規模宏大的營建部，全省所有的重大危險工程，在民間營造廠不敢承包時，總是由該公司營建部承建，例如高雄港十號碼頭、高雄大橋、天輪發電廠第八隧道等，都是由該公司營建部所完成的」。

就在臺灣營造業界滿心歡喜，期待新政府有新作為的時刻，特權議價與私相授受等現象卻如同潑了這些業者整身冷水，並且埋下了紛爭的種子，綿延數十年。

工礦公司承攬天輪發電廠第八隧道

第四章■韓戰爆發與美援時期

第一節 美援之起始與內容

協防臺澎金馬 美援引進

自1949年下半年開始，國共內戰出現大轉折。10月1日，中華人民共和國在北京天安門廣場宣告成立。10月25日，共軍進犯金門，國軍退無死所，背水一搏，激戰兩晝夜，殲滅共軍13,000餘人，俘虜7,040人，這場古寧頭戰役確定了兩岸隔水對峙的態勢。

12月8日，國民政府行政院長閻錫山率領內閣閣員自四川飛抵臺北，次日，行政院在臺北辦公，並召開首次院會。由於代總統李宗仁以治療胃疾為由，先於12月4日赴美就醫，臺灣的中央政府暫時由閻錫山領導。

1950年1月5日，美國總統杜魯門（Harry S. Truman）發表

韓戰爆發後來臺的美援專家（*LIFE* 雜誌）

對臺聲明，美國不會武力干涉中國內戰、不會派兵來臺、但將繼續給予國府有限的經濟援助。

在美國明確表態後，國民政府極表失望，明白大勢已去，只求退守臺灣伺機反攻。3月1日，中國國民黨總裁蔣介石宣布復行視事，繼續行使總統職權，3月8日，蔣介石任命陳誠出任行政院長。5月1日及5月16日，留守在海南島的2萬餘國軍以及在舟山群島的7萬多國軍悉數撤退到臺灣。國府草木皆兵、枕戈待旦，共軍即將再犯的耳語從未間斷過，面對險惡境遇，深感命在旦夕。進入1950年初夏，國際情勢更是瞬息萬變、忐忑難安。

位於臺北市寶慶路1號美援聯合大樓

驚天動地的剎那發生在6月25日清晨4時許，北韓軍隊越過北緯38度線，進佔春山、開城等地，直逼漢城，韓戰爆發，南韓軍民浴血抵抗。兩天後的6月27日，美國第七艦隊駛進臺灣海峽協防臺澎金馬，美國軍事介入國共內戰，隨後，豐沛的美援也湧進臺灣，中華民國的命運就此改觀。

美援項目 內容包羅萬象

戰後的美援源自於戰時租借法案，1948年4月3日，美國援外法案通過後，在南京的國民政府於同年6月4日成立美援運用委員會，由行政院長翁文灝擔任主委。7月13日，中美兩國政府簽定「中美經濟援助協定」，美方答應提供2億7,500萬給中國政府，作為各項經濟建設經費，12月30日，行政院美援運用委員會在臺灣成立辦事處。

1949年國民政府遷臺後，美援運用委員會也隨之遷臺，並且由陳誠擔任主任委員。不過，後來美方發表「中美關係白皮書」，聲明國共內戰乃中國的內政問題，美國不應涉入，再加上國民政府剛退守臺灣，兵荒馬亂，美方也不看好臺灣的前途，認為臺灣遲早會落入中共之手，經援已無意義，於是美方曾一度中斷援助。

不過韓戰爆發，時局改觀，臺灣的戰略地位也開始被重視，美國對臺灣的軍事與經濟援助也予以恢復。1951年，第一批的美援物資運往臺灣。

美援LOGO之一

美援LOGO之二

美援LOGO之三

美援大略可分為兩大類，第一，以美國經濟合作分署與美援會主導的項目，這是一般所公認的美援；第二，由慈善機構或教會所捐助的麵粉、奶油、黃豆、奶粉和舊衣服等，以及教會在臺灣建造的學校等。

自1951年起，美國援外計畫係以「共同安全法案」為主要的執行根據，臺美在韓戰後並於1954年簽訂了「中美共同防禦協定」。在這些法案的項目下提供的援助包括三大項：第一，防衛資助：包括建築道路、橋樑、堤壩、電廠及天然資源的開發等。第二，技術合作：包括農工生產、土地改革、文化交流、教育衛生、鄉村電化、改進漁牧林業及出國研習或考察，以及延聘技術專家來臺等。第三，剩餘農產品，除了救濟、贈與及以貨易貨的方式外，也可以申請購買。

中美關係白皮書

中美關係白皮書

又稱為「對華關係白皮書」（The China White Paper），是1949年8月5日由美國國務院發表的對國共內戰及中國問題立場的政治文件，當時的對華政策由總統杜魯門及國務卿艾奇遜（Dean G. Acheson）主導。白皮書中表示，中華民國在國共內戰的失敗，是國民政府本身的領導問題，與美國無關，美國對戰後中國情勢已盡力而為，最後失敗應由國民黨負起全責，此即為所謂「袖手旁觀」政策。白皮書發表後，美國停止對中華民國的軍事援助，但也不承認中共。

美援轉型 贈與變為貸款

美援的方式包括直接贈與、貸款與技術合作。自1950年開始，美援的形式有三種階段的轉變，在1957年以前，美援幾乎全為贈與性質。從1957年起改為贈與及貸款並行，這時美國設立了開發貸款基金，與原來主持援外事項的國際合作總署並行，贈與性質的援助款仍由國際合作總署主管，而生產性的經濟開發計畫則改為由開發貸款基金貸款。到了1962年以後，美國認為臺灣的經濟開發程度已高，不再適用防衛資助，美援方式大部分改為貸款，並在貸款後的第十一年起，分三十年無息償還。

美援的項目非常龐雜，例如電力、交通、肥料、水泥、製糖、造紙等，政府機關及公營事業都是受援單位。交通運輸在美援計畫中被列為優先發展的項目之一，包括鐵路設備的補充、公路的修建、港口的改良、民航的改善以及電訊的擴充等。此外，美援也提供民營工業的小型貸款、教育計畫及師資訓練、人員進修計畫等。例如，曾任職於光智商會的建築師陳榮周，在美援時期通過「中美技術合作委員會」的甄試，赴英國、義大利、日本研修建築技術。

美援計畫，由臺美雙方聘請美國的懷特工程顧問公司（J. G. White Engineering Co.）擔任審查。懷特公司並派出經理狄寶賽（V. S. De Beausset）於1949年來臺，擔任負責人。

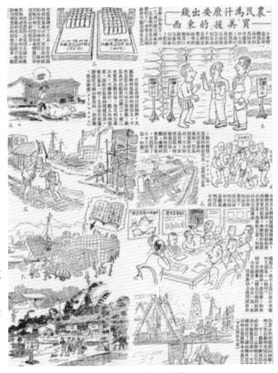

美援宣傳單

陳榮周

1917年生於臺北，1935年畢業於臺北工業學校建築科，為臺北工業學校著名校長千千岩助太郎教授的學生之一，後進入光智商會工作。1950年在臺北市開業擔任建築師，並加入日本建築學會，1972-1974年出任其臺北工業學校的學弟郭茂林的臺北事務所所長。他退休後平日讀書譯作，曾翻譯《嘉南大圳之父：八田與一傳》。

懷特工程顧問公司

經濟部長李國鼎與懷特顧問公司顧問摩爾

中美雙方為審查美援計畫，聘請美國的懷特工程顧問公司擔任顧問。美援經費的美金部分早期係由經援項下以贈與方式撥付，臺幣部分由相對基金支付，不向公私受援單位收費；後期則由受益單位攤收部分。懷特公司曾參與訂定不少重要工業計畫（如台塑的聚氯乙烯廠）和產業政策。該公司於1962年改名為「美援會工程顧問公司」（CUSA Engineering Consulting Group），1963年隨著經合會的成立而改名為「經合會工程顧問公司」。

狄寶賽出席新竹變電工程奠基典禮

狄寶賽

懷特公司經理狄寶賽

1915年出生於帝俄時期的聖彼得堡，祖先曾經是法國貴族。在5歲時隨母親移民美國，在二次大戰期間，於美國海軍陸戰隊服役。戰後，在印度擔任肥料廠的工廠設計工作。1948年，轉任職於懷特公司，從事海外工程的顧問工作，先在中國大陸工作，1949年來臺，在臺期間，曾擔任水力發電廠、水塘建設、鐵公路、港口、機場等運輸系統的工程顧問，並對許多工廠製造流程提供建議，在臺灣居住將近九年。由於他貢獻卓著，中華民國政府在1957年他離臺前夕，特頒給他四等特種領綬景星勳章。狄寶賽夫人則熱衷參與「臺北國際婦女聯誼會」（Taipei International Women's Club），1951-1952年任副會長，1953-1954年擔任會長。

歷年計畫型美援用途

單位：百萬美元

年度	總計	農業	工礦業	電力	交通運輸	公共衛生	教育	公共行政	軍協	雜項
1951	12.9	0.1	0.7	6.0	5.0	—	0.1	—	1.1	—
1952	12.3	0.3	3.8	5.9	0.1	—	—	—	2.1	0.2
1953	20.7	1.9	5.6	6.8	1.8	0.2	0.5	—	3.6	0.3
1954	28.8	1.1	14.8	5.2	1.6	0.2	0.2	—	5.0	0.7
1955	35.6	1.9	10.8	11.2	1.4	0.9	0.8	0.8	4.6	3.2
1956	32.1	0.9	8.4	7.1	5.3	1.7	1.1	0.2	0.1	7.3
1957	42.9	1.3	11.5	14.2	6.6	1.3	1.0	0.1	0.2	6.7
1958	29.7	1.1	3.6	13.6	5.9	0.7	1.1	—	—	3.7
1959	55.2	23.1	9.8	7.2	11.2	0.3	1.2	—	—	2.4
1960	32.4	1.1	15.3	0.2	11.0	0.6	1.1	0.2	—	2.9
1961	23.8	0.8	3.3	16.8	0.4	0.4	0.9	0.2	—	1.0
1962	6.6	0.3	4.3	—	0.1	0.5	0.7	—	—	0.7
1963	1.8	0.2	0.4	—	0.1	—	0.3	0.3	—	0.5
1964	44.7	0.3		43.1	0.1	—	0.1	0.2	—	0.7
1965	0.4	0.1	0.1	—	—	—	—	—	—	0.2
合計	379.9	34.5	92.6	137.3	50.6	6.9	9.1	2.0	16.7	30.5

第二節 美援對營造業之影響

退伍榮民 投入建設臺灣

在國共內戰期間，國軍在大陸兵敗如山倒，演變成逃亡潮。面對家園赤化的憂慮，加上對共產黨階級鬥爭的恐懼，大批軍民拋妻棄子、離鄉背井，跟隨國民政府來臺。生離死別的情節不斷上演，親子訣別、家庭拆散，這是中國近代史上的一大悲劇。外省軍民來臺始於1945年的臺灣光復，在大陸失守的1949年達到最高峰，直到1955年大陳島撤退後才逐漸平息。在這段期間內估計至少有120萬國軍、公務員、眷屬及平民來到臺灣。

兵工建設情景

這些國軍以及公務員，都是中國國民黨的支持者，跟著國民黨在大江南北顛沛流離、跟著國民黨渡海來臺，並且忠心不渝，在黨國不分的時代，國民黨有責任也有義務照顧他們的利益。於是，當國軍變成榮民之後，他們放下了刀槍，拿起圓鍬、十字鎬，加入建設臺灣的行列，而那些從來不曾變節過的公務員，在黨的照顧下，也能在工程利益中分得一杯羹。於是，形形色色的公營營造廠以不同的面貌出現了。

草嶺兵工殉難紀念碑

設立公營機構 承包工程

最早具備公營營造團體性質的是以兵工建設總隊，推動兵工建設，其原始構想來自戰後時任軍政部長的陳誠，計畫在全中國成立51個兵工建設總隊，後來，由於兵荒馬亂，兵工建設並未實際運作。在國民政府遷臺後，這項計畫重新啟動。1950年12月動工的宜蘭三星堤防工程是兵工建設的首例，共動員了兵工30,616人。

1951年3月，行政院長陳誠在立法院提出施政報告，指出在不妨礙各部隊整訓的原則下，將積極推行兵工建設，以解決臺灣勞動力不足的窘境。

兵工建設在1951年間總共完成207項工程，其中在草嶺潭堰塞湖工程中造成70名官兵殉職，兵工建設的辛勞才廣為社會所周知，他們鋪路、架橋、築堤、墾荒、採礦、開大圳、建水庫、致

陽明山二子坪兵工建設紀念碑

斗六大圳為兵工建設之一，圖為進水口

力於許多艱巨的工程。兵工建設總隊所承包的工程還包括石門水庫運輸公路、斗六大圳、馬公新型機場等。1960年，行政院甚至修法讓囚犯也可以參加兵工協建，並酌予減刑。

1978年，省議員周滄淵在議會中質詢，指出負責兵工建設的軍工協建處將議價所得的工程轉包圖利，部分與軍工協建處有業務往來的營造商，也居中牟利。此後，兵工建設總隊即淡出公共工程。

在美援陸續進來之後，政府為承接數量龐大的美援工程，各單位也紛紛成立營造單位，1952年5月，臺灣省政府建設廳設立「臺灣省政府建設廳臨時工程隊」，進行自來水管線鋪設及都市計畫的鋪路工程。1953年8月15日，轉型改為臺灣省府建設廳工程總隊。

1958年5月，因中興新村營建工程舞弊案，營建處長趙俊義、副總工程師熊文錦等十人被起訴，在省政府建設廳營建處中三分之二的技術人員及三分之一事務人員遭到拘留，遂將營建處與建設廳工程總隊，合併改組成立「臺灣省建設廳公共工程局」，局長為王章清，其業務範圍包括全省公共工程的規劃、設計、發包、監工等事宜，並輔導地方公共工程的建設。

在省級機構之外，中央部會也來搶食大餅。交通部新中國打撈公司，於1952年6月成立，後來因為經營績效欠佳，於1954年6月減資，更名為「新中國工程打撈公司」，並兼辦營建業務。1959年，臺灣營造業公會曾提出陳情，指該公司承包工程多未經公開招標，屢以優渥條件議價承包，再層層轉包居間牟利，不僅

中興新村營建工程在1958年爆發舞弊案

歧視民營廠商,並且違反法令。1968年,由於營建工程不屬於交通部所主管,經過交通、經濟兩部會商後,再由行政院院會通過予以撤銷該公司執照。

內政部傷殘重建院則於1958年底設立營造廠。原來傷殘重建院起源於第二次世界大戰時的「南京重建院」,1949年撤退來臺,以「傷殘重建院」的名義隸屬於內政部。1959年9月,李國安出任重建院院長後,採取責任經理制,依照其設立規章,本應為自給自足、獨立經營的機構。自1960年以來,傷殘重建院營造廠曾經標得大小工程約120餘件,全部轉包廠商營建,再收取佣金,該廠並曾傳出向內政部官員行賄的情事。1970年裁撤其業務由國軍退除役官兵就業輔導委員會接管。

公營營造業演進表

單位	1950年代	1960年代	1970年代	1980年代	1990年代	2000年代
兵工建設總隊	1950		1978			
臺灣省政府建設廳工程總隊	1952 成立 1958 併入省建設廳					
新中國工程打撈公司	1952		1968			
內政部傷殘重建院營造廠		1958	1970			
榮民工程事業管理處	1954				1998 改制	
資源委員會機械工程處	1951	1967 更名中華工程公司			1994 民營化	
唐榮鐵工廠股份有限公司		1962 省政府接管				2006 民營化

兵工建設總隊

抗戰勝利後,國共召開政治協商會議,整編軍隊計畫隨之啟動。根據國共雙方於1946年2月針對軍隊整編及統編中共部隊為國軍的協議,軍政部長陳誠在國民黨六屆二中全會上發表軍隊復員整編工作報告,確定國軍第一期復員整編的時間表,目標為將現有部隊復員為30個軍、90個師、51個兵工建設總隊。於是,戰後軍級單位的編設工作,自此展開。但隨著國共談判徹底破裂,戰爭全面爆發,整編軍隊的計畫,也就此擱置。

中興新村營建工程舞弊案

中興新村營建工程弊案的關鍵人物黃啟顯

戰後出任嘉義縣第一任議長的黃啟顯於1954年出任建設廳長。1958年,黃啟顯被檢舉在中興新村營建工程招標時,為使其胞弟所開設的營造廠得標,曾於事前疏通主辦官員盡量給予方便並洩露工程底價等,本案偵查終結,共有營建處長趙俊義、副總工程師熊文錦等十人被起訴。趙俊義遭判處有期徒刑三年,褫奪公權三年,並予免職。而黃啟顯則於1958年8月因腦溢血症不治過世。

光智營造廠興建的師範學院圖書館

光智營造廠興建的新竹玻璃廠

市場活絡 各爭一片天

由於法令規定與官僚心態作祟，公營營造廠在「發展國家資本、節制私人資本」的保護傘下，逐漸成長茁壯。不過，因為美援資助的對象還包括民營企業，範圍也相當廣泛，公營營造廠無法全部消化。因此，民營營造廠或可承攬工程，或可擔任公營營造廠的下包，有特殊技術者，仍然有著一片天，部分廠商在美援時期仍然可活躍於營造市場中。

陳海沙在日治時期創辦的光智商會，在戰後轉型為光智營造廠繼續承包工程。負責修復舊臺灣總督府、興建新生戲院、師範學院（今臺灣師大）圖書館、實踐家專美工大樓、新竹玻璃製造廠竹東工場等，並曾參與公館機場（清泉崗機場）的工程等。

光智營造廠有限公司董事長陳珍英在接受訪談時透露，曾在光智營造任職的吳艮宗，在1950年代一度將光智營造廠帶到中部發展，後來自立成為光源營造廠董事長，而光智營造廠與光源營造廠也曾經合併過。吳艮宗在東海大學的興建過程中，將營建美學的詮釋發揮到淋漓盡致的境界。

陶馥記營造廠的創辦人陶桂林於1949年2月將廠從上海遷到

陳珍英

1947年生，係光智商會創辦人陳海沙的長孫，1973年赴美就讀西維吉尼亞大學，獲土木結構碩士，畢業後任職PBQD工程顧問公司，擔任結構經理，1992年返臺從事營造業，現任光智營造廠有限公司董事長。光智營造在負責人陳海沙於1978年逝世後，在1980年代初期以後業績形同中斷。他接掌光智營造後，再陸續承包許多工程案。

陶馥記營造廠興建的松山機場航空站大廈

臺灣，1950年12月，登記成立臺灣陶馥記營造，後來，陶桂林讓出董事長兼總經理職位，只擔任董事。陶馥記營造廠也曾風光一時，承包的工程有南洋紡織廠、高雄中山堂、臺北紡織廠、中本紡織廠、遠東紡織廠、上海商業儲蓄銀行、松山機場航空站大廈、臺北市殯儀館、圓山忠烈祠重建工程等。

陶馥記營造廠興建的臺北市殯儀館

工信工程公司也是來自大陸，1947年2月由創辦人陸爾恭在上海市成立，來臺之初，儼然橋樑營造專家，所承接的大案除了臺北市綜合運動場之外，都以橋樑為主，包括跨越淡水河的延平大橋、景美大橋、苗栗頭屋大橋等。

《臺灣工程界》雜誌封面上的中興大橋

民營業者 力爭突破重圍

工信公司在美援時期的代表作是中興大橋，這是由臺北市成都路橫跨至台北縣（今新北市）二重埔，全長1,055公尺，寬14.5公尺，是當時遠東最長的預力混凝土大橋，總工程經費3,000萬元，由臺北市及臺北縣（今新北市）平均負擔。1958年10月4日通車典禮當天，吸引了2萬餘民眾頂著烈日熱烈參與。這

陸爾恭

1941年在上海創辦工信工程公司，工信公司在大陸時期，承建許多國防建設工程，足跡遍及昆明、重慶、廣州、桂林、上海等各大都市。在大陸變色後，他隨國民政府來臺，並繼續在臺發展，1982年逝世後，由其妻林淑儀接掌公司，但林淑儀想出脫股份移民美國，由於她長期居留國外，1983年經董事會議決議，由潘俊榮接任董事長。

座大橋的工程由公路局局長林則彬主持，陸爾恭正是他的女婿，為這座大橋更增添了一段佳話。不過，原先許多工程師估計依本橋的結構來看，足可耐用百年，然而最終橋齡僅三十年，於1986年10月10日因崩塌而改建。

大陸工程公司則一直是民營大廠中的長青樹。殷之浩在1949年將公司遷到臺北之前，在1948年即取得法國預力混凝土工法的代理權，後來，他也將自己在德國所見識過的空心磚引進臺灣。

太平洋建設集團創辦人章民強曾經任職大陸工程公司，他在接受專訪時回憶，大陸公司來臺後積極爭取承包工程，他在1949年來臺後，即馬不停蹄地負責屏東潮州空軍宿舍、臺南機場空軍宿舍及成功嶺營房等工程。

大陸公司在臺期間發展出預壘混凝土工法，為國立清華大學建造游泳池型的核子反應爐建物工程（反應爐由美國奇異公司承製，於1961年12月啟用），堪稱業界創舉。其他承包的工程還包括榮民總醫院的1,000張床病房大樓工程、臺北回教清真寺、美軍軍事營房、信義路四段光武新村示範房屋共29棟50餘戶等。

預力混凝土工法

預力混凝土工法可提高結構強度

由於混凝土具有高抗壓特性，然而抗拉強度卻極為薄弱，因此預力混凝土即根據此一特性，在拉力側配置高拉力鋼鍵，並在承受載重前先行導入預力，使拉力側混凝土先承受其容許應力以下之壓應力，以便抵消加載重後產生之拉應力，以提高構件之結構強度。預力作業方式可於澆鑄混凝土前先施預力於鋼鍵之先拉法，及澆鑄混凝土後再施預力於鋼鍵之後拉法兩種。常見的預力混凝土工法，包括有：堤壩工程、橋樑工程、建築結構、港灣工程、地錨工程、基樁工程、道路工程及預力軌枕等。

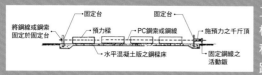

預力混凝土工法之先拉法

預壘混凝土工法

預壘混凝土使用的特製水泥砂漿，在普通水泥砂漿中，添加鋁矽土和助注劑等粒料。預壘混凝土與傳統混凝土的性質相似，但熱量及乾縮會因為粒料間相互接觸而降低水泥漿用量而減小乾縮量。使用這種混凝土的粗粒料時，其最大粒徑、砂篩及細度模數必須符合規定。這種混凝土主要用在修復工作、反應爐施工、橋墩、水下結構物或有特殊外觀的建築物。

章民強

1920年出生於浙江湖州,上海強華工專畢業,早年服務於大陸工程公司擔任工務經理,負責大陸工程公司承包的屏東潮州空軍宿舍、倉庫等,1967年創辦太平洋建設建設公司、後陸續發展為太設集團,成立太平洋房屋仲介、太聯企管、太平洋保全等。他是開拓臺北東區的先鋒,早年,臺北市忠孝東路三、四段是一大片稻田,他任職大陸工程時,就相中臺北東區,在此建築許多辦公大樓和住宅。他創辦太平洋建設集團後,在忠孝東路四段、延吉街興建企業總部——太平洋商業大樓,迄今依然是東區的顯著地標,1987年太平洋SOGO百貨開幕,更是首開臺灣營造業跨足商業不動產的先河。他曾任太平洋SOGO百貨董事長、太平洋百貨董事長、崇光文教基金會董事長、聖道兒童基金會董事長、臺北市建築商業同業公會榮譽理事長,1993年在大陸上海市、成都市、重慶市等地創立七家太平洋百貨公司,並獲得上海玉蘭花市獎。2001年6月當選臺灣區綜合營造工程工業同業公會理事長,對營造業的發展貢獻良多,現任太平洋建設公司總裁。

美援雪中送炭 開發電力

美援除了提供民生物資與戰略物資之外,還有相當大的比例針對基礎建設工程,事實上,大型工程往往因經費龐大而讓主事者為之卻步,在這方面,美援扮演著催化劑的角色。事後統計,在這段時期的基礎建設工程中平均有74%的總投資額來自美援,為美援資助項目中所佔比例最高者。而基礎建設往往與民生、戰略都脫離不了關係,在此時期,包括電力開發、交通,甚至於造鎮,都動用到大筆美援款項。

台電是美援重點資助機關,位於大甲溪的天輪發電廠是台電第一座獲得美援大手筆資助的工程。台電公司於1948年即成立天冷工程處,1950年動工建廠,工程中以長3,401公尺的第八號隧道最為艱巨,斷面為馬蹄型,高寬各5公尺見方,為全臺間距最長且斷面最大的隧道。工程進行至1950年秋季最困難之際,美援適時來到,之後並支援輸送設備及鋼管。天輪發電廠工程費用總計4,460萬新臺幣,美援器材總值321萬3,000元。本工程於1952年9月21日竣工,發電量為2萬6,500瓩,電力專供工業用途。

第二座美援發電廠是位於東部立霧溪畔的立霧發電廠,本廠始建於日治時期的1940年,並於1944年完

立霧發電廠竣工(《聯合報》)

西螺大橋施工景象

西螺大橋鋼樑上的中美合作字樣

成一部1萬5,100瓩的發電廠，不過，在完工四個月後，卻因山洪暴發，整座電廠遭到淹沒。1950年，台電再設立霧工程處，以日本人失敗的經驗為鑑，重新設計，並獲得美國經濟合作總署撥款資助，於1951年12月修復原來發電廠。1954年6月21日，第二部機組完工，發電量為3萬2,000瓩。立霧發電廠工程費用總計3,300萬新臺幣及150萬美元，大部分依賴美援及相對基金貸款。

交通建設 工程陸續完成

西螺大橋竣工時

橫跨彰化、雲林濁水溪兩岸的西螺大橋是連結臺灣西岸南北的動脈。西螺大橋的興建始於日治時期的1937年，在1941年完成32座橋墩，後來因為戰時將鋼材挪為他用而中止工程，所以未竟其功。

國民政府遷臺後，由省政府編列預算，並向美國爭取協助，獲得美國國務卿杜勒斯（Allen W. Dulles）專案批准提供鋼料協助興建。架橋工程於1952年5月再度展開，由臺灣機械公司、重機械廠及臺灣工礦公司承

華倫氏桁架

華倫氏桁架（Warren Truss）是指結構工程師在橋樑工程中所設計的桁架，這是一種以垂直及對角線形狀設計的鋼架，狀似多重「W型」的水平結構。其外觀頗具特色，將一系列的三角形掛鉤以塊狀結合，形成非拱形結構的大跨度。工程師在頂部和底部以對角線連接，而這些鋼材對角線也稱為網狀對角線。橋上必須架起欄杆，以防止行人或車輛從橋上掉落。最重要的是工程師在設計時必須精確計算其垂直重量、靜止時及載重時的承載力。

造。大橋全長1,939公尺，寬7.32公尺，採用華倫氏桁架，以鋼鐵作架、水泥為墩，桁樑共有31孔。西螺大橋工程費用總計1,410萬新臺幣，其中省府撥款310萬元，美援及相對基金提供1,100萬元，另外，美國共同安全總署直接撥款149萬元採購鋼料。1953年1月28日舉行通車典禮，完工當時是僅次於美國舊金山金門大橋的世界第二大橋，也是遠東第一大橋。

狄寶賽夫婦與蔣經國合影

挑戰險峻的中央山脈，中橫公路是開發東部資源最重要的管道。1956年7月7日，時任國軍退除役官兵就業輔導委員會主委的蔣經國號召榮民，開工興建。在施工期間，遭遇颱風、地震等因素影響，意外頻傳，再者，由於當時缺乏先進的工程器材，開路工人最主要的工具就是斧頭與炸藥，而因為炸藥控制不當而負傷者也不在少數。中橫公路工程動員1萬多名退伍的榮民參與，施工期間造成212人殉難、702人受傷。工程費時三年九個月又十八天，較預定工期提早半年，於1960年5月9日完工通車，工程費用總計4.3億新臺幣。全數主支線及聯絡線總長348.1公里，東勢至太魯閣主線全長194.2公里，宜蘭至梨山支線全長111.7公里，霧社至合歡山埡口供應線全長為42.2公里。

中橫公路正式通車

資金投入 持續基礎建設

將北部第一大港與全臺第一大都市快速連結起來的麥克阿瑟（Douglas MacArthur）公路，有著非比尋常的意義，不僅可紓解臺北與基隆間的交通擁塞，還可供戰備所需，這也是臺灣所興建的第一條高速公路。

麥克阿瑟公路

工程始於1961年5月，原稱為「北基二路」，後來又改名為「北基新路」。設計比照國外封閉式的公路形式，全線共有32座橋樑、12座立體交叉道，並有1座全長約23公里的中興隧道，工程費用總計2.6億新

麥克阿瑟公路通車由省主席黃杰剪綵

臺幣，逾半由美援資助。其主要承包商為榮工處及中華工程公司，但部分採用兵工協建的方式，另有數座橋樑則由工信工程公司承包。在1964年5月2日完工通車時，適逢麥克阿瑟將軍過世，遂命以其名作為紀念。麥帥公路在1970年代併入中山高速公路。

省府疏散中部的中興新村興建計畫係基於分散風險，有著軍事上的戰略意義。這是仿照英國倫敦「新市鎮」的創建模式，在臺灣所誕生的第一個新市鎮。中興新村興建工程在1955年11月動工，由省建設廳副廳長劉永楙兼任工程處處長，自來水工程、下水道工程及道路工程由工程處直接發包，房屋營建工程則由營建處承包。中興新村初期規劃佔地約200公頃，為辦公與住宅合一的田園式行政社區，主體工程於1957年完成，各廳處陸續自臺北遷入辦公。工程費用於1958年7月結算，合計約為1.4億元，全部工程耗用水泥27萬餘包。

東海大學 美援建築傑作

在美援的分類當中，教會在臺興建學校也包括在內。美援用於教育事業最顯著的案例就是長老教會在臺灣所設立的第一所大學——臺中東海大學。其建校經費來自美國政經界所支持的「在華基督教大學聯合董事會」（簡稱聯董會），這也是廣義的美援機構之一。建校籌備處在1953年6月成立，由曾任教育部長的杭立武擔任主任，並選擇大肚山作為校址，同年11月8日美國新任副總統尼克森（Richard Nixon）訪臺，主持破土典禮。

尼克森主持東海大學建校破土典禮
（東海大學）

聯董會邀請華裔美籍的知名設計師貝聿銘進行校園規劃，貝聿銘在來臺實地勘察校地後，設計工作就在其紐約的建築事務所進行，並邀請張肇康和陳其寬兩位建築師參與設計。

張肇康負責較早期的文學院、理學院、行政大樓、男女宿舍與圖書館的設計。他在現代建築中擷取中式民房的黑瓦、紅磚牆、卵石臺基、木門窗與素色木迴廊等傳統建築的意象，融入西式的鋼筋混凝土結構體中。

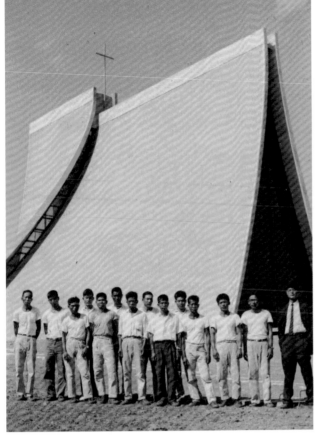

吳艮宗（右）與光源營造廠人員（東海大學）

東海大學路思義教堂搭鷹架（東海大學）

東海大學路思義教堂興建中（東海大學）

　　1960年代，陳其寬接替張肇康進行東海校舍設計，他以現代主義為主的設計，使校園建築風貌有了巨大的轉向。他在1962年所設計的路思義教堂，即深受當時流行的雙曲面薄殼結構趨勢所影響。

　　東海校舍的興建主要由吳艮宗的光源營造廠承接，光源自1956年起以十七年的時間，興建了70餘棟校舍。由陳其寬所設計的路思義教堂，即透過光源營造廠修築，成為矗立於東海校園最具代表性的建築。

　　其主體工程由畢業於日治時期臺北工業學校的技師紀錦坤、陳新登負責。經過嚴格控管混凝土配比、灌漿程序、架模板、貼琉璃瓦等連串精密的工序，當模板拆除後，不僅結構安全無虞，甚至清水混凝土表面也未見任何坑洞、水泥點。優秀的工藝著實讓人嘆為觀止。建築師吳明修在接受訪談時認為，這項工程最重要貢獻在於使清水混凝土的運用在臺灣獲得驗證。

狄寶賽與蔡培火為創辦東海大學而努力

貝聿銘

1917年出生於中國廣州市，父親貝祖貽曾任中華民國中央銀行總裁，也是中國銀行創始人之一。他於1935年負笈美國，先在賓州大學攻讀建築學，後轉往麻省理工學院，1940年取得麻省理工學院建築學士學位，1946年取得哈佛大學建築碩士學位，1954年歸化為美國公民。1983年獲普利茲克獎，被譽為「現代主義建築的最後大師」。其作品以公共建築、文教建築為主，善用鋼材、混凝土、玻璃與石材，其代表作品有美國華盛頓特區國家藝廊東廂、法國巴黎羅浮宮擴建工程、中國香港中國銀行大廈、1970年日本萬國博覽會中華民國館，近期作品有卡達杜哈伊斯蘭藝術博物館。

吳明修

1934年生於臺東縣，1957年成功大學工學院建築工程學系畢業，曾任私立臺北醫學院工務組主任、日本大成建設株式會社設計部、華泰、張德霖建築師事務所主任建築師，1969至1972年擔任日本郭茂林建築師事務所駐臺代表，1972年吳明修建築師事務所開業。作品包括國揚安和大廈集合住宅、師大教學大樓、成功大學資訊暨理化大樓、臺灣省教育廳中等學校教師研習會、成功大學資訊館、成功大學航空太空館、臺灣省建築師公會會館大樓等。

臺大建築 引進先進觀念

在路思義教堂興建的同時，臺北醫學院、高雄三信高商，都使用鋼筋清水混凝土，也均為建築師與營造廠共同在混凝土配比方面獲得成功的案例。值得一提的是，建築師陳仁和所設計的三信高商波浪教室，由吳甲一營造廠施工，於1963年完工，1967年得到第一屆建築金鼎獎。

張肇康在將東海校舍的設計交給陳其寬後，接下美援資助臺灣大學的三棟建築物設計，此即暱稱為臺大洞洞館的農業陳列館、農經系館、人類學系館，他分別與同樣出身於上海聖約翰大學的學長虞曰鎮、以及哈佛大學的同學王大閎合作，將中式建築中的臺基、屋身、大屋頂等概念，在現代合院的建築結構體中呈現出來。

更早之前，美援也資助臺北師範大學的系列建築物，由程天中擔任設計師，與虞曰鎮、張肇康一樣，他也是畢業於上海聖約

三信家商波浪教室樓梯

高雄三信高商1967年獲第一屆建築金鼎獎

臺大農業陳列館

翰大學的校友。後來,程天中與旅美工程師林同炎合作,引進預力混凝土的新技術、以及國外的新預力錨座法,用於興建高速公路圓山大橋、桃園國際機場候機室結構工程、臺北與板橋間的光復橋、公路局高屏溪大橋、臺北市北門高架橋、臺北市峨嵋街立體停車場等工程。

大學內著名的美援建築

建物名稱	建築師	完成年代
臺北師範大學圖書館	程天中	1953
臺北師範大學工教大樓	程天中	1955
臺北師範大學英語教學中心	程天中	1955
臺北師範大學教育資料館	程天中	1955
臺灣大學學生活動中心	王大閎	1962
臺灣大學農業陳列館	張肇康、虞曰鎮	1962
臺灣大學農經系館	張肇康、王大閎	1963
臺灣大學化學系館	王大閎	1968
臺灣大學人類學系館	張肇康、王大閎	1970

吳甲一

1921年生於澎湖馬公,1924年隨父母親從澎湖馬公遷居高雄,其父原任職於日本海軍要港部機械修繕室,後轉任職高雄小港後壁林製糖會社修繕室。吳甲一於1945年畢業於高雄商工專科學校機械科,1950年創設甲一工程公司,曾承包軍方岡山、臺南、屏東等空軍機場無柱鋼構機棚大型公共工程。1960年曾赴日本加入郭茂林建築師事務所,1968年改組重設新洲營造有限公司任董事長。作品包括三信高商波浪形教室及學生活動中心等,他以鳳山鎮農會新型家畜市場案獲得建築師金鼎獎。

王大閎

1918年出生於北京，原籍廣東東莞。1936年就讀於英國劍橋大學，原先主修機械，後來則改為建築，1941年進入美國哈佛大學建築研究所攻讀。擁有劍橋大學建築系學士學位及哈佛大學建築碩士的背景，使他成為臺灣第一位完整接受西方現代性建築教育的建築師，在哈佛大學時，與貝聿銘是同班同學。其建築作品為多棟臺灣大學校舍大樓、中央研究院多幢建築，但以國父紀念館最為知名。他在2009年獲頒第十三屆國家文藝獎。

王大閎的國父紀念館設計圖

林同炎

1912-2003年，原名林同棪，出生於福建福州，1931年獲得交通大學的唐山工學院土木工程學士學位。隨即赴美國加州的柏克萊加州大學攻讀土木研究所碩士，1933年取得碩士學位。在學成歸國後，進入鐵道部工作，擔任成渝鐵路的橋樑總工程師，監造鐵路沿線的1,000多座橋樑，及工信公司總工程師和臺灣糖業鐵路處長等職務。他是國際知名的結構工程師，作品包括臺灣關渡大橋、忠孝大橋、高屏大橋、國道三號的碧潭橋，及中國上海的南浦大橋等，及美國與中南美洲多項重大工程。1986年，獲美國總統雷根（Ronald Reagan）頒發國家科學獎章（National Medal of Science）。

預力錨座法

高速公路圓山大橋採用新預力錨座法

預力錨座法使用預力端錨鋼材，這是由錨座、承壓板、鋼夾片所組成，再套上鋼絞線及導管（旋楞鋼管、螺紋導管）。其錨具分為張拉端錨具及固定端錨具，張拉端錨具在施工時利用千斤頂將端錨組的鋼絞線束拉後，透過錨頭內的夾片將鋼絞線錨固定，並由錨座架將預力傳遞至混凝土結構中。至於固定端錨具則不需施拉，將鋼絞線插入由夾片彈簧、墊片等組成的錨墊座即可鎖住。預力錨座法多使用於橋樑、橋墩工程。

美援資助 臺灣命運改觀

因緣際會，美援改變了臺灣的命運，也改變了臺灣的風貌。

臺灣接受美援從1951年開始到1965年6月30日結束，美國駐臺的美援公署也在當天正式宣告結束業務。在這段期間，美援總額達到14億6,537萬3,000美元，平均每年約為1億美元，這相當於臺灣國內生產毛額（GDP）的6.0%左右，亦即臺灣人每人每年接受10美元援助。此外，美國還提供軍事援助約42.2億美元（多為汰換的船艦及軍機），臺灣也在2004年1月將美援貸款清償完畢。

美援宛如和煦的春風，讓臺灣脫離貧困，美援也代表公平正義的化身，讓公營企業與民營企業在獲得資助分配上利益均霑。美國宣稱臺灣的經濟實力已達到一定水準了，所以撤走了美援。在美援撤離之後，臺灣的建設金援也隨之轉向，透過世界銀行等機構的貸款，臺灣的現代化歷程繼續大步向前邁進。

第五章　公營營造業之崛起與終結

第一節 公營營造業崛起之背景與發展

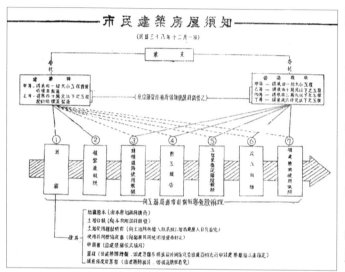

市民建築房屋須知在1949年公布

戰後臺灣民眾強烈的住屋需求，造成營造業的繁榮

1950年代初期，排水設施不良，圖為颱風過後的臺北街頭

颱風成災 大幅整頓營造

　　1952年11月13日，強烈颱風貝絲通過臺灣海峽，雖未直接登陸，但其外圍環流以每小時95至100浬（每秒51公尺）的風速，橫掃臺灣南部的屏東、高雄及臺南，造成嚴重災情。死亡及失蹤153人、輕重傷644人、房屋全倒8,726間、房屋半倒23,395間。

　　這是臺灣半世紀以來所遭遇的最大颱風災害。臺灣省政府主席吳國楨震怒，他在省政會議中表示，根據調查結果，這些受損的房屋多數是新建及違章建築，為減少颱風及地震損害，他要求建設廳派員赴南部調查近兩年內的新建房屋，尤其是公家所建的房屋，是否合於標準，有無偷工減料的情形，並責成建設廳召集相關單位，訂定房屋建築標準。

　　後來的調查發現，當時經省政府建設廳登記核准的營造廠商有1,700餘家，未通過審核的地下經營者據估計有1,000家左右，造成在興辦公共工程與民間住宅業務時，低價承攬和偷工減料的情事層出不窮。

　　一窩蜂開辦營造廠的現象，起因於市場的需求。戰後，由於日籍營造廠的撤離與解散，以及臺灣飽受美軍轟炸，許多設施與建築物殘破不堪，加上國民政府接收臺灣後，許多基礎建設必須重建，因而營造業的前景看好。部分原來任職於臺籍大型營造廠的員工、甚至是土木承包業者，紛紛以獨資或合資的方式

創業，出現各級營造廠大量申請登記的現象，也讓業界出現素質良莠不齊的情況。

終於，貝絲颱風的蹂躪，掀起整頓營造業的狂風巨浪。在1953年1月及10月，省建設廳與經濟部、內政部、主計處及省府祕書處經過會商，兩度修正了「臺灣省管理營造廠商實施辦法」。

修法的重點在調整營造廠商的資本額規定，甲等為新臺幣60萬元、乙等為新臺幣30萬元、丙等為新臺幣15萬元，其中60%應為廠商的工具材料設備及不動產等，在申請登記時還必須提出有關證件。至於丁等營造廠實際為土木包工業者，其管理辦法則交由縣市政府負責。此外並增加罰則條文，擴大吊銷登記與取締處罰的範圍。

臺灣營造業登記家數歷年統計（1953~2011年）

年度別	甲等	乙等	丙等	總計（家數）	年度別	甲等	乙等	丙等	總計（家數）
1953	164	165	946	1275	1983	854	352	1253	2459
1954	169	167	984	1320	1984	895	411	1201	2507
1955	185	191	1133	1509	1985	915	439	1105	2459
1956	188	201	1344	1733	1986	919	468	1016	2403
1957	211	216	1632	2059	1987	927	493	1006	2426
1958	231	250	1818	2299	1988	914	493	972	2379
1959	280	295	2031	2606	1989	898	493	976	2367
1960	325	345	2319	2989	1990	963	489	1149	2601
1961	342	373	2538	3253	1991	1045	522	1332	2899
1962	364	390	2716	3470	1992	1124	546	1566	3236
1963	377	399	2723	3499	1993	1217	630	1877	3724
1964	402	410	2921	3733	1994	1371	729	2390	4490
1965	375	305	2497	3177	1995	1542	914	2777	5233
1966	401	315	2668	3384	1996	1594	1019	3545	6158
1967	288	271	2221	2780	1997	1611	1179	4388	7178
1968	311	263	2274	2848	1998	1699	1357	5521	8577
1969	350	273	2383	3006	1999	1806	1481	6408	9695
1970	378	261	2524	3163	2000	1870	1595	7277	10742
1971	410	262	2659	3331	2001	1941	1593	7766	11300
1972	455	260	2847	3562	2002	1983	1641	8415	12039
1973	487	258	3073	3818	2003	2017	1637	8547	12201
1974	484	257	3075	3816	2004	1992	1615	8820	12427
1975	260	115	327	702	2005	1642	1284	6053	8979
1976	322	149	541	1012	2006	1665	1300	6124	9089
1977	352	149	697	1198	2007	1671	1328	6194	9193
1978	382	155	780	1317	2008	1814	1276	6108	9198
1979	674	185	888	1619	2009	1937	1243	6100	9280
1980	662	193	1062	1917	2010	2012	1266	6176	9454
1981	727	223	1122	2072	2011	2098	1274	6244	9616
1982	782	272	1235	2289					

管理營造廠商實施辦法在1957年再修正

註：丙等營造業者因內政部制訂發布「土木包工業管理辦法」，受到限制而改變登記為土木包工業，以及全球石油危機影響，1975年營造業登記家數大幅縮減。

承接美援工程，公營業者紛紛成立，圖為1961年簡化美援工程採購與招標手續相關事項

政府輔導榮民 投入建設

除了整頓民營營造業者之外，政府也開始積極培植公營營造業。

在兩岸政治與軍事的局勢逐漸趨向穩定後，出現戰後初期的國軍退除役潮，除了許多官兵自動申請退伍之外，也因為軍事員額調整，部分官兵必須離開部隊，因此政府必須為其安排去處，於是，勞力密集的營造產業成為這些榮民就業的最佳出路。

另外，隨著經濟的發展也開始籌劃興辦大型公共建設，政府希望能夠藉由扶植公營營造廠，達到長期培養人才與磨鍊工程技術的目標，於是相關部會陸續成立公營營造業。除了先前所提過的兵工建設總隊、交通部新中國打撈公司、內政部傷殘重建院營造廠之外，還出現了三家重量級的大廠：榮民工程事業管理處、中華工程股份有限公司和唐榮鐵工廠股份有限公司。

1954年，辦理大量退伍國軍的專責機構「行政院國軍退除役官兵就業輔導委員會」（簡稱退輔會）設立，1955年退輔會先後成立四個工程總隊與一個技術總隊，以使退除役官兵發揮專長與體力從事工程建設。除了工程總隊之外，另外還有附屬的生產事業工廠（例如大理石廠、砂石場與機械配修廠等），以配合生產工程建設所需要的建築資材、以及提供機具設備的維修管理。

退輔會在1956年5月1日成立「國軍退除役官兵建設工程總隊管理處」，並將原來四個榮民建設工程總隊納入。後來改名為「榮民工程事業管理處」（簡稱榮工處），最初與臺灣省建設廳

營建處合署辦公，並由營建處長趙俊義兼任處長。

公家工程 榮工優先承包

　　榮工處成立的目的，主要是為了承辦1956年開工的中部橫貫公路工程。行政院院長俞鴻鈞還曾以行政院命令將石門水庫工程、北基二路工程（麥克阿瑟公路）優先交給榮工處承包。

榮工處為開鑿中橫公路而成立（榮工公司）

　　榮工處從工程總隊時代開始，不僅有優先承辦公家工程的特權，並由政府明令予以免徵印花稅、營業稅及營利事業所得稅。此外榮工處雖隸屬於退輔會所管轄的生產事業單位，但並不受行政院組織法所規範，介於特殊性質的行政機關與公營事業機構之間，與一般公營事業機構有異。

　　由於榮工處的經費不在國營事業預算之內，有自負盈虧的責任，必須自給自足，但仍須編列預算、決算，其業務資料每月也須呈由退輔會送審計部審核。因為榮工處不是公司組織，並無營造業執照，因此在臺灣不能參加投標或比價，而由政府授與特權，以議價的方式承接工程業務，埋下日後引發民營營造業反彈抗爭的種子。

行政院國軍退除役官兵就業輔導委員會

退輔會成立臺北榮民總醫院
陳誠（前左）與蔣經國（前右）一起參加（榮工公司）

「行政院國軍退除役官兵就業輔導委員會」（退輔會）成立的目的，是為統合處理大量國軍進入臺灣的就業等社會問題，負責榮民就業、就學、就醫、就養等業務。退輔會在1956年成立榮民工程處，輔導大量退役榮民投入臺灣公路交通、民生建設，先後開闢中部橫貫公路、參與部分十大建設、電力水力建設等大型工程。1957年開始，退輔會輔導榮民，進入山區農場開墾，日後逐漸轉型成為觀光農場。1958年退輔會接管各地榮民醫院，成立臺北榮民總醫院。1966年，由於退輔會業務不再局限於就業輔導，於是更名為「行政院國軍退除役官兵輔導委員會」。1998年7月1日，其下屬榮工處則改制為榮民工程股份有限公司。

中華工程公司前身為資源委員會機械修運處，圖為資源委員會戰後在南京的辦事處

中華機械工程公司的打樁機

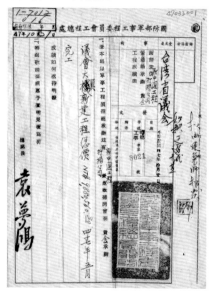

新中國工程打撈公司承辦臺灣省議會大廈新建工程報價

中工公司 引用法律議價

中華工程股份有限公司前身為「資源委員會機械修運處」，為行政院物資供應局遷臺後所重組的機構，在戰後初期接收當時由琉球運到臺灣的美軍大批工程用重機械設備，並擁有操作這些設備的相關人才，逐步擴大其規模。1951年改組為「資源委員會機械工程處」，在美援時期跨足進入營造業，成為國營的兩大營造業之一。

機械工程處在1952年申請甲等營造業登記獲核准，1953年改為經濟部機械工程處，1959年再改組為中華機械工程有限公司，最後則於1967年正式更名為中華工程股份有限公司。1968年交通部的新中國工程打撈公司營建部門併入中華工程公司後，其業務與員額規模倍增。中華工程公司是屬於經濟部所屬的國營事業機構之一，由經濟部與所屬各事業機構合組而成，其董事長、總經理與各級主管都是由政府相關單位所選任。

中華工程公司主要以議價方式承辦政府的工程，大多引用「審計法施行細則」第46條以及「機關營繕工程及購置定置變賣財物稽查條例」（簡稱稽查條例）第35條的規定，擁有優先議價承包公家工程的特權。

審計法施行細則第46條規定：各機關之營繕工程，若為特殊工程，或因技術要求或應保守秘密，或因政府政策需要，不能公告招標，經各級政府最高行政機關核准者，得逐案敘明理由，徵得審計機關同意後，以比價或議價方式辦理。稽查條例第35條則明訂：國家遇有重大天然災害或經濟上重大變故，緊急需要採購之財物或營繕工程，經行政院核准，得不適用稽查條例關於招標、比價、議價之規定。

因此，中華工程公司承攬工程多以重大的基礎工程為主，屢屢承包國防軍事工程，如機場、港灣、碼頭。另外在住宅建築工程部分，則是配合1970年代政府推行的住宅工業化政策，負責發展預鑄房屋和組件，以及辦理國民住宅的興建業務。

1959年八七水災，造成大肚溪鐵橋被洪水沖斷

依法遇有重大天然災害，工程可採
議價，圖為1959年八七水災景象

公營營造業鎖定住宅建築工程市場

唐榮公司 省府接管經營

　　唐榮鐵工廠股份有限公司的前身為唐榮鐵工廠，由企業家唐
榮創立於1940年，後來因為經營問題，於1962年由臺灣省政府
接管，成為臺灣省政府直接經營的事業單位。唐榮公司除了營建
廠之外，另設有鋼鐵廠、水泥廠與機械廠等。在省政府接管之
後，為配合建設發展的需要，更進一步擴大人員編制，充實機具
設備。當時臺灣各項營建工程所需的建築資材，幾乎都能在唐榮
公司的各分廠直接取得。

　　唐榮公司原先以鋼鐵與機械業務為主，但是後來採取多角化
經營。最初設置營建廠的目的，是為了從事公司擴廠的營建工程
業務，而後配合國家建設發展的需要，以及在十大建設後中國鋼
鐵公司開始營運，遂逐漸轉型為以營建工程業務為主。唐榮公司
的營建廠領有甲等營造商執照，並加入營造業同業公會，在承攬
政府各項建設工程時，多以議價、比價的方式辦理，但數量並不
多，並且較少參與民間工程的競標。

唐榮

1880-1963年，生於福建晉江，1896年來臺，1940年創立唐榮鐵工所，戰
後，收購日資於臺灣遺留的煉鋼設備，改名為唐榮鐵工廠，1948年日產鋼鐵
200噸，曾經是臺灣最具規模的鋼鐵廠，當時有「南唐榮、
北大同」的說法。1947年二二八事件時，遭檢舉違法收購日
本海軍鋼材，擔任總經理的其子唐傳宗被捕，工廠被沒收。
他因捲入政治風暴，以致公司垮臺，被政府接管，1962年工
廠改組為省營事業機構。

唐榮之子唐傳宗曾出書談公司遭國民黨政府迫害接管內幕

第二節 公營營造業對產業 整體發展之影響

興建水庫 榮工規模茁壯

　　榮工處的成長與茁壯，主要是在石門水庫工程中所奠定的基礎，而後以其精良的裝備與豐富的施工經驗，獨攬曾文水庫工程。經過長期的發展，榮工處在臺灣營業發展史上傲視群雄。

石門水庫施工前的大料崁溪

霧社水庫

　　早在1941年的日治時期，《臺灣日日新報》就曾報導角板山發電計畫的興工，這是最早建設石門水庫的紀錄。戰後，從1952年5月開始，桃園地方人士便積極串連力爭興建石門水庫。

　　次年霧社水庫先行開發興建，在其工程進行中卻發生了一項重大錯誤。霧社水庫的建設經費來自美援，並由美國內政部墾務局（Bureau of Reclamation）擔任工程顧問，美國墾務局未經詳細調查就把原來日本人所設計的直線形壩，改為拱形壩。結果在即將完工時才發現壩座不良，於是將其基座改挖掘至良好的岩盤後才獲得鞏固，經此一舉，所挖走的砂土體積與壩體的體積相當，工期多花費了十八個月。

美國內政部墾務局的大壩專家薩凡奇（John Lucian Sovage，圖中）來臺勘察霧社水庫計畫

直線形壩與拱形壩

水壩依其受力情況可分為直線形壩和拱形壩兩種。直線形壩比較常見，將近八成的水壩都是這種類型，直線形壩澆注在地基之上，擋水時依靠壩體與地基間的摩擦力來維持穩定，因此，直線形壩一般都做得比較重、體積較大，如此才能增加壩體與地基間的摩擦力。拱形壩則是拱形的殼體結構，和直線形壩的區別在於結構不同，拱形壩將水壓力傳遞給兩岸的地基，靠地基的反力來擋水，因此拱形壩重量要比直線形壩小，但其對地質的條件就非常高。拱形壩的地基必須為岩石結構，倘若將拱形壩設置在土石結構上，在水壓力的作用下，兩岸極有可能產生山體滑坡，將會對下游產生毀滅性的災難。

石門水庫 最大美援工程

政府為興建石門水庫，組成了石門水庫建設委員會專責統籌，這是規模最龐大的美援工程計畫，由副總統陳誠親自擔任主任委員。

負責計畫的美國國際合作總署，為了避免重蹈霧社水庫的覆轍，廣邀七家國際工程公司報價，並對這七家公司所提的建議書進行審查，結果由提愛姆斯公司（Tippetts-Abbett-McCarthy-Stratton Engineers and Architects, TAMS）以152萬美元最低價得標。提愛姆斯負責辦理工程設計及工程檢驗，這是臺灣正式引進美國工程檢驗的開端。另外，美國莫克公司（Morrison-Knudson International Company, MK）則獲選擔任工程顧問。

美國國際合作總署駐華共同安全分署署長郝樂遜（Haraldson）

石門水庫建設委員會於1956年7月成立，由副總統陳誠自兼主任委員，聘請臺大教授徐世大擔任總工程師，並向台電公司借調曾任天冷工程處處長、霧社工程處處長的顧文魁，擔任副總工程師兼大壩工程處長，後來，徐世大以自身施工經驗不足，請辭總工程師的職務，顧文魁順理成章接下重任。

施工中的石門水庫

1959年8月5日石門水庫的建壩工程開工。石門水庫大壩，位於距離臺北51公里的大嵙崁溪石門，原計畫興建為遠東第一高拱壩。石門水庫分為十大主要建設：分別為水庫大壩、水庫、發電廠、溢洪道、後池堰、淨水廠、石門大圳、桃園大圳、導水隧道、石門大橋等工程。其中石門水庫大壩，是石門水庫十大主要建設工程中最重要的一項。

顧文魁

1909-1990年，祖籍江蘇省昆山縣。1933年自武漢大學土木工程系畢業，通過國防設計委員會甄選，於1936年奉派赴美國，進入伊利諾州立大學深造，獲得土木碩士學位。於1938年學成歸國，任職於資源委員會。1948年，來臺加入台電公司接任天冷工程處處長。石門水庫建設委員會成立時，他擔任副總工程師兼大壩工程處長，後來升任總工程師。在興建石門水庫之際，前後共訓練了工程師逾500人，技工約1萬人。這批龐大的工程隊伍，成為日後的十大建設的生力軍。

石門水庫開工慶祝大會

石門水庫以滾壓混凝土方式施工情形

石門水庫在1963年5月完成蓄水

　　1959年12月初，石門水庫開工才四個月時，法國馬柏薩拱壩（Malpasset Dam）潰決，造成百餘人死亡，數千人無家可歸，舉世震驚。因此，各國對拱壩的建造更加審慎，對於建設中或尚未建設的拱壩，都必須重新加以檢討。論規模，馬柏薩拱壩僅為石門水庫的六分之一，水庫的容水量也只有4,700多萬立方公尺。所以，臺美雙方的工程主事單位都不敢輕忽大意。

　　石門水庫拱壩的設計者美國提愛姆斯公司，派出技術人員會同世界知名的五位專家，在1960年3月來臺實地視察。他們所得到的結論是，石門壩址可以建造拱壩，也可築成土石壩，但拱壩壩座必須大量開挖，基礎的處理工程困難，工期較長而且工程費較高，而土石壩則較拱壩可靠，所需的工程費及施工期限，較拱

土石壩

是用土或石頭所建造的寬壩，斷面一般為梯形。因其底部承受的水壓比頂部來得大，所以底部較頂部寬。土石壩多為橫越大河所建，用的是普通、經濟但透水性較佳的材料。由於其物料較鬆散，能承受地基的動搖。但是，相對的水也會慢慢滲入堤壩，降低堤壩的堅固程度。因此，常會在堤壩表面加一層防水黏土，或在壩體內修築透水性更小的防滲層（有心牆和斜牆兩種類型），或者設計一些通道，讓部分的水流走。

壩易於控制，而且工程效益相同。因此，基於大壩的安全，政府在審慎考量後核准石門水庫大壩變更工程設計為土石壩。規劃壩高133.1公尺，壩頂標高252.1公尺，總蓄水量3.09億立方公尺。

葛樂禮侵襲 通過考驗

葛樂禮颱風沖垮橋樑

　　1963年5月，石門水庫完成蓄水。當年9月10日，強烈颱風葛樂禮來襲，豪雨挾帶破紀錄的大量洪水灌進水庫，進水量高達每秒10,200立方公尺，幾乎與溢洪道所設計最大每秒10,900立方公尺的洩洪量相近。次日清晨五時起，雨勢轉大，情況危急，大壩混凝土隊的所有人員火速集合，拿著工具衝到土石壩頂，此時，總工程師顧文魁、大壩處長丁道炎站在壩頂，指揮所有人填土護堤。現場人員都明白，石門水庫一旦崩堤，大水將淹沒桃園龍潭、大溪，甚至臺北市。

　　經過一小時，雨勢逐漸減緩，為求安全起見，顧文魁宣布開閘洩洪，六道門瞬間開啟，巨大的洩洪波浪直衝後池堰，轟隆的巨大聲響、壯觀的霧氣，讓在場的所有人員感到震撼，這也是石門水庫首次洩洪。此次洩洪造成淡水河下游的板橋、新莊、三重、蘆洲盡成澤國，臺北市的低窪地區也全數浸水。地方人士群情激憤，認為是石門水庫「放水」所致。殊不知，大壩已於洪水初期攔蓄約2億立方公尺水量，使洪峰延滯數小時，而未與新店溪及基隆河的洪峰在下游相遇，否則淹水高度至少會再增加30至40公分。

　　石門大壩經過颱風考驗，可以一夕間蓄水，可以瞬間洩洪，壩體卻毫髮無傷，其良好的施工品質，鼓舞了所有參與的工程師們。

　　1964年6月14日，具有灌溉、發電、防洪、給水等多目標的石門水庫竣工。

石門水庫工程辦理及總經費（新臺幣）

工程項目	辦理方式	施工單位	金額
水庫、發電廠、溢洪道、後池堰、潔水廠等大壩結構物	自辦	石門水庫建設委員會	3,261,555,613
石門大圳灌溉工程	代辦	臺灣省水利局委託兵工建設議價承包	39,336,944
渠道、構造物、公共給水等	發包	榮工處	24,354,941
		民營營造業	82,491,102
總經費合計			3,407,738,600
石門水庫總經費結構：自有資金新臺幣為1,686,984,000元(49.50%)；美援1,720,790,600(50.50%)			

曾文水庫先驅工程導水隧道開工
（榮工公司）

曾文水庫完工正式通水（榮工公司）

曾文水庫工程使用大型工程車
（榮工公司）

收購機具 榮工能力提升

　　石門水庫的興建機具分為兩部分處置，其中台電購買3,000餘萬元，榮工處購買5,000萬元，總費用並分為十年攤還。榮工處因為有了興建石門水庫的經驗，並且收購剩餘機具，開始具備單獨承辦大規模工程的能力。

　　1966年7月，榮工處獨攬興建曾文水庫的全部工程，這使其發展進入一個全新的里程碑。曾文水庫經過六年施工，至1973年10月31日正式完工，壩高133公尺，壩頂標高235公尺，總蓄水量6.08億立方公尺，總工程費用60.38億元，超越石門水庫，成為當時遠東最大的水庫。曾文水庫的完工也讓當時籌劃大局的榮工處長嚴孝章、曾文水庫工程處處長齊寶錚聲名大噪。

施工中的曾文水庫（榮工公司）

曾文水庫竣工（榮工公司）

嚴孝章

1921-1986年，出生於福建省林森縣，1942年畢業於復旦大學土木工程系，後來進入美國工兵學校、陸軍指揮參謀大學及哈佛大學高級企業管理研究班深造。於抗戰時期跟隨孫立人將軍，遠征印度、緬甸、東北。在1948年隨軍來臺訓練新軍，孫立人事件爆發後，幸未受牽連，並獲得蔣經國賞識於1957年出任行政院國軍退除役官兵輔導委員會工程組組長，1959年接替柳際明擔任榮民工程事業管理處第三任處長。他領導榮工處二十七年，在十項建設中有八項主要工程由他領導完成。他在1981年接任棒球協會理事長，對推廣棒球運動貢獻良多。

齊寶錚

1926-2004年，出生於河北省高陽縣，上海大同大學土木工程系畢業，1951年公務人員高等考試及工業技師考試土木科考試及格。先在臺灣省住宅都市發展局的前身——省建設廳公共工程局任職，1959年榮工處成立後進入榮工處，曾任榮工處總工程司、副處長，先後主持過曾文水庫、臺中港等重大工程。他受時任行政院秘書長王章清的引薦，被任命負責籌備臺北市捷運局，並出任第一任局長。2001年，因任內被控違法利用首長特支費，支付私人住宅水電費等，遭判刑十二年，引發社會譁然。

　　榮工處經由曾文水庫的興建，累積了機械化工程施工的技術與經驗。後來，在十大建設時期，共有八項大型工程建設由榮工處負責。此後榮工處因具有資本與技術機具的優勢，主要負責重大的交通道路工程、電力工程與工業區開發工程等業務，因而成為公營營造業中發展最迅速、規模最龐大的業者。

退撫條例 獨厚榮工承包

　　就在石門水庫竣工的前夕，立法院送給了榮工處一項大禮。1964年3月1日，第一屆立法院第三十三會期第十七次院會，表決通過了「國軍退除役官兵輔導條例」第8條，其條文規定：政府舉辦之各項建設工程，如水利、公路、鐵路、橋涵、隧道、港灣、碼頭、營建及軍事工程等，得儘先由輔導會所設之退除役官兵工程機構議價承辦。

　　「退輔條例第8條」與「審計法施行細則第46條」，讓公營營造業在工程招標上享有優先承攬及議價、比價的承接權利，將

退輔條例第8條保障退除役官兵的
權益（榮工公司）

公營營造業議價特權給予制度化
的保障。公營營造業至此在承包
工程方面，所向披靡。

其實，在立法保障榮工處優
先議價的權利之前，諸如臺灣工
礦公司營建部、經濟部機械工程
處等單位，早就擁有「特別待
遇」了，在實際運作上，公營營
造業即常有工程未經公開招標就
直接承攬的情況，或者限定特定
機具設備而獲獨家承攬權。

而且，他們透過戰後初期接
收日籍營造廠的機具設備，奠定
了發展基礎。後來，更進一步透
過美援的協助，持續工程技術的
累積，也接收了大量的先進設
備。這些大型公營營造業的共同
特點，是在營造工程部門之外，
還具有相關的公營生產事業與機械維修單位，能夠直接供應建築
資材與提供機械的維修服務。

退輔條例的立法考量，固然是為了協助工程建設，並且保障
退除役官兵的權益，但是過度擴張公營營造業在承攬工程上的優
勢，也相對影響了民營營造業參
與政府大型公共工程建設的空
間。民營業者意圖進行廠家合併
以提升資本規模、添購大型機具
設備以提升技術等級之機會，也
變得更渺茫了。如此過度保護公
營營造業，不但抑制了民營營造
業的發展，也拖延了臺灣營造業
界成長與轉型的契機。

先進的機具設備強化公營營造業的
競爭力（榮工公司）

156

第三節 民營營造業對公營營造業 議價特權之爭議與抗議

市場僧多粥少 民營反彈

在民生艱困的1950年代，民營營造業並未排斥公營業者，反倒是以同情的心態看待此事。福住建設董事長簡德耀回憶當時，他表示公家的工程都給榮民做，他反而覺得感動，看到這些老兵如此艱苦，只有佩服。起初民營營造業者對榮工處取得工程並沒有排斥，心想榮工處能做的只有這樣，當時大家都沒有技術、沒有設備、資金也有限。想不到，在經過幾年後，榮工處卻變成一個超大型事業體。

互助營造股份有限公司副總裁廖萬應也提出他的看法，他強調國民政府來臺時，由於考取建築師的門檻頗高，臺籍人士沒有建築師，許多工程都由大陸來的營造業者包辦，例如孫福記、陸根記等。臺籍業者只能做小型工程。後來政府開始扶植公營營造業，情況更是變本加厲。例如早期的地方工程，如郵便局和電信局分開以後，都是臺籍的小營造廠在做，大工程都被公營營造業拿走了，只剩下小型工程被這些民營營造廠搶到見骨，當時一個工程都有四、五十家競標，大家拚到最後，卻是血本無歸。

四川營造廠的負責人洪四川在其《洪四川八十自述》的書中披露，如果某項公家工程要發包時，中華工程公司經過審計部的

簡德耀

1924年生，日治時期畢業於公學校及臺北工業學校夜間部，並就讀於早稻田大學通信教學部。1942年，進入光智商會任職，被派至屏東擔任軍事建築物金屬回收工作，1943年至桃園參與埔心軍事機場建設工程，1945年赴屏東參與民間建築工程及土木水利工程。1951年，轉至百興營造公司，工作地點仍在屏東，主要從事建築工程。1953年，派駐臺北，負責政府建築土木水利工程及民間建築工程。1955年，獲得建築技師考試及格後，繼續擔任百興營造公司主任技師。直到1968年，創辦福住建設公司，並兼任主任技師迄今。在民間營造業界，福住建設始終以信用卓著為市場所稱道。他也是中華民國營造業研究發展基金會的發起人，對業界發展貢獻卓著。

洪四川

1920年生於澎湖隘門村東寮，1934年進入高雄富士建築師事務所，同時就讀高雄建築技術養成所夜校。1942年參與藤田組左營海軍第六燃料廠工程，1943年承包防空壕工程。戰後於1946年9月申請登記四川營造廠，並加入高雄市營造公會，陸續承包高雄市政府水溝修護工程、高雄煉油廠工程，至1981年為止，四川營造廠在三十五年間承包工程600餘件。於1974年當選臺灣區營造公會常務理事，1976年擔任財團法人高雄營造會館董事長。1996年開始寫回憶錄《洪四川八十自述》，2009年6月，獲頒國立高雄大學名譽博士學位。

洪四川在大阪工業技術專門學校通信教育課程的修業證明書

1961年民營營造業者提八項建言，圖為當時的修築橋樑工程（上），造橋鋪路工程（中），公共設施工程（下）

同意，就可以直接優先議價，將工程包下來，他們在評估之後，不適合自己做的部分就向外發小包，找來幾家可靠的營造商，採取比價或是議價發包。

民營業者 聯合提出建言

不平等待遇的現象，在營造產業中發酵與擴散，表面上看起來是公營業者靠著特權凌駕於民營業者之上，實際上還隱含了敏感的省籍壓抑因素。時值戒嚴與白色恐怖時期，臺籍民營營造業者內心的鬱悶有如「啞巴吃黃連」。

在退輔條例第8條立法之前，民營營造業者即因為營造廠數量快速擴張造成激烈競爭，以及民營業者苦於資金與技術上的不足，導致在經營上的困難與虧損等問題，陸續向政府主管機關反映。1961年，民營營造業聯合起來，向政府提出振興營造業發展的八項建言。

政府漠視 業界陳情再起

政府除了以提高最低資本額限制的方式，消極地回應民營營造業過度擴張與激烈競爭的問題之外，並

民營營造業者八項建言（1961）

項次	要求	說明
1	即停止設立新廠及整頓舊廠	釐訂設廠及技術、員工的標準，使所有營造廠皆能符合一定水準。
2	修正各機關工程稽查條例，改善招標辦法	制止激烈競爭，不應以最低價標為標準，另外應對得標人經驗、信譽及工作能力等，進行考核，並使承包商能有合理成本估算及利潤，以維持工程的品質，藉以扶持工商業的正常發展。
3	美援工程另定發包辦法	糾正美援工程所採用的無限制低標政策，訂定各項工程的合理承包價格。維持工程水準，並使美援全數消化於國內。
4	改善付款辦法	應將全部工款90%，先行付給其往來銀行，由銀行代為出具存單，以供契約之保證，再由廠商透過借款關係，動支該項工款，以便周轉靈活。
5	停止或裁併公營營造業	公營營造業常以各種理由不經招標程序，以單獨議價方式爭攬各機關之工程，影響民營廠家營業權利，辦理工程業務品質良莠不齊，應積極整頓或裁併公營營造業，或予標售民營。
6	輔助民營營造廠充實機具設備	提供資金融通等協助，誘導民營營造廠走向機械化之路。
7	培植種子廠作國際競爭之用	應選擇基礎良好，設備較佳之部分民營廠商，由政府補助其資金及充實其設備，鼓勵其對外發展，爭取海外工程。
8	外籍廠商來臺營業	應設法加以限制，以保障國內廠商的權益。

未針對營造業發展提出具體的輔導政策與改善措施。而且，政府所制定的採行最低資本額限制的調控政策，僅是讓不符合法定資本額的營造廠商暫時退出營造業登記制度，轉為非法營業而已，只能治標無法治本。

政府迴避了民營營造業所提出的訴求，無意促成公營與民營業者在產業發展上攜手並進，也不想實際解決產業激烈競爭的現象。主管機關在管理營造產業上所表現出來的偏袒與無能，讓臺灣自光復以來，營造產業始終維持以小規模營造廠商為主的格局，缺乏宏觀的產業遠景，終究難以提升技術與擴大經營。

退除役官兵輔導條例第8條立法通過後，民營營造業者的抗爭進入第二階段。民營營造業再三對於公營營造業以議價特權的方式，獨佔重大公共工程承包的行徑提出抗議，並以提出明確劃分公營與民營業者的業務範圍與競爭辦法作為對策。

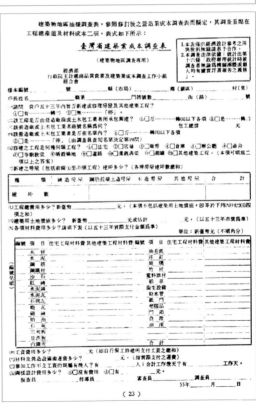

經合會在1960年代調查臺灣民營營造業經營狀況所用之調查表

退除役官兵輔導條例第8條
立法前後民營營造業者抗爭態度對照（1964）

立法前	立法後
1. 工程招標訊息應該公開並且透明化，禁止機關單位私下承攬發包。	1. 政府應區分公民營營造業工程業務範圍，並提出公營營造業的發展方向。
2. 對各項工程招標，應另外具有各項資格與能力審查，而非僅採取最低價得標制度。	2. 政府應以扶植民營營造業之技術與規模為目的。
3. 佔有重要工程市場需求之美援工程，要求另訂招標辦法，避免直接委由公營營造業所承包。	3. 針對榮工處以外的公營營造業擴大違法引用退輔條例與取得對於重大公共工程的議價特權進行抗爭。

抗議無效 轉向民間工程

　　然而，民營營造業者建言都未獲得採行，抗議也無人搭理，他們在心灰意冷之餘，也只能另謀出路。

　　從1960年代中期跨越至1970年代初期，民營營造業逐步將業務承攬的重心，轉向剛開始蓬勃發展的民間建築與住宅工程上，再以配合公營營造業辦理公共工程業務為輔，例如承包榮工處的工程，擔任下包。

　　此後，重大公共工程主要由公營營造業承攬，民營營造業只能放眼民間建築工程。這樣一來，大與小、公與私，涇渭分明的產業基本結構，即成為臺灣公營與民營營造業務承攬分配的慣性模式。

1960～70年代，民營營造業轉向民間建築，當時的鷹架是用竹子搭建

　　太平洋建設董事長章民強對此下了註腳，他表示因為營造業很競爭，公營營造業如果賺不了錢，還有公家可以虧，但是民營營造業者若是蝕了資本，就要去向銀行借錢，所以只能去蓋房子，賺點蠅頭小利。

　　當時正值臺灣邁向工業化與都市化的進程，大型公共建設投資計畫陸續擬定與推行，民間住宅工程的業務需求也開始蓬勃發展。1968年以後，民營營造業對於自己在產業發展上所面臨的問題，再次向經濟部、內政部與經合會提出四項訴求進行理性遊說，希望促使政府形成具體的營造業發展政策，輔導並協助臺灣營造業的發展與轉型。

1968年民營營造業者再提四項訴求，圖為當時的營造工人的工作情景

民營營造業者四項訴求（1968）

項次	要　求	說　明
1	專業化培訓，機械化施工，規模化經營	設立營建工程人員職業訓練學校，提供資金貸款與租用制度，協助營造業取得大型機具設備進行機械化施工，適度的進行營造廠商合併，藉以扶植具有長期技術積累與大型規模的廠商。
2	培養國內設計專業人才，創立民營工程顧問公司	以較高待遇延攬專才，協助政府辦理工程設計，累積技術經驗，以企業經營方式辦理工程顧問公司，可向政府機關及公營事業借調工作人員及設備，負責政府機關的規劃、測量、調查、設計、施工檢驗等工作。
3	加強國內營建事業，提高施工標準	鼓勵營建事業合併經營，並扶植建立新式施工設備，採用新穎施工技術，以發揮較高效率，由政府籌設施工機具供應服務中心，供應包商使用機具施工。並舉辦施工人員訓練，研究施工方法，標準設計及明訂標準建材。
4	鼓勵民營營造業增購機具設備，配合公共建設需要	洽請中美基金和金融機構提供添購機具設備的長期低利貸款，建設用機具設備的進口課稅予以減免或減輕，擬定各項工程應具有的機具設備標準，若營造業者設備達到標準者，得越級承包。

第四節 公營營造業之終結

長期擔任經合會秘書長的陶聲洋
（左）與李國鼎（中）及張繼正
（右）

營造產業改革 功虧一簣

　　面對民營營造業自1960年代中期至1970年代初期不間斷的抗議，行政院國際經濟合作發展委員會（簡稱經合會）與內政部也結合相關部會，給予回應。政府的因應方式，包括安排業者出國參訪、舉辦全國性的產業工作會議、邀請外國專家來臺考察等。

　　在邀請外國專家來訪方面，經合會都市計畫小組於1971年曾聘請美籍建築師約翰‧摩爾（John C. B. Moore）來臺進行建築實務與教育考察。摩爾在其考察報告中，提到了臺灣當時在營造技術與營造產業發展的問題。他認為民間營造廠廠商家數過多而且競爭激烈，主要原因是投標辦法的規劃不當所致。

　　當時的投標辦法未規定事先對投標廠商的資格和能力進行詳細審查，只以最低標為發包標準，不僅導致激烈競爭與偷工減料，並且造成公營機構獨佔承攬主要的公共工程，摩爾認為政府應該要適時扶植民營營造廠發展，才能有利於產業發展。

美籍建築師摩爾建議釋出承包公共
工程機會給民間，圖為當時的水庫
工程

美籍建築師摩爾針對臺灣營造業發展的建議事項（1971）

項次	建　議	說　明
1	建立考核制度	凡有關政府機構的工程投標，可設定事先考核營造廠制度，考核事項包括業者對各種工程的營建能力、實績及經驗等，合格者始准予參加投標。
2	初選三家入圍	在無設定考核投標資格制度之下，對於特殊工程之投標，可先取三家最低投標者，分別予以調查與考核資格，該調查考核工作應由建築師和政府機構共同以公正無私的態度進行，再擇定承包營造廠商。
3	提高丙等資格	政府應立法提高丙等營造廠的資格條件，對於新增營造廠，採取適當的限制。
4	釋出承包機會	政府應考慮將一半以上的公共工程給予具有能力與資格的民間營造廠承包。

行政院國際經濟合作發展委員會

1963年9月，政府因美援即將結束，必須開闢新財源，於是決定設立一個專門草擬與推動經建計畫，並協調各部會的單位。當時將行政院美援運用委員會與經濟部之工礦、農業小組及交通部運輸小組合併，改組為行政院國際經濟合作發展委員會（簡稱經合會）。經合會主任委員最初由行政院長兼任，1969年起，改由行政院副院長蔣經國（1972年6月升任行政院長）兼任。經合會專責經濟設計，並進行國際經濟合作。1973年8月，經合會改組為經濟設計委員會（簡稱經設會）。1977年12月，行政院將經設會與行政院財經小組合併改組為行政院經濟建設委員會（簡稱經建會）。為因應行政院功能業務與組織調整，2012年元旦起，經建會與行政院研究發展考核委員會合併改設國家發展委員會。

顧問公司 加入公營行列

　　其實，政府主管機關對問題的癥結早就了然於胸，已針對當時蓄勢待發的大型公共建設投資與住宅工業化政策進行規劃，對於臺灣營造業的發展與轉型問題也做出具體建議，並且研議公營營造業內部組織架構的變革，就公營與民營營造業做出業務承攬劃分，擬定促進獎勵民營營造業升級發展的方案。

　　當時，負責經建部門的專業官僚和民營營造業界對於產業的發展方向與政策形成一定共識，準備逐步推行公營營造業民營化，增進民營營造業的技術水準與資本規模，但是最後在高層的政治考量下，並未獲得採行。

　　退輔條例第8條的立法是在蔣經國擔任退輔會主任委員的任內所完成。蔣經國在1956年接任退輔會主委時，一手規劃成立榮工處，他在帶領退輔會的八年時間內，榮工處的榮民弟兄儼然就是他的子弟兵。因此，他在退輔會主委離職後，也順勢將退輔條例第8條當成利器賦予榮工處，以爭取榮民的支持，這也對蔣經國日後在政壇發展平添不少助力。

中華顧問工程司

中華顧問工程司設計榮民總醫院中央大樓改建工程

「財團法人中華顧問工程司」是一個由交通部管理的工程顧問設計機構。成立於1969年，由費驊擔任董事長，1970年與美國帝力凱撒國際公司（DeLeuw Cather International Limited）合作，承辦交通部高速公路局中山高速公路基隆內湖段、內湖臺北段設計工作。1971年辦妥亞洲開發銀行合格登記，與德國道基工程顧問公司合作，承辦高速公路局嘉義新市段工程設計。2007年投資成立「臺灣世曦工程顧問股份有限公司」，將原有的工程技術顧問業績及業務由該公司概括承受。原來的工程司則轉型為工程的研究推廣與教育訓練機構。

中興工程顧問社

中興工程顧問公司

「財團法人中興工程顧問社」（簡稱中興社）係由經濟部推動主管工程機關、公營事業及學術團體捐助基金，成立於1970年4月，為一技術顧問機構。後來為配合政府政策，中興社乃將其工程技術顧問服務業務劃出，轉以公司組織型態經營，成立「中興工程顧問股份有限公司」。其業務範圍涵蓋電力、水利、都市建設、工業及農業建設、環境、土木、交通、建築、機械、電氣等各項工程。自1972年起，中興社即積極拓展海外業務，足跡遍及印尼、菲律賓、越南、馬來西亞、沙烏地阿拉伯、多明尼加、薩爾瓦多、宏都拉斯、喬治亞、聖多美普林西比、史瓦濟蘭及中國大陸等地區。

此外，交通部及經濟部分別於1969年及1970年，成立了法人性質的中華顧問工程司與中興工程顧問社，負責相關部會的重大公共工程投資建設計畫之監造工作。如此更擴大了公營營造業的規模，也讓民營營造業者更加奄奄一息。

爭取權益 業者再接再厲

再經過十餘年，1985年「行政院經濟革新委員會」（簡稱經革會）召開以後，民營營造業對於公營營造業承攬公共工程的特權抗爭，正式進入第三個階段，並開始直接具體挑戰特權保障的制度問題。

經革會係由全國產業領袖、政府官員與學者專家等各界菁英所組成，經過半年凝聚智慧，充分研究、討論及激辯，在第13次委員會中通過「加強營造管理、促進公平競爭」的決議，並作成

「公共工程應以公開招標方式發包為原則」的具體建議。

在其說明的理由中明確指出：「為建立公平競爭之經濟環境，提升國內營造業施工技術水準，強化競標力量，並撙節公帑確實維護審計制度，公共工程（包括政府及公營事業機構及軍事工程在內）之發包方式，應以公開招標為原則，至於公營營造業以議價方式承包工程之比重，應加限制，並逐年縮小。」

趙耀東主持經革會會議

不過，行政院秘書處在事後分函行政院各級機關時，卻仍然出現「政府機關營繕工程之招標、比價或議價，應依照『機關營繕工程及購置定置變賣財物稽查條例』及『國軍退除役官兵輔導條例』等規定辦理」，完全抹殺經革會提案的改革精神。

成立營基會 嚴正發聲

當時，民營營造業除了針對廢除退輔條例第8條抗爭之外，也就「審計法施行細則第46條」提出抗議。根據審計法施行細則第46條條文規定，准許公共工程以議價方式辦理的要件，為「技術要求」、「保守機密」、「政策需要」及「特殊複雜」等。事實上，這給予行政機關過大的行政裁量權，而且「技術要求」等規範實屬於「不確定之法律概念」，若依此導向議價程序，確實存在著重大的立法與行政瑕疵。

1987年，政府宣布解除戒嚴。臺灣開始出現多元化的聲浪，百花爭放、百家齊鳴，隨著政治上反對勢力的成長茁壯，許多社團奮起發出怒吼，致力於解除長期以來不公平、不公正、不公義的桎梏。

以大陸工程負責人殷之浩為首的多家民營營造業者，例如互助營造負責人林清波、太平洋建設負責人章民強、新亞建設負責人鄒祖焜、毅成建設負責人王德隆與王啟元叔姪、福住建設負責人簡德耀、台灣鋪道工程公司負責人謝周賢與謝建民父子、大豐建設負責人白汝璧、東怡營造負責人楊金村及蔡德彬、一太營造負責人詹水木、雙隆營造負責人洪國隆等代表性的民營營造業，

政府宣布解除戒嚴後原來不公平的
社會現象成為眾矢之的

共同成立了「財團法人中華民國營造業研究發展基金會」（簡稱
營基會）。這些業者匯聚一致的反對聲音，提出「三大要求」，
要求政府取消退輔條例第8條、要求政府的採購機制回歸正常公
開招標程序、要求民間營造業者也有機會承攬政府重大的公共建
設。

林清波

1929年出生於臺北松山，畢業於開南商工土木科六期，日本近畿大學法學
部學士。1949年，創辦互助營造公司，至今已逾一甲子，為本省籍業界中
歷史最久者，堪稱臺灣營造業的見證者。互助營造所完成的著名工程不勝枚
舉，在亞洲暨西太平洋營造聯合會所舉辦的大會中，以高雄圓山飯店、世界
貿易中心展覽大樓及高雄市世運主場館三度獲得建築營建類金牌獎。他一向
關心業界的發展與同行的權益，例如呼籲政府取消退輔條例第8條免除公營
營造業霸佔市場之特權、修改營造業管理規則、推動工程合約公平化、促進
政府制定營造業法、爭取工程款按物價指數調整等。他也擔任公共工程審議
委員多年，排解同業之工程糾紛、保護業者權益。他於1987年發起成立「中華民國營造業研究
發展基金會」，並長期擔任執行長及董事長之職務，協助推動業界的學術發展。

鄒祖焜

1922年出生於江蘇省吳縣，1945年畢業於南京中央大學土木工程系後，歷
任江蘇省公路局工務員、浙贛鐵路局工務員。1948年來臺，任臺灣鐵道局
副工程師、股長，1949年任公路局分段長，1954年轉至經濟部中華機械工
程公司，擔任公營營建事業職務十三年。1967年，與友人創立新亞建設開
發公司，歷任總經理、董事長。1995年與中興、吉興兩家工程顧問公司合
作投資興建江蘇南通新興熱電廠，於1998年正式營運，為兩岸合作BOT創
下成功案例。

抗爭奏效 廢除退輔條例

「解鈴還須繫鈴人」，退輔條例第8條抗爭終究必須回到立法院的議場上。1988年10月26日，立法院內政委員會受理審查此項條例的存廢問題，歷經三個多小時的討論，無異議通過將臺灣區營造工程工業同業公會所提出的「廢除退輔條例第8條」請願案成為正式議案，並提到立法院院會審議。

1988年12月7日，立法院國防、內政、經濟三委員會召開聯席會議，退輔會主任委員許歷農報告業務概況並備詢時，面臨立委對榮工處特權議價長期造成營造產業生存發展受限的強烈質疑，他表示已經成立專案小組研究修改「退輔條例」，將使公民營營造業有公平競爭環境，他保證不再讓榮工處擁有任何特權等。1990年4月7日立法院三讀通過「戰士授田憑據處理條例」時，也作成具有法律效力的附帶決議，要求退輔會須在三至五年內，將所屬生產事業單位民營化，但是並未真正實現。

又過了五年。1995年2月24日，行政院經濟建設委員會副主任委員薛琦，以「加入關貿總協對國內營造產業之可能影響」為題，在營基會所舉辦的「營造業午餐會」發表專題演說。他指出為配合我國加入世界貿易組織（World Trade Organization, WTO）的既定政策，簽署政府採購協定（Government Procurement Agreement, GPA），未來我國政府機關的採購制度將有大幅度的變革。為符合GPA條款中「國民待遇」與「不歧視原則」，現行不合時宜的法令必須配合修改。他透露，退輔條例第8條所造成榮工處優先議價的特權規定，將列為優先檢討修訂。

1997年5月14日，廢除退輔條例第8條真正塵埃落定。由經建會提報行政院院會決議通過，再透過立法院修法、總統公布的程序，政府正式取消退輔條例第8條及第10條賦予退輔會所屬榮工處享有以優先議價方式承辦各政府機關工程及產品採購案之權利。包括公營事業在內的各政府機關，自此之後即不必在被迫或自願之情況下，依據此兩項條文的規定違背競爭法則，或逕自以獨家議價的方式洽請公營營造事業機構承辦採購案，而排除其他本國或外國廠商的參與。

薛琦

1995年臺灣為加入關貿總協而檢討採購制度，關貿總協為世界貿易組織的前身

榮工轉型 變身民營公司

　　1997年6月，榮工處脫去「特權」外衣，開始展開民營化的轉型作業，目標是將現有員工人數由10,175人減至2001年度的3,829人。1998年7月1日，榮工處也正式改制為榮民工程股份有限公司。

　　榮民工程公司董事長劉萬寧在訪談時提到榮工處民營化的過程。他指出因應國家政策要求全部轉為民營，榮民公司採內部人員結構重組，精簡人力的方式，裁至2010年為止，剩下700多位員工。公司自1993年開始推動民營化準備工作，直至2009年11月才完成全面民營化，費時十五年才成功。他強調，在退輔條例廢除後，榮工每年所接工程仍達300億元。只是民營化以後，因考量承包國外業務不便、複雜，於是逐漸將國外業務撤回，專心於國內的工程。

劉萬寧（前左三）陪同輔導會副主委吳其樑（前左四）視察工程

民營營造業者經過臺灣光復後四十年的長期抗爭，面對臺灣工礦公司營建部、榮工處、中華工程公司、唐榮公司等勢力龐大的公營營造業，以前仆後繼的精神、艱忍不拔的毅力，屢敗屢戰，跌倒了再站起來，終於為自己爭得了公平經營的一片天。

　　然而，值得玩味的是，政策的轉向，並非來自政府的自省與檢討，而是適逢1990年代，政府試圖參與世界組織的大環境轉變所使然。沛然不可擋的全球化潮流，讓臺灣的民營營造業者的努力終於克竟其功。

榮民工程公司標誌

榮工處的轉型

榮民工程公司

榮工處的發展，在嚴孝章擔任處長時達到最巔峰。之後，歷任榮工處長為：陳豫（1986-1998年）、曾元一（1991-1998年）及沈景鵬（1998年接任），並在1998年7月1日改制為民營公司，歷任董事長為：沈景鵬（1998-2007年）、歐來成（2007-2008年）、劉萬寧（2009年-）。民營化的榮民工程公司採多角化經營，除營造本業外，也將百貨業、租賃業等服務業也列為業務項目。

第六章 ■ 十大建設時期與首次海外發展

第一節 十大建設對營造業發展之助益

蔣經國組閣　推動建設

　　邁入1970年代以後，臺灣面對了一連串的外交失利。就在臺灣的國際處境面臨驚濤駭浪之際，年邁的蔣介石總統也宣告了他的接班計畫，他任命自己的長子蔣經國出任行政院長，企圖力挽狂瀾，就在「莊敬自強、處變不驚」的口號聲中，臺灣進入了「蔣經國時代」。

　　1972年5月29日，蔣經國組閣，他在擔任閣揆的第十天，就宣布了「十項行政革新」，其新人新政整飭政風的態勢，馬上令人刮目相看。

　　1973年11月12日，在國民黨十屆四中全會上，蔣經國正式宣布推動十大建設，並將以五年的時間完成。他特別強調「今天不做，明天就會後悔」。

十大建設時期的蔣經國與孫運璿
（中國國民黨黨史館）

70年代的外交失利

進入1970年代之後，中華民國政府在國際上的地位逐漸被中華人民共和國政府取代，首先是1971年4月美國宣布決定將釣魚臺交給日本。接著，1971年10月25日，聯合國大會通過第2758號決議，正式決定由中華人民共和國取代中華民國，成為在聯合國代表中國的政府，因而各國相繼與中華民國政府斷交，轉與中華人民共和國建交，其中以1972年9月日本宣布與中華人民共和國建交，最讓國人感覺挫折。1978年12月16日，美國總統卡特宣布，美國將與中華人民共和國建交，此舉讓臺灣的外交挫敗達到最高峰。

完工後的南北高速公路（榮工公司）

完工後的西部鐵路電氣化

完工後的北迴鐵路（榮工公司）

十大建設內容及原先進度與規劃

類別	建設名稱	原先進度與規劃
交通建設	南北高速公路	1971年8月即開工，預計工程總經費為193億元，即今中山高速公路
	西部鐵路電氣化	1971年8月獲行政院通過，計畫向國外貸款6,500萬美元（約新臺幣26億元）
	北迴鐵路	1973年7月由行政院核定，預計工程總經費為20.7億元
	臺中港	1971年7月確定財務計畫，工程總經費為83億元，1973年10月開工
	蘇澳港	1970年列入行政院所核定的「海路空十年運輸發展計畫」
	中正國際機場	1970年列入行政院所核定的「海路空十年運輸發展計畫」，即今桃園國際機場
重化工業	一貫作業煉鋼廠	1971年11月成立中國鋼鐵股份有限公司，即今中國鋼鐵廠
	石油化學工業	1973年6月開始廠址土地徵收，即今仁大石化工業區、林園石化工業區
	大造船廠	1972年4月，高雄造船廠籌備處成立，即今中國造船廠
發電工程	核能發電廠	1970年9月台電公司宣布「電源開發十年計畫」，計畫中包括建置核能發電機3部，1970年11月核一廠於臺北縣的石門動工

施工中的臺中港（榮工公司）

完工後的蘇澳港（榮工公司）

施工中的中正國際機場塔臺（桃園國際機場）

石油化學工業高屏溪口挖泥作業（榮工公司）

完工後的一貫作業煉鋼廠（榮工公司）

完工後的大造船廠（榮工公司）

施工中的核能發電廠（榮工公司）

李國鼎晉見沙烏地阿拉伯費瑟國王

李國鼎（中）會晤沙烏地阿拉伯石
油部長雅曼尼（右三）

臺沙簽署高速公路貸款合約典禮

建設經費 李國鼎籌措

事實上，十大建設中除了核能電廠外，其餘每項在提出當時均已完成規劃或甚至已經動工。其中有財源的部分先發包興建，部分則正在籌措經費，但仍有一些還停留在紙上談兵的階段。結果，蔣經國將這些整合包裝，端上檯面，並且設定完成期限，充分顯示出其雄心壯志。

不過，蔣經國在宣布十大建設計畫之前，未經內閣充分討論，雖然以「公共建設」之名，立意良善，然而，財源籌措卻是最大的難題。自國民政府遷臺以來，財政問題始終是大窟窿，1950年國防支出預算佔中央政府總預算的90.0%，1960年降到74.7%，到了1970年還有60.1%。國庫支出浩大，財政赤字始終存在。1969年，李國鼎由經濟部長轉任財政部長，在他的努力之下，1971年才達成政府預算的收支平衡。

十大建設啟動之際，遭遇全球石油危機，情勢特別嚴峻。大型工程背後的財務支援變得相當棘手，於是尋找財源的重責大任就由李國鼎一肩扛下。十大建設合計總經費高達63億美元（2,520億新臺幣），估計當時國內的儲蓄只可負擔其中的60%，其餘款項無法在國內調度，只能向國際友邦借貸。

1974年，李國鼎前往沙烏地阿拉伯訪問，商請借

李國鼎

1910-2001年，祖籍江西省婺源縣，出生於南京市，畢業於國立中央大學物理系，1934年赴英國劍橋大學物理系獲得碩士學位。他於1948年來臺，曾任臺灣造船公司總經理、美援會秘書長。1965年進入內閣，先後出任經濟部長、財政部長。1973年，政府推動十大建設計畫，由他負責財源籌措。當時正逢石油危機，他以壓制通貨膨脹為最高原則，部分編列預算、部分發行政府公債、部分由公營事業自行籌措的方式，全力支應，在1975年到1978年間，每年的躉售物價最高僅上漲3.5%。事後結算，十大建設受到通貨膨脹影響，實際支出超過100億美元（4,000億新臺幣）。

十項建設完成後發行的郵票（中華郵政）

為感謝沙烏地阿拉伯義助十大建設，高速公路將最長的橋樑命名為中沙大橋

貸十大建設所需的部分資金，他獲得沙國費瑟國王（King Faisal）召見，並由石油部長雅曼尼（Bin Hashim Yamani）親自接待，沙國首宗無息國際貸款3,000萬美元（12億新臺幣）到手，這筆款項後來成為高速公路中沙大橋的工程經費。沙國的高官表示，按照《可蘭經》教義，朋友之間借貸不能收利息。後來，對於臺灣許多建設，包括1977年的鐵路電氣化計畫、1978年的電信發展計畫、1980年的電力輸配電計畫、1984年的臺北市地下鐵計畫，沙國也都慷慨釋出貸款。

德基水庫於1974年完工

　　在蔣經國宣布十大建設同步推動之後，對臺灣的營造產業確實有很大的助益。由於這些都是大規模的公共工程，使得營造業可以預見業務前景，並可盡早進行人力資源、材料供應和機具採購的規劃和管理。

日商重返臺灣 開啟契機

　　然而，就在十大建設的籌劃階段，許多問題也相繼出現，尤其是機具不足、技術不精、工法不佳等窘境層出不窮。正當臺灣營造業者苦於難以施展之際，正好為日本營造業重返臺灣市場開啟了一扇大門。

　　1965年美援終止，然而隨著臺灣經濟轉趨穩定，已能透過貸款的方式推動建設。1969年開工興建的德基水庫，即獲得世界銀行（World Bank）的貸款資助，發包採行國際標，由日本熊谷組與義大利土努諾公司（Torno）以共同投標的方式承包，這是臺灣最早引進聯合承攬制度（Joint Venture，簡稱JV）的公共工程。

熊谷組是日本大型營造廠商中，最早看好臺灣市場的公司，在德基水庫工程完成後，1974年即在臺灣先後成立「華熊營造」與「台熊開發」等公司。

　　在參與臺灣營造市場的外國營造廠商中，日商著力最深，這與日本國內的建設工程轉趨飽和有關。日本自1964年舉辦東京奧運會以後，即透過大舉發行公債的方式進行現代化建設，這種大張旗鼓的興工模式，使日本於1970年大阪萬國博覽會舉行時已完成基礎建設，而由於國內的公共建設轉趨飽和，於是日商便將先進的營造技術輸出海外。

爭取商機 日本業者積極

　　就在日本政府積極以稅賦減免以及融資等方式支援營建產業跨足海外市場時，適逢臺灣推動十大建設，並面臨技術欠缺與資金短缺的困境，臺日雙方不受斷交的影響，此時日本營造業的海

世界銀行（World Bank）

世界銀行標誌　　　　　　世界銀行總部在美國華府

世界銀行總部設在美國首都華盛頓，包括5個成員組織，即國際復興開發銀行（IBRD）、國際開發協會（IDA）、國際金融公司（IFC）、多邊投資擔保機構（MIGA）和解決投資爭端國際中心（ICSID）。其成立的宗旨是為幫助在第二次世界大戰中被破壞的國家的重建。如今，它的使命是幫助發展中國家消除貧困、促進經濟發展。至2010年，世界銀行擁有187個會員國。

聯合承攬（Joint Venture）

依民法第490條第1項規定「承攬」的定義為：「謂當事人約定，一方為他方完成一定之工作，他方俟工作完成，給付報酬之契約。」而條文中所謂的「約定」係指雙方基於當事人平等之地位，就契約之主要工作內容協調出共識，並作為契約執行、驗收及給付的依據，而簽立的契約而言。依此，發展出「聯合承攬」，其定義為：「由兩個以上的營造業者簽訂協議，組成聯營組織，採內部分工或共同經營的方式，向業主承攬某一特定工程，由各成員間約定分攤損益，並就該工程對業主負共同及連帶責任。」

外輸出雖採低價投標模式，承攬金額低於其他競爭的外國營造廠商，然而日本營造廠商的經營模式帶動機具和建材的同步輸出，仍然有利可圖，因此對於臺灣十大建設之參與最為積極。

日本透過貸款進行營造產業輸出的案例，可從臺灣的高速公路興建案中一窺端倪。由於高速公路第一期工程的資金主要是來自1970年向亞洲開發銀行（Asian Development Bank，簡稱ADB）申貸的1,800萬美元（約7.2億新臺幣），因此高速公路工程局即規定，第一期工程必須引進有貸款能力的國內外營造廠商負責興建，而且如果外國營造廠商具有投標資格，其母國必須已在亞洲開發銀行認股。

這種利用國際金融機構貸款來興建工程，實有一舉兩得的功效，可以防止款項被濫用，並可壓低底價。不過，就在高速公路工程局進行發包階段時，本國除少數具有貸款能力的營造廠商符合投標資格外，其他外國營造廠商則發現利潤不如預期就紛紛打退堂鼓。於是，在高速公路第一期工程的第一階段中，除國內的榮工處、中華工程公司、泛亞工程公司之外，海外參與投標的營造廠商除了一家韓商以外，其餘皆來自日本。

同樣的狀況也出現在北迴鐵路工程，承建的榮工處與業主臺灣鐵路管理局必須共同負責對外籌措工程款項，榮工處出面向美國花旗銀行取得貸款，主要用於機具的訂製，也因為榮工處有貸款的能力，進而取得北迴鐵路工程的議價權，排擠了民營營造廠參與的權益。

亞洲開發銀行

亞洲開發銀行是亞洲、太平洋地區的區域性政府之間國際金融機構，成立於1966年。總部設在菲律賓首都馬尼拉。但主要資金來源是日本，歷屆總裁也都是日本人。中國大陸於1986年3月加入該組織後，創始會員國之一的臺灣被改名為「中國臺北」，臺灣除了向亞銀提出「嚴正抗議」外，並拒絕出席1986年及1987年兩屆年會以示不滿。

亞洲開發銀行標誌

北迴鐵路引道「大約翰」

北迴鐵路 大約翰鎩羽

北迴鐵路的關鍵工程在於隧道。戰後臺灣興建的隧道工程多數集中在水力發電系統，作為灌溉管道，這種隧道所需的斷面面積較小，加上當時重機具尚未普遍，因此大多以人工開挖或以鋼杆鑿洞開炸為主，工法原始而且技術層次較低。

到了十大建設期間，隧道工程以貫通交通路線為主，所需的斷面面積較大，加上工地偏僻，人力補給不易，於是對於機具的需求提高。負責北迴鐵路工程的榮工處因此決定向美國和瑞典分別採購兩部長臂型切石機（Boom Cutting Machine，俗稱大約翰）和輪型鑽堡。

然而，原來的規劃後來卻全都走樣。首先，因為遇到石油危機，製造廠商無法如期交貨，兩部「大約翰」延遲至1975年9月才運到臺灣；然後，在美國的機具零件係由多家工廠分工製造，未曾組裝和試車，於是在臺灣的組裝過程中，發現這些零件難以組合，如果要向美國重新訂製，勢將嚴重延宕工程的推動，於是

輪型鑽堡（中華工程公司）

委請唐榮鐵工廠配置各項零件。終於，這兩部大約翰機具完成組裝，1976年初開始作業。

施工之後，又出現新問題，因為隧道地質並未經完整探勘，再加上工作人員操作不熟練，機具經常出現故障。工程進展不順的消息傳出後，引發政壇議論，認為有權貴介入，造成榮工處在地質探測不完全的情況下即採用不適宜的機具施工。

大約翰機具的齒型刀分散，難以應付堅硬地質，加上缺乏擋板，導致在進入碎石帶地層後極易被碎石卡住，動彈不得而故障，工程進度因此嚴重落後。在施作當中，其中一部大約翰機具甚至被埋沒在山石中，最後承包的榮工處決定變更工法。

北迴鐵路工程之所以引發政治非議，在

北迴鐵路施工情形

於發包程序未完成下即先動工。榮工處以北迴鐵路的隧道工程因地質複雜難以預估工程費為理由，擔憂將影響其預算編列，所以由臺灣省政府先行支付預付款讓榮工處採購機具，榮工處在施工一段時日後才與省政府議價及簽約。這種工程發包和款項交付的模式明顯牴觸審計法的規定。為了平息來自臺灣省議會不斷的質疑聲浪，因此省政府在1977年12月決定，由榮工處全額負擔大約翰機具停工後的損失。

挖掘隧道 引進日本技術

後來，進行設計變更，修訂路線往內移150公尺，於是原來規劃的隧道數目減少，然而隧道的長度卻增加。至此工程進度已經延宕許多，然政府卻未延長完工期限，於是榮工處轉而尋求在日本已有工程實績的門型鑽堡。日本營造廠商曾於挖掘北海道至本州間的海底隧道時，實際操作過門型鑽堡，因此接續的工程除由臺灣省交通處出面向台電商借兩部曾用於德基水庫興建時的鑽堡鑿岩機外，並向日本採購門型鑽堡，由南北方向分別施工。

施作機具變更的問題雖獲得解決，然而卻缺乏有經驗的機具操作人員及施工人員，為使工程如期完工，北迴鐵路最長的兩個隧道，觀音隧道（7,757公尺）和南澳隧道（5,286公尺），即由榮工處分別洽請在日本已累積相當操作經驗的鹿島建設和熊谷組，採取技術合作協建的方式辦理。

而永春隧道（4,002公尺）南段因為通過溪底，屬於沖積層而且富涵流水，該段地質為鬆軟的卵石及土石構成，欠缺凝固力，開挖時極易導致大範圍的崩塌而引發湧水，加上雨季帶來的滲透水，在隧道開挖時最高的出水量達每分鐘150公噸，屬於艱

鑽堡

輪型鑽堡（中華工程公司）

鑽堡主要可分為數種。門型鑽堡：以鋼構門型架搭載鑽機而成，並布設軌道及移型馬達以將門型架移位，多用於較大斷面之隧道；履帶式鑽堡：利用軌道臺車搭載鑽機而成，多具自走功能以機動地於隧道開挖面及其後方移行；輪型鑽堡：採用輪胎式車架搭載，具有極高之機動性；車載式鑽堡：將鑽機直接放置於車輛上使用。鑽堡並可搭載於鑿岩機進行鑽孔、裝藥、打錨杆等作業。

北迴鐵路紀念碑

巨工程，所以榮工處也與日本的鹿島建設採取技術合作的方式辦理，而永春隧道也是北迴鐵路隧道工程中工期最長者。

北迴鐵路是榮工處在十大建設所承攬的項目中，犧牲人數最多的一項工程，參與的日本鹿島建設和熊谷組也有人員在此項工程中喪生，而且北迴鐵路也是十大建設中最晚完工的建設，遲至1979年12月底才完成試車，並於翌年2月正式通車。為感念這些殉職的工程人員，工程處特別以大理石建立一座紀念碑，以感念他們的犧牲奉獻。

艱巨工程 臺日攜手克服

掌握艱巨工程中的關鍵技術是日本營造廠商得以開拓臺灣營造市場的重要武器。以臺鐵的鐵路電氣化工程為例，最艱巨之處在於隧道有最小淨空的要求，所以採行新建隧道、隧道拱頂擴大、軌面降低、連同拱頂鑿除等四種方式，用來進行隧道淨空改善工程。

其中工程難度較高的就屬南港隧道，這是日治時期所興建的第一座鐵路隧道，建於1896年，立面採用石砌，中央圓拱部分則採用紅磚砌。在鐵路電氣化工程中，仍沿用這座老山洞，因為隧道西側緊鄰北基新路（後來改稱麥克阿瑟公路），北基新路的開

型鋼防護棚工法

防護棚架由基礎、立柱、橫樑、縱向連接系、鋪板及防電板所組成。基礎為混凝土，其上為型鋼立柱，以預埋錨栓連接，橫樑也採用型鋼，與立柱之間以高強螺栓剛性連接。為確保鋼架穩定性，立柱間並設置縱向連接系，縱向連接系由水平連接桿及剪刀撐所構成。鋪板為塊狀，各板塊以高強螺栓連接，防電板設於橫樑與鋪板底部以螺栓連接。

挖使得南港隧道西側的覆土變得更薄，如果另建隧道不僅經費暴增，且整個鐵路電氣化工程將因此延宕，因此僅能在既有山洞採取隧道拱頂法施工。同時，施工期間還必須維持行車，工法限定只能以型鋼防護棚覆蓋施工部分的路線，在開挖既有隧道襯砌及內部岩層後，再以混凝土灌注於開挖部位予以淨空。

南港隧道

當時臺灣擁有這項工法技術的營造廠商僅華熊營造公司及利德工程公司，他們都仰賴日本的技術支援，華熊的母公司是熊谷組，利德則與日本的大成建設合作。於是經由比價的方式，由出價較低的華熊營造公司得標。

看好當時臺灣方興未艾的各項公共工程和民間建設，加上日商來臺灣設廠投資，廠房興建商機無限，因此日本營造廠商紛紛來臺設立公司。除了打頭陣的華熊營造公司之外，鹿島建設在1983年設立中鹿營造公司、清水建設在1987年設立華清營造公司、大成建設在1988年設立華大成營造公司、世界開發株式會社在1987年設立臺灣世界營造公司。

以十大建設為契機，日本大型營造廠陸續來臺發展，帶動臺灣營造業的設備更新、技術革新、觀念創新，對於日後的產業發展有莫大的助益。

日商參與十大建設狀況

建設名稱	工程名稱	得標廠商	說　明
南北高速公路	大業隧道	戶田建設	引進國內當時首見的懸臂式削岩機（Road Header），迥異於先前臺灣面對岩石隧道多採用的鑽炸工法。
	中沙大橋	間組公司	全長2,345公尺，為當時臺灣最長的橋樑，以最低標承包。
	大直高架橋	川田工業	擁有預力鋼樑專利技術，係南北高速公路工程中唯一與非公營營造廠之廠商議價的路段。
大造船廠	乾船塢工程	鹿島建設	與榮工處合作得標，鑑於業主係十大建設中唯一非完全政府持股，具有限時完工之時間壓力，因此該工程為臺灣最早採行統包制者，也是十大建設中唯一如期完工且決算金額低於預算的工程。
一貫作業大煉鋼廠	機械設備	山九會社	
	土木工程	鹿島建設	聯合榮工處承包。
北迴鐵路	觀音隧道	鹿島建設	與榮工處技術合作，操作門型鑽堡。
	南澳隧道	熊谷組	與榮工處技術合作，操作門型鑽堡。
	永春隧道	鹿島建設	與榮工處技術合作。
西線鐵路電氣化	南港隧道	華熊營造廠	限定工法為型鋼防護棚覆蓋施工方式。

第二節 公營營造業在十大建設之角色

蔣經國巡視高速公路工地

工程發包爭議 光怪陸離

　　十大建設在名義上雖由榮工處、中華工程公司及唐榮公司等三大公營營造業主導，其中榮工處更號稱承包其中八項的全部和部分工程，然而實際上整個招標和承包過程卻充滿爭議性。三大公營營造廠並未完全透過議價方式獨攬全部的公共工程，而是採用部分議價、部分公開招標的方式。

　　以南北高速公路為例，全部工程共分為八十五個標，其中最早施工的三重一中壢路段共十標，因為受限於當時向亞洲開發銀行貸款而必須採行國際標外，其餘的七十五標因均由國內資金支應，因此採行國內標。在開國際標的第一期五個標部分，由於嚴格規定投標營造廠商的資本額必須達工程費用的四分之一以上，因此國內當時符合規定的營造廠就僅榮工處、中華工程公司及榮

高速公路三重一中壢路段於1977年完工

工處轉投資的泛亞工程公司等三家，於是，除了外
商，其他的民營營造廠商都被剔除投標資格。

　　由於第一期前五標的規範過於嚴苛，引發民營營
造廠商的反彈，認為這些國際標工程雖為外國營造廠
商得標承攬，然而許多工程仍然轉包給國內營造廠商
接辦。這不僅讓臺灣平白損失外匯，也讓本土的營造
廠商失去累積工程實績的機會。經過營造公會一再請
願後，其他標段才放寬投標資格，並將原訂資本額佔工程費用四
分之一的規定降低為八分之一。

施工中的高速公路圓山橋工程（中
央社）

　　此外，雖然當時部分甲級營造廠商的實收營業額相當高，但
是基於稅賦考量，其資本額登記卻未調升，反而限制了營造廠商
的投標資格。為了避免營造廠商因稅賦考量讓投標資格受到限
制，於是高速公路工程局另外准許可以有兩家以上的營造廠商採
取聯營方式合計其資本額，以符合投標門檻。如此不僅可將剩餘
路段的工程發包出去，還能夠達成培植國內營建廠商的目標。而
其他部分施工較為艱巨的橋樑和隧道工程，也以公開招標的方
式，交由民營營造廠商和外國營造廠商承攬。

巨資採購機具 效益不彰

　　對於透過公開招標程序承攬公共工程的民營營造廠商而言，
除了工程承攬機會不易取得之外，更大的損失來自機具的閒置。
由於業務的來源不穩定，因此民營營造廠商對於機具的採購難免
有所遲疑，擔心因為個別工程採購機具，卻因後續業務不穩定而
派不上用場，最終必須認列損失。

　　以南北高速公路圓山橋工程為例，政府當時決定採國內標而
捨棄第一期工程全部開國際標的立場，並自該期工程以後由政府
運用外匯，貸款給國內營造廠商添購機具。其貸款條件中規定，
營造廠商必須自籌25%的資金，剩餘部分則由政府貸款並由營造
廠商分五年償還，本項工程由大陸工程公司得標。

　　大陸工程公司得標後除了先派遣工程師到日本學習最新的橋
樑施工法外，還不惜巨資採購一套建懸臂式橋樑的機具。圓山橋
的平均橋寬和單一橋面最大跨距，均創下當時同類型橋樑在亞洲

建成後的臺中港（榮工公司）

的紀錄。然而對承攬到工程的大陸工程公司而言，其鉅資採購的機具卻因後續類似工法之工程，例如新生北路高架道路松江橋，係以議價方式交由公營營造廠承攬，於是欠缺施展機會，最後被迫以幾近廢鐵的價格將機具轉售。

另一方面，高速公路路基路段以及大部分的收費站和休息站，在發包時也引發爭議。這些工程主要都以議價方式交由榮工處和中華工程公司承包，部分路基工程則由國軍透過議價方式承包。由於當時的物價波動嚴重，政府決定自第二期工程以後統籌建材供應，唐榮鐵工廠就在此情況下與高工局簽定長期供應合約，由其代購廢鋼加工以折換鋼筋。

同時，政府以當時物價巨幅波動和人力調度導致工程進度落後為理由，指示公營營造廠自第三期的楊梅至鳳山段工程，承包量以不低於總工程量的75%為原則。在該「趕工」政策指示下，公營營造廠大肆擴張其議價承攬範圍，民營營造廠商因此失去承攬公共工程而茁壯之機會。

工程議價 弊端層出不窮

同一時期，其他的建設中也出現許多爭議。以臺中港第一期建設為例，凡公營營造廠議價承攬的工程，結算金額均高於最初所編列的預算，反而是公開招標方式辦理的部分，決算金額較預算金額為少，和公開招標相比，議價反而無法撙節經費，而且可能還要追加預算。事實上，由於當時的原物料價格受到石油危機

圓山橋工程

由林同炎國際工程顧問公司設計及監造，採用預鑄預力混凝土樑、場鑄預力混凝土及箱涵結構，係長1,452公尺、寬35公尺的預力混凝土懸臂橋，主跨距為150公尺，南北端引橋長度各為525公尺及256公尺。圓山橋在1977年建成後，成為世界單一跨度最大的懸臂式預力混凝土結構大橋，也是大陸工程公司自創工法、技術突破的結晶。當時負責工程的王文吉（曾任大陸工程公司董事長）回憶，由於在太陽底下不能打混凝土，必須在太陽出來之前施工完成，因此很長一段時間，他都在半夜三點起床趕到工地監工。

的影響，民營營造業者對於物價的波動比公營營造業者更為敏感，更懂得節省工程經費。

臺灣省議會決議除重大主體工程外，其他工程一律採公開招標

因此在第二期建設工程發包前，臺灣省議會即以附帶決議的方式，要求除了重大主體工程外，其他工程一律採公開招標。然而，實際上業主仍然與公營營造業者議價，甚至議價作業竟在施工後才進行，導致工程發包單位欠缺契約可以約束承包的公營營造業，於是在工程估驗及完工驗收時都難免產生爭執。

另外惹人非議的是，由於當時十大建設幾乎同時動工，因此在議價後負責承包的公營營造業者在人力調度上難免捉襟見肘，於是工程轉包的傳聞不斷，這與1973年制定的「營造業管理規則」中第22條所規定「營造業所承攬之工程，其主要部分應自行負責施工，不得轉包」有所牴觸。

這些議價體制所衍生的弊端，包括議價價格較公開招標的價格高而造成公帑浪費、高價格的工程卻無法轉換為營造產業的盈餘以至於政府的財稅短收，以及議價後的轉包得以迴避審計而叢生舞弊等，造成民營營造業者詬病不斷。

1979年11月，大陸工程公司董事長殷之浩即曾投書媒體表示，議價所得之承包價約較公開招標者高出三成，僅1976年至1978年的三年間，國庫因此增加的工程支出達100億元以上。另外，由於民營營造業者始終處於劣勢，無法提升市場競爭力，政府因此在營造產業的稅收減少達20億元以上。

詭異的是，在多數民營營造廠商批判公營營造廠優先議價體制的同時，卻也有不少民營營造廠商保持緘默。這是因為經由議價制度獲得的工程價金，往往高過於公開招標的結果，於是公營營造廠在扣除其自身的利潤後即進行轉包，而民營營造廠商仍有機會在轉包中獲取較公開招標更高的工程承包價格。

當時還有一種現象是，民營營造廠商假借公營營造廠之名逕自與公務機關議價，價格議定後再由公營營造廠出面與業主簽署合約，而後由原來的民營營造廠商取得利潤甚高的轉包工程。在這種體制下，民營營造廠商確實有其苦衷，民營營造廠商受限於固定資本結構，無預算採購施工機具設備，反而是公營營造廠商

審計部明令在工程合約中加註禁止轉包

可以不斷地採購機具。於是有許多公共工程，雖然承包廠商是公營營造業者，然而公營營造廠僅提供機具，由民營營造廠商的人員操作。

工程轉包 檯面下作業

當然這種操作手法最終仍不免影響到這些民營營造業者的實績紀錄，由於「營造業管理規則」明訂主體工程不得轉包，即使民營營造業者透過擔任公營營造業者的下包，實際施作這些主體工程，卻仍不得作為申請升等業績，從而也影響到民營營造業者的權益。

公營營造業在當時透過議價取得工程後，轉包民營營造業以賺取利潤，以及仲介廠商使用從中間接牟利的手法，所衍生的工程品質不佳、預算追加和工期延宕等問題，在十大建設進行期間，已為政府所知悉。

針對此現象，1978年3月審計部答覆監察委員的年度檢討報告時指出，將洽請主管機關注意，在工程合約中明訂禁止轉包，並且對欠缺法源依據可以議價的中華工程公司和唐榮鐵工廠，從嚴審核。同年6月及9月，臺灣省政府以及臺灣省議會先後在公告注意事項及附帶決議中，要求各項工程招標時，應於投標須知或工程合同中註明禁止轉包，並且應盡量公開招標，非依法不得議價。

分包與轉包

分包是指工程總承包業者將所承包的工程之一部分依法發包給具有相應資格的承包業者，並與發包給予的第三人就其工作成果向發包業主承擔連帶責任。轉包，是指承包者將承包的工程全部轉包給其他的施工業者。兩者的共同點是，獲分包和轉包的業者都不直接與業主簽訂承包契約，而是與總承包業者簽訂承包契約。其不同點在於，分包工程的總承包業者參與施工並自行完成建設項目的一部分，而轉包工程的總承包業者不參與施工。只要獲得發包業主的同意，分包是合法的行為，惟主體工程不可分包出去。

公營獨佔工程 收益傲人

　　不過，由於議價制度的存在，十大建設對於三大公營營造廠
的助益是相當顯著的。根據中華徵信所自1971年開始的企業調
查，除唐榮鐵工廠早於1971年即躋身公營事業營收淨額的前十名
外，中華工程公司和榮工處分別於1976年和1981年進入前十大
公營事業的營收淨額排名中，其中以榮工處於1981、1982年均
位居第五，為公營營造廠歷年最高的名次，從1983年起至1995
年，除了1989年外，榮工處均排名第七。

　　與當時的民營營造業者比較，更顯示公營營造業者從公共工
程方面收益頗豐。以國營事業中最早民營化的中華工程公司為
例，在1994年民營化後，當年的排名立即成為民營營造業者中的
榜首，並且其營收淨額幾為居次的互助營造3倍。

　　此外，三家公營營造業者都曾先後躋身《財星雜誌》（*For-
tune*）的500大企業；其中以榮工處的表現最為突出，自1981年
至1992年連續十二年都在榜內，最高排名為1991年的318名；唐
榮公司則自1989年至1993年連續五年入榜，最高排名為1992年
的425名；中華工程公司則自1991年至1993年連續三年上榜，最
高排名為1993年的447名。而民營業者則無一上榜。

　　十大建設對於三大公營營造業者的助益，除了直接反映在營
收淨額之外，還有透過不斷承攬工程而累積了技術、資金、工地
管理以及會計控管的能力。此外，由於營造業的地域屬性非常明
顯，透過工程經驗的累積而掌握建材以及分包商，就是未來獲取
更高額利潤的保證。因此，這些有形的營收與無形經驗累積，就
是三大公營營造業者在十大建設時期最大的收穫。

《財星雜誌》500大排行榜

中華徵信所企業股份有限公司

成立於1966年，由有「徵信之父」稱號的張祕所創立。該公司主要提供顧
問服務，營業項目包括：工商徵信、市場調查、不動產估價、無形資產鑑
價、商務仲裁等。早期以工商徵信為主要服務內容，隨著臺灣經濟環境之改
變，逐步增加有關於市場研究、出版品、估價等多元化的工商服務。1967
年，成立市場調查部門，提供有關於市場及產業資訊的服務。1971年，出
版企業排名資料，由原來只有100大排名逐步到現在的5000大排名。

臺灣鐵路幹線電氣化工程全線通車

北迴鐵路竣工通車（中央社）

興建中的中正國際機場

公營營造業參與十大建設情況

建設名稱	主要承包商	說　明
南北高速公路	榮工處 中華工程公司	1973年動工，全長373公里，榮工處承包170公里，中華工程公司承包203公里，1978年8月完工。
西部鐵路電氣化	僅少數隧道由營造廠商承攬，其餘為臺鐵雇工自辦	1973年動工，鐵路全長400公里，共架設1,153公里架空電纜，1979年6月完工。
北迴鐵路	榮工處	1973年動工，全長88公里，隧道16座，橋樑22座，1980年2月開放通車。
臺中港	榮工處	1973年動工，第一期工程面積3,900公頃人工港，6,000公尺堤防，7座碼頭，1976年10月開港。
蘇澳港	榮工處	1974年動工，工程面積40公頃新生地，1,821公尺堤防，9座碼頭，1978年6月完工。
中正國際機場	中華工程公司	1974年動工，包括機場聯絡道（機場聯外道路工程為新亞建設承包）、機場跑滑道、停機坪等工程，1978年12月完工。
一貫作業煉鋼廠	榮工處	1974年動工，包括製鐵廠、煉鋼廠、軋鋼廠、公共設施等工程，1977年11月完工。
石油化學工業	榮工處	1973年動工，林園石油化學工業區270公頃，大社石油化學工業區270公頃，1975年12月完工。
大造船廠	榮工處	1974年動工，全球第二大乾船塢長950公尺，寬92公尺，深14公尺，1976年6月完工。
核能發電廠	榮工處 中華工程公司 唐榮鐵工廠	核一廠於1970年動工，裝置2部核能發電機，各可發電63.6萬瓩，1977年5月完工，1979年7月商業運轉。

一貫作業煉鋼廠展開運作

興建中的造船廠船塢工程

施工中的核一廠

第三節 臺灣營造業首次往海外 發展之背景與結果

中華工程 率先進軍海外

　　原本最有機會在海外進行工程輸出的是臺灣工礦公司，但因為土地改革，進行民營化而延擱該項計畫。1954年，臺灣與美國簽署「中美共同防禦條約」，美軍來臺協建臺中公館機場（今臺中清泉崗機場），中華機械工程公司（中華工程公司的前身）獲邀參與機庫、房屋等工程。鑑於當時臺灣欠缺大型公共建設計畫，從事營建的勞務過剩，加上為賺取稀有及缺乏的外匯，於是中華機械工程公司憑藉其在當時擁有遠東地區除日本外唯一具備煉製長度逾30公尺的預力混凝土基樁之技術，在1960年應美軍邀請參與其琉球空軍基地的投標。

　　中華機械工程公司於1961年在與當時臺灣仍維持邦交關係的泰國首都曼谷完成登記，以勞務輸出的形式參與當地的公路工程投標，成為臺灣營造業在海外設立分公司之濫觴。承攬該工程期間，並引薦泛亞工程公司（榮工處與退輔會共同投資）進入泰國市場。

　　1965年，美國參與越戰，並尋求盟邦以各種方式投入。榮工處在1966年首次跨海進入越南承攬港灣濬渫工程，榮工處隨後分別在西貢和曼谷成立辦事處。

　　在國民政府尚未搬遷至臺灣前，由於當時民營營造廠商的技術在戰後殘破的東亞僅次於日本，於是陸根記以及孫福記等營造廠，於第二次世界大戰結束後未久，即前往泰國曼谷承攬機場興建工程。然而，臺灣戰後多數公共工程交由公營營造廠議價承攬，民營營造廠技術未獲提升，遲至1972年才有裕慶鴻記營造廠跨出國際，當時因1967年關島遭遇颱風毀損，房屋重建工程缺工，因而首度進行本土的民營營造廠海外輸出。

榮工挖泥船在越南政府軍荷槍戒備下進行湄公河三角洲挖泥工程（榮工公司）

日本大阪萬國博覽會的中華民國館

榮工處在泰國鋪路（榮工公司）

承接海外業務 比重可觀

在十大建設之前，臺灣營造業的海外輸出內容以勞務輸出為主，也就是由臺灣派出技術人力，並且出口輕型的機具，承攬海外工程，足跡橫跨泰國、越南、印尼和馬來西亞等接受世界銀行貸款的東南亞國家。此時期的海外發展，主要以公營營造業為主，由於他們尚須肩負國家的外交政策，業務極易因國際政治局勢轉變而停頓。例如中華工程公司在泰國的業務即因斷交而告終，榮工處在越南的發展也因為美軍敗戰而撤離。

此外，公營營造業也曾進入其他經濟較為先進的國家。例如中華工程公司承攬1970年日本大阪萬國博覽會的中華民國館工程，他們與榮工處也曾先後承接美軍在琉球、關島基地的宿舍等工程。這些在先進國家的海外輸出，也因不同的原因而告終，例如日本承認中華人民共和國，而在關島部分，則因為美國加強保護當地勞工就業機會的政策改變而暫時結束。

開拓業績也是公營營造業向海外發展的主要原因。早在十大建設開展之前，由於臺灣欠缺大規模的基礎建設，業務承攬不易，中華機械工程公司甚至在1956年首度出現虧損。因此，當時的公營營造廠努力開發國外的工程業務，並且效益驚人，榮工處在1973年的海外工程承接金額比重及1972年的海外工程完成金

額比重，均創下日後難以超越的新高紀錄。而中華工程公司的海外營業收入，則是在1974年達到歷史高峰，佔其總收入達34%。

雖然公營營造業在此階段的海外業務所佔比重相當高，然而簽約時係以外幣計價，加上工期較長，一旦匯率有所變動，極易產生差額。而公營營造業因欠缺周轉資金，往往透過向銀行舉債進行海外輸出，匯差問題經常成為財務的致命傷。迄今，匯差仍為營造業者對海外輸出裹足不前的原因之一。

榮工處承包關島美軍眷舍（榮工公司）

另外，當時海外的工程契約幾乎都偏袒業主一方。公營營造業與海外業主洽談工程時並未積極爭取保障自身權益，只是盲目地關注業務的擴張。所以，當時的公營營造業的許多海外輸出，不僅難以達成法定盈餘，甚至還出現決算虧損。尤其依賴國際金融機構貸款所興築的工程，原本底價即較低，公營營造業卻還以低於成本的價格搶標，而讓虧損問題日益惡化。

開發中東 鞏固外交邦誼

1973年10月，第四次中東戰爭爆發，石油輸出國組織（OPEC）為了打擊那些支持以色列的國家，宣布石油禁運，造成油價飆漲。原油價格從1973年的每桶不到3美元漲到超過13美元。這些中東地區的產油國因為累積非常可觀的外匯，就將這些外匯用來改善國內的社會福利制度，並大量興建基礎設施。

榮工處和中華工程公司就是在這樣的機緣下進軍中東市場，中華工程公司為了開拓中東市場，還在1977年和1978年連續兩年進行增資，使其總資本由原本的新臺幣3.5億元一口氣增加到15億元，目的是滿足外國業主設定的投標限制。在此階段，除了提供技術和工法外，更重要的是透過公營營造業的海外拓展而大量輸出臺灣的勞工，這些遠渡重洋的勞工們不僅限於公營營造業的技術和一般工人，還包括民間的專業技師。

1973年能源危機重創進出口貿易

當時臺灣與中東的部分國家仍有邦交關係，進軍中東市場有著鞏固邦誼的作用。1977年，行政院長蔣經國提出十一項經濟指示，其中之一即是「擴大承包海外工程」，1977年8月，政府成立中東貿易小組，這是第一個專責營造產業輸出的機構。

在政策指示下，唐榮公司也配合海外業務拓展，在1979年赴沙烏地阿拉伯進行勞務輸出，並在同年成立唐榮國際有限公司，專門拓展海外業務，係三大公營營造業最晚在海外設立分公司者。然而，唐榮公司的首度海外輸出即出現弊端。唐榮公司在1979年承攬沙烏地阿拉伯的王子官邸工程，再轉包給臺灣的民營營造廠商，唐榮公司卻替其支付採購費用，加上唐榮公司的公關費用一再超支、海外工程款收取後並未匯回國內等連串問題浮現，引起譁然。經監察院在1983年認定圖利而提出彈劾案，經此事件，唐榮公司承攬海外工程轉趨沉寂。

輸出發酵 民營踴躍參與

這股「中東熱」也吸引民營營造業及營建管理業踴躍參與，包括當時規模較大的大陸工程公司以及新亞建設等都在此時拓展海外市場。新亞建設董事長鄒祖焜係中華機械工程公司首度海外輸出時的工程處主任，因此最早即將焦點置於海外市場的拓展，在1977年於沙烏地阿拉伯設立分公司，成為國內民營營造業在海外設立分公司之濫觴。其他較小的民營營造業在此時也都有海外拓展經驗，不過以承包公營營造業或較大民營營造業的轉包工程居多，其餘則是因為代理商的仲介而前往海外透過議價承攬工程。

工程人員在沙烏地阿拉伯酷暑下工作（榮工公司）

臺灣工程人員在沙國

1970及1980年代，臺灣與沙烏地阿拉伯的關係密切，當時臺灣受聘到沙國政府工作的人員有交通、農技、電力、電信、水利、醫療等團隊，而榮工處、中華工程公司及中興顧問公司的技術人員也不少。當時沙國有600多萬的外籍勞工，工程所雇用的勞工多來自泰國、印尼、菲律賓及越南等國，榮工處在沙國承包的工程大部分雇用泰國勞工協助，工程以高速公路、港灣等基礎建設為主，工地多為沙漠荒涼之處，夏天室外溫度高達攝氏50度，除了簡陋的工寮之外少有遮蔽物。當地的天氣及娛樂場所匱乏，讓臺灣工程人員感覺不便。

中華顧問工程司、中興工程顧問公司以及中國技術服務社，也因為在國內已累積充沛的工程設計和顧問經驗，而在此時開拓其海外市場。與公營營造業相同，這些工程顧問公司和民營營造業，也進行大量的勞力輸出，但其規模遠不如榮工處和中華工程公司。

受惠於國內十大建設期間所獲取的豐富實務經驗，以及與國外廠商的技術合作，臺灣營造業的海外業務內容趨向多元化，可以承攬難度更高而且規模更大的工程。於是在中東地區的橋樑、港灣、機場、工業區、環境保護、軍事基地等工程均可見到國內公營、民營營造業的身影。並且無論公營或民營營造業，在海外承攬的工程案，品質都比國內來得高，除了因為這些國家都採行國際標之外，還經常找歐美先進國家的工程顧問公司擔任監工，因此對營造的技術層次和品質要求就較為嚴謹。

然而由歐美先進國家擔任監工，讓當時營建水準有限的國內營造業，施工過程中因不堪嚴苛的施工品質和技術之要求而累積虧損，進而窒礙其繼續海外輸出之意願。僅有極少數眼光長遠之民營營造業，著眼於當時臺灣延宕已久之都會區鐵路地下化、下水道工程勢在必行，不惜前往東南亞擔任日本承包商之下包，逐步累積工程經驗，而能在六年國建擴大公開招標時，取得投標資格。

沙烏地阿拉伯吉達港塔臺工程由榮工處施工（榮工公司）

沙烏地阿拉伯肥料公司工程由榮工處承包（榮工公司）

沙烏地阿拉伯夏爾隆坡道路吊裝鋼樑工程由榮工處施工（榮工公司）

民營營造業海外輸出經常面臨的困境

項次	原　因	說　明
1	機具不足	由於工程業務前景不穩定，難以採購巨額機具，不符海外大型化工程的需求，僅能承接公營營造廠轉包。
2	技術人員出國受阻	內政部營建司1976年10月新規定，技術人員出國僅賺取工資，未能帶動國內建材外銷以及對國內經濟循環、外匯收入有貢獻者，都將予以駁回。
3	營造廠資格限制	內政部營建司1977年3月規定，僅甲級營造廠商可赴海外承攬工程。此限制造成甲級廠在海外難見下包，而難以承攬工程。
4	履約保證金門檻過高	民營營造業者合組具國際工程公司性質之「全聯建設事業公司」，惟政府將申請承攬海外工程的營造廠商保證金大幅提高，造成全聯公司無法標到海外公共工程。
5	投標認可的銀行保證困難	臺灣銀行遲至1977年8月始成為沙烏地阿拉伯批准之營建工程保證銀行，但臺銀資本額難以擴充，融通額度有限，國內營造業者若僅透過臺銀難以承包大型工程。

臺沙斷交 全面退出中東

進入1980年代以後，中東產油國家主要的大型建設已陸續竣工，加上歷經兩次石油危機後，油價回跌，使得這些產油國家難以再積累大量的原油盈餘，因此工程的需求量逐漸萎縮。在越來越無利可圖的狀況下，民營營造業首先退出中東市場。而耕耘當地公共工程已久的公營營造業，面臨來自東北亞國家營造廠商的低價搶標，以及東南亞國家營造業廉價的勞力成本優勢，在兩面夾攻下，經營日趨困難。

此階段臺灣營造廠商面臨的最大困難來自於缺工。臺灣的人均國內生產總值（GDP）自1976年至1989年十四年間，僅三年的增長率未達二位數，反映在工資的急遽上升。雖然前往海外工作的待遇較為優渥，然而鑑於當時國內景氣尚屬於高檔，勞工寧願選擇留在國內。缺工問題讓臺灣的營造業要維繫海外業務，必須轉向雇用外籍勞工降低勞動成本以提高承攬之機會。

由於東南亞的宗教信仰與中東國家相近，因此營造廠商多由東南亞國家雇工。於是進入1980年代，營造廠商的海外輸出內容，由原本的基層勞務輸出，轉為管理人才的輸出。基於這段經驗，也為後來臺灣引進外勞埋下伏筆。

中國與沙烏地阿拉伯建交後，中國國務院總理李鵬前往訪問

臺灣在中東最重要的邦交國沙烏地阿拉伯，費瑟國王在1983年4月頒發敕令，要求外國營造廠商在當地承攬到的業務，必須將至少30%的工程，分包給當地的營建廠商，並且各項工程都必須透過公開招標，一改先前得由各工程單位與海外營建廠商議價的模式。新規範還要求外國營建廠商必須以至少50%的股權與當地的廠商合夥，才具有投標工程的資格。於是

臺灣營造業為延續海外市場的開拓，再度調整為與當地的營造廠商聯合承攬工程。

1990年7月22日，臺灣與沙烏地阿拉伯斷交，欠缺政府的後勤支援，甚至讓公營營造業在當地的工程人員，在波灣戰爭爆發後必須仰賴中國營造廠商及中國政府官員之協助才安全返回臺灣。1991年中東地區在波灣戰爭後出現重建商機，然而臺灣並非多國部隊的軍費捐助國，因而業務拓展居於劣勢。此外，面對海外業主統包的要求，國內的營造業也因為欠缺設計的能力，經驗亦不足，無法直接投標。這些重建工程多由歐美的工程顧問公司所設計，屢在建材規格上設立門檻以保護其本國廠商，於是臺灣的營造業想要重返中東，終究吃了閉門羹。

南向政策 無助承接工程

1993年，李登輝總統執政時期大力推動「南向政策」。公營營造業也曾配合政策前往東南亞開發工業區，然而因為「南向政策」本身缺乏完整的經貿配套方案，並未帶動國內廠商進駐，反而虧損連連。在此同時，民營營造業囿於資本額條件之硬性規

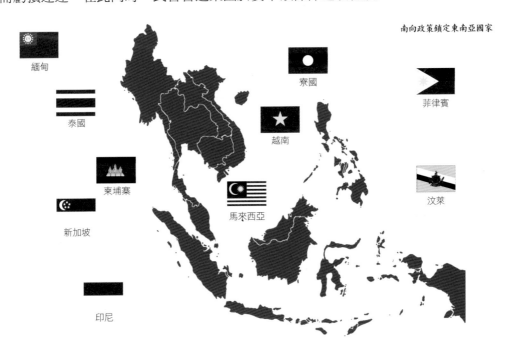

南向政策鎖定東南亞國家

緬甸　寮國　菲律賓　泰國　越南　東埔寨　汶萊　新加坡　馬來西亞　印尼

榮工公司在哥斯大黎加完成斜張橋
（榮工公司）

定，融資取得不易，加上這些國家的營造產業都以國營事業為主，背後有政府撐腰，想要承接重大公共工程更是難上加難。

在中東和東南亞地區以外的海外工程市場，例如非洲、拉丁美洲等，因其內政較為動盪不安，而且經濟發展相對落後，在已有充沛的廉價勞力下，臺灣的營造業要進入當地市場，通常以營建管理的專業人員輸出為主，主要是指揮、監督當地的勞工進行施作。

臺灣營造業想打入這些國家的市場，還存在著營造技術以外的限制，因為這些國家的建設往往是向世界銀行貸款，世界銀行在核准建設計畫時都會提出附帶條件，限定唯有會員國廠商才能參與投標。臺灣早已退出這些國際經濟組織，如果未能與其他會員國的廠商合作投標，承攬的機會自然有限。

因此只有少數臺灣營造業者配合政府的務實外交政策，或是依照國際合作發展基金會及其前身海外經濟合作發展基金管理委員會的指示，在協助友邦發展經濟建設，或是協助臺灣中小企業對外擴張時，才會不計困難前去開發海外工業區。

南向政策

從李登輝總統時代的1993年起，臺灣政府以經濟交流的方式，鼓勵臺商到東南亞投資，1994年政府通過「加強對東南亞地區經貿合作綱領」，鎖定泰國、馬來西亞、印尼、菲律賓、新加坡、越南、汶萊等七個國家，逐步在經濟交流上顯現成效。但是在1997年亞洲金融風暴後，臺商開始撤資。到了陳水扁總統時代，將南向政策轉為外交突圍戰場，2002年初，副總統呂秀蓮成功到印尼峇里島度假後，運作陳水扁總統訪印尼遭拒，於是政府停止對印尼的所有援助，也不再鼓勵臺商到印尼投資。南向政策經此調整後逐漸告終。

外交孤立 業者有志難伸

　　這些配合外交所進行的海外工業
區開發，因為國內業者前往投資的意
願低落，反而讓打頭陣的公營營造業
虧損連連，這與日本藉由海外經濟合
作發展基金，透過對外貸款而大力輸
出營造產業的模式，大相逕庭。

　　承攬十大建設及進軍中東所累積
的盈餘，公營營造業也籌措到相當可
觀的資金，得以進入較為先進的國
家，例如榮工處在美國投資房地產，

泛亞工程公司承攬南京地鐵工程

藉由與當地的開發商合作，聯合承攬住宅和社區建設。此外，國
內營造市場在1991年六年國建推出之前曾出現工程量枯竭期間，
因此營造產業當時也熱衷海外投資。

　　1993年辜汪會談之後，兩岸關係進入和緩階段，隨著六年國
建規模縮減，民營營造業將眼光轉投注於快速崛起的大陸市場，
公營營造業也希望拓展在大陸的業務。但是榮工處本身因限於法
令不得赴大陸承攬工程或投資，於是由其轉投資的泛亞工程公司
進入大陸市場，在1995年初承攬南京捷運工程，成為臺灣公營營
造業的重要紀錄之一。另具有官股投資色彩的中鼎工程公司，也
以其海外子公司的名義與北京當地的營造廠商合資成立京鼎工程
公司，專門承攬其一向擅長的石化廠房整廠輸出工程。

　　總體而言，公營營造業自1980年代末期以降，面臨強大的民
營化壓力，組織必須重組。而因為政策指示進行海外市場開拓的
海外部門，往往因為累積虧損而成為眾矢之的，成為優先整併或
裁撤的單位。

　　雖然亞洲，包含大陸以及越南等經濟轉型國家，在1990年代
之後，取代景氣轉趨低迷的中東地區，成為營造產業覬觀的市
場。然而這些經濟轉型國家，所推動的許多經濟現代化工程，多
由其國內轉型的國營企業承攬，這些國營企業不僅享有政府的各
項政策保護措施，而且資本和勞力規模之龐大，皆非臺灣營造廠

亞洲各國的營造業前往杜拜淘金

商所能比擬。因此除非是憑藉更優勢的技術能力，否則臺灣的營造廠商難以在當地找到願意合作之對象以打入當地市場。

臺灣民營營造廠商發展海外事業出現瓶頸，最主要的原因是70年代開始遭受國際孤立所致，從1971年10月臺灣退出聯合國，到1978年12月臺美斷交後，臺灣的邦交國版圖每下愈況，如今只剩二十三國，只存在遼闊的太平洋上、在努力改善人民生活的中美洲裡、以及在始終與貧窮大作戰的非洲大陸內。

日韓海外發展 成效顯著

以70年代同時期進入中東市場的大陸工程公司、中鼎工程公司以及新亞建設為例，他們近來雖仍關注海外營建市場，但已對海外業務採取相對務實的態度。這樣的情況在六年國建之後更形顯著，六年國建因為規模縮減，於是民營營造廠商擴編之機具和人員出現閒置的問題。然而囿於海外投標知識和經驗的不足，未敢輕言進軍海外市場，不若東北亞的日本、南韓，反而利用國內景氣低迷時，善用閒置的機具和人力，積極擴大海外市場版圖。

臺灣在經濟發展上長期的競爭對手南韓一向相當積極，廠商有政府作為後盾，開展海外營造業。南韓政府在1976年即提供300億韓圜給予營建產業作為海外發展的融資，業者只要在海外承攬到1,000萬美元以上的契約，即可免抵押而取得這項融資，並且南韓總統府青瓦台還鼓勵國內的輕刑犯，藉由到海外參與工程以折抵刑期，因此其勞務輸出來源始終無虞。

然而，臺灣政府對於營造產業的海外發展，對於銀行保證金至今都少有讓步，而且經濟部從1977年即草擬各項扶植和獎勵海外輸出的草案，最後都未能立法。於是臺灣的營造產業必須累積

韓國GS建設公司在阿布達比承
攬工程

相當可觀的資金在銀行不予動支做為資金，才能進行海外工程投
標。面對外交困境、缺乏政府奧援，臺灣的營造業始終難以大步
前進，拓展格局。

日本政府協助營造業海外發展

日本政府以五種方式協助營建業取得海外業務，包括：日本政府提供日圓貸款或援助計畫
（ODA）、協助國外設廠的日資興建廠房、爭取國際性開發機構貸款之工程專案、鼓勵日商海外
分公司自行爭取業務、協助參與開發建設案件。政府由日本海外建設協會（臺灣無類似機構）、
日本貿易振興機構（類似臺灣外貿協會）、日本貿易保險機構及國際協力銀行（類似臺灣輸出入
銀行）等機構提供協助。日本政府以外交作為解決業者所面對的問題，並以減稅免稅機制獎勵業
者出國發展。

韓國政府協助營造業海外發展

韓國於1976年訂有「海外建設促進法」，對韓國海外工程事業拓展的執行機構、申請及承攬方
式、監督與獎懲辦法制定具體規定。政府以韓國國際營建協會（臺灣無類似機構）、韓國海外建
設基金及輸出入銀行（類似臺灣輸出入銀行）提供協助。籌資2億美元海外建設促進基金，其輸
出入銀行提供海外營造專案保險，保險上限為合約總價的八成。其稅法規定海外投資的營造業者
可保留2%的合約收益，作為公司合理化以及未來海外市場發展所用，並允許額外的30%機具設
備折舊，以加速回收初期資本投入。

第七章 ■ 民營營造業之回生與發展

第一節 六年國建與民營營造業參與重大建設之契機

郝柏村組閣 規劃建設

1990年5月2日，甫當選第八任總統的國民黨主席李登輝在國民黨中常會宣布提名國防部長郝柏村組閣，消息一出，全國譁然。引發民間社團組成的「全民反軍人干政聯盟」抗爭。5月20日，學生、教授、民間社團三股勢力會合，總數超過一萬人走上臺北街頭。就在同一天，李登輝總統宣誓就職。

在社會爭議逐漸平息後，1990年7月27日，就任滿兩個月的行政院長郝柏村提出國家建設六年計畫。這是效法蔣經國時代的十大建設，計畫中包括捷運系統、高速公路、高速鐵路等重大建設，並納入文化、教育、醫療等項目，希望藉擴大公共投資以促

反對軍人組閣抗爭（《中國時報》）

進產業升級，帶動經濟成長。由於在六年國建計畫中有多項重大建設，這對於營造業來說，彷彿是久旱逢甘霖一般，眾人摩拳擦掌，準備大展身手。

舉債籌款 朝野兩黨異議

六年國建總金額為8.2兆元，其中高達6.3兆必須透過舉債籌措，由於預算過度龐大，使行政院長郝柏村——這位國民政府遷臺以來最富爭議性的閣揆，再度遭受社會的批評與攻擊，不僅在野的民主進步黨在國會強力杯葛，就連中國國民黨籍的財政部長王建煊對財源問題都持有異議，黨內外始終雜音不斷。

1993年2月郝柏村下臺，連戰繼任為行政院長，內閣緊急進行檢討改進，停止大部分的六年國建計畫，維持近三年之久的六年國建至此草草收場。不過，包括北部第二高速公路、臺北捷運、北宜高速公路及高速鐵路工程等，仍然繼續推動。

回顧過去，自從蔣經國擔任行政院長之後，歷任行政院長分別是孫運璿、俞國華、李煥及郝柏村，他們都以建設臺灣為己任。除了李煥因任期僅一年，在任內落實第十期經建計畫之外，歷任閣揆都提出恢宏的建設計畫。其中孫運璿規劃十二大建設，俞國華籌劃十四大建設。而郝柏村所提出的六年國建中的部分建設項目，可說是十四大建設的延續。

孫運璿

俞國華

郝柏村組閣爭議

自從1988年1月13日蔣經國總統病逝後，李登輝雖然順利接班，但是在國民黨內始終存在著「擁李」與「反李」勢力的拉鋸戰。1990年2月，李登輝決定找李元簇與自己一起爭取國民黨提名為正副總統候選人，「反李」勢力趁機大串連，使黨內衝突浮出檯面，甚至一度推出由司法院長林洋港及蔣介石次子國家安全會議秘書長蔣緯國搭檔的「林蔣配」來對抗「雙李配」。在反李的國民黨「非主流」陣營中，自從蔣經國時代就長期擔任參謀總長、軍權在握的郝柏村，始終就是最重要的角色。李登輝當選總統後，提名郝柏村組閣，引發外界不同的解讀與揣測，然而李登輝始終以「肝膽相照」的說法，回應各方的質疑。

北二高桃園系統交流道（榮工公司）

北二高新竹系統交流道（榮工公司）

臺北捷運紅樹林站及路堤工程（榮工公司）

國家建設六年計畫與營造業有關的內容

類別	建設名稱	項　目
交通建設	捷運系統	完成臺北都會大眾捷運系統初期路網
		規劃、設計高雄都會區大眾捷運系統
		規劃、設計臺中、臺南、桃園、新竹都會區大眾捷運系統路網
	公路 鐵路	規劃興建北部第二條高速公路
		規劃興建環島高速公路網
		改善西部濱海快速道路
		興闢東西向十二條快速道路
		北宜高速公路
		興建高速鐵路，完成臺北至臺中段工程，並先行通車
		繼續興建並完成南迴鐵路
		完成臺北市松山區鐵路地下化東延松山工程
	港口	擴建基隆港、高雄港、安平港
		興建觀音工業港
	機場	擴建中正、高雄國際機場
		改善花蓮機場航管設施
住宅建設	新建住宅	估計需新建住宅90萬戶，部分原地重建，部分將變更農地開發新社區的方式提供住宅用地
電力建設	新建發電廠	電力裝置容量將增加為2,753萬千瓦，備用率亦可提高為20%
環保建設	環保工程	建設污水下水道、垃圾處理廠、河川整治

臺北地鐵萬華車站隧道區進行月台裝修作業（榮工公司）

北宜高速公路坪林隧道工程（榮工公司）

臺北市松山區鐵路地下化東延松山工程（榮工公司）

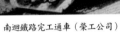

南迴鐵路完工通車（榮工公司）

東線鐵路拓寬工程（榮工公司）

十二大建設與十四大建設比較

類別	十二大建設　行政院長孫運璿（1979）	十四大建設　行政院長俞國華（1984）
交通	興建鐵路南迴線以及拓寬臺東線，完成臺灣環島鐵路 新建新東西橫貫公路三條，分別為玉山至花蓮玉里、嘉義（以上即台18線公路）以及玉山至南投水里（台21線公路的一部分） 改善高雄屏東一帶公路交通（拓寬台1線、台17線、181線及185線公路） 屏東至鵝鑾鼻道路拓寬為四線高級公路 完成臺中港第一階段第二、三期工程（第一階段第一期屬十大建設） （十二大建設順帶興建臺中漁港）	鐵路擴展計畫 臺北市鐵路地下化 公路擴展計畫 建設臺北地區大眾捷運系統
煉鋼	進行中鋼公司第一期第二階段工程（第一期第一階段屬十大建設）	中鋼三期擴建
發電	繼續興建核能發電二、三兩廠（核能發電一廠屬十大建設）	電力擴建（核四廠）
石化		石油能源重要計畫（開發油氣能源）
電信	加速改善重要農田水利系統	電信現代化
水利	修建臺灣西岸海堤工程及全島重要河堤工程	水資源開發計畫 防洪排水計畫
農業	設置農業機械化基金，促進農業全面機械化	
城鄉	開發新市鎮，廣建國民住宅（平均每年25,000戶）	都市垃圾計畫 基層建設計畫
文化	建立每一縣市文化中心，包括圖書館、博物館、音樂廳	
環保		自然生態保育與國民旅遊計畫
醫療		醫療保健計畫

核能二廠工程（榮工公司）

中鋼三期擴建工程（榮工公司）

臺北鐵路地下化工程（榮工公司）

工程啟動 增加公開招標

1985年9月，行政院經濟革新委員會提出「公共工程應以公開招標為原則」建議案之後，在營造市場中原來盛行由公營營造廠商議價的行為，因為飽受非議而知所收斂。另外，雖然十大建設以後，陸續出現「十二大建設」與「十四大建設」，但因高層人事更迭及財源因素，公共建設計畫進展遲緩，導致公營營造廠商不得不低價搶標，市場競爭因此加劇。

於是當國家建設六年計畫提出後，立即引發高度關注。在六年國建中最早推動的是北部第二高速公路工程，本工程預算案在立法院審查時，多位增額立委即提案要求所有工程均應公開招標。然而高速公路局卻仍逕自將70%的工程交與公營營造廠議價，招致營造公會的反彈與抗議。於是，高公局只好讓步，將原本70%議價案中的30%，即佔全案的21%，在公營營造廠議價完成後交由民營營造廠承包。

然而，這項讓步仍不為營造公會所接受，因為公營營造廠仍可參與公開招標的部分，例如由榮工處轉投資的泛亞工程公司亦可參與公開投標。而「高價議價、低價搶標」的兩面手法成為公營營造廠獨佔公共工程的一貫手法。

不過，由於1987年3月臺灣區營造公會補選理監事，中華民國營造公會全國聯合會代理事長祖展堂強烈反彈補選不合法。兩

增額立委

資深中央民代全面退職

根據1947年公布的中華民國憲法，立法委員每三年改選一次。在國民政府撤退來臺後，包括立法委員、國大代表、監察委員等中央民意代表礙於國土淪陷現實，並未進行改選。1969年12月，因考量資深中央民意代表逐漸凋零，於是修改臨時條款，在臺澎金馬進行中央民意代表增補選，補選11名立法委員，並視同第一屆不再改選。隨著民主運動的發展，1972年3月再修改臨時條款，開放局部改選，於12月首次舉辦增額中央民意代表選舉，選出51名「增額立委」。然而，國會凋零、與現實脫節的情況與日俱增，民間將這些基於法統所選出的中央民代戲稱「老法統」、「萬年國會」，政府迫於壓力曾分別於1975、1983、1986、1989年舉辦增額立委改選。隨著民主抗爭的開花結果，資深立委終於抵擋不住潮流，全部退職。1992年12月臺灣首度全面改選立法委員。

股勢力因為對於高公局的讓步解讀不同而產生分裂，因而減緩了抗爭的力道；最終在交通部表示若在承攬方式上持續陷於僵局，延宕工程發包進度，民眾恐遷怒營造公會的情勢下，營造公會懾於民意反彈，被迫與高公局對發包原則達成共識。

　　營造公會實際上爭取到的公開招標部分，由原先的30%增加為40%，比起當年承包中山高速公路，這已算是一大進步。而北二高所有橋樑工程均採公開招標，路工工程由公營和民營營造廠商合作承包，民營營造廠得以承攬的隧道總數則由原先的5座提高到10座。

臺北捷運 發包過程折衝

　　對比北二高透過抗爭方式擴大公開招標比例，臺北捷運的發包過程大相逕庭。1986年2月，臺北市政府成立「捷運系統工程局籌備處」，並於翌年成立「捷運工程局」，辦理臺北都會區多項捷運工程系統。首任籌備處處長及工程局局長為時任榮工處副處長的齊寶錚，而在籌備處的12名官員中，有5名即是來自榮工處，這使捷運工程局帶有濃厚的榮工處色彩，進而引發各方疑

營造公會分裂

臺灣的營造公會除臺灣區營造工程工業同業公會之外，還有中華民國營造公會全國聯合會。1987年3月，三十餘年未補選理監事的中華民國營造公會全國聯合會代理事長祖展堂，出面指控臺灣區營造公會補選的理監事不合法，並控訴內政部社會司涉嫌違法瀆職。在連串風波之後，臺灣區營造公會與中華民國營造公會全國聯合會整合進行整併，並於2003年6月，應營造業法制定公布，將臺灣區營造工程工業同業公會改組為臺灣區綜合營造工程工業同業公會，而中華民國營造公會全國聯合會仍然存在，與臺灣區營造公會互為表裡。

祖展堂

1914年生於河北省昌黎縣，天津工商專科學校肄業，曾赴日本深造。1946年在天津創辦裕國公司，從事土木建築工程。曾任天津市參議員及地方建設委員會主任委員。1948年來臺，成立臺灣裕國公司，繼續從事營造業，為營造業公會聯合會主要負責人，亞太國際營造業聯合會永久理事。他經常為業者的權益，極力向政府爭取，甚獲同業稱讚。

臺北捷運路線圖（2011）

慮，趁此時機，營造公會向臺北市議會陳情，要求工程均應公開招標。

政府本來所公布的發包原則中，雖然改採公開招標，但國際標的比例相當高，引發國內民營營造廠商反彈。外國營造廠商在臺灣承攬國際標工程，無須辦理營業登記，這使他們不受經營事業最低資本額的限制，所以即使是本國廠商，也可透過在海外設立人頭公司，再回到國內投標國際標工程，而國內循規蹈矩升等的營造廠商恐將會被排擠。

1991年5月，經濟部、財政部和交通部共同決議，外國營造廠在臺灣的分公司，唯有辦理營造業登記始能投標國際標工程，這讓本國的營造廠商得以突破外國營造廠臺灣分公司的包圍，保持在國際標中的競爭力。

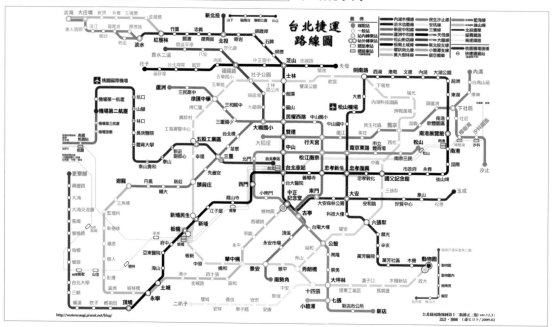

臺北捷運規劃路線圖

臺北捷運之發包原則

路線	路段	發包方式
淡水線	地面	開國內標。
	高架	開國內標,但較艱巨的跨河段與榮工處議價作招標示範。
	地下	潛盾部分採國際標,與國內廠商有合作者取得優先投標。 明挖覆蓋部分則採取由有經驗的公營營造廠商議價。
新店線	地下	僅保留部分為國內標,其餘皆開國際標。
南港線	地下	僅保留部分為國內標,其餘皆開國際標。
木柵線	高架	機電和土建分開承攬,土建分為數小標,交由國內營造廠商承攬。

說明
1. 開標方式分為資格標、技術標及價格標三段。
2. 發包原則的適用次序:國內標採公開招標,若不成改開國際標,若不成再與公營營造廠商議價。
3. 與公營營造廠商議價的部分,要求與民營營造廠商聯合承攬。
4. 國際標部分,以聯合承攬形式投標的廠商,國內廠商承辦的金額不得低於30%。

參與北捷 民營業者猶豫

雖然臺北捷運的發包原則,比較過去的公共工程,對民營營造廠商更為公平,然而仍有部分原因讓民營營造廠商躊躇不前。

首先,在工地取得部分,因為土地徵收、都市變更計畫以及管線遷移作業的遲緩,因此工程細部設計作業在發包時尚未完成,但發包單位卻在合約中堅持承包者須如期完成,否則將處以罰款。其次,當時適逢臺灣缺工潮,而引進外勞尚未合法化,加上部分工程材料受限於必須向國外採購,以避免遭受貿易報復的情況下,營造廠商難以掌握工資漲幅以及建材取得時間,因此降低了投標意願。

1988年臺北捷運木柵線第一根大樑上樑(臺北捷運局)

捷運板橋線第二階段及土城線初勘實地演練(臺北捷運局)

國外營造廠商也有相同困擾,這使得部分路段在公開招標和國際標階段流標頻仍,捷運工程局即憑藉民意希望盡快完成大眾運輸系統為由,將許多原本公開招標的標案轉與公營營造廠商議價。

然而公營營造廠商長久為人詬病的工期延宕問題,在承攬臺北捷運期間再次重演。唐榮鐵工廠在臺北捷運中,承包木柵線、淡水線和新店線總共八項工程,卻因為工程進度落後、工地安全衛生被評為劣等以及工程款追加等問題,而與捷運工程局屢次爆發紛爭。

臺北捷運潛盾隧道工程(華熊營造)

十八標案讓臺灣社會喧騰

高速公路汐止至五股段拓寬路段

後來，臺北捷運工程局以唐榮鐵工廠施工能力不足、管理能力有限、無力約束下包、影響全線通車時程為理由，在1991年11月宣布取消其未來投標捷運工程的權利，創下停權首例，臺北市政府隨後也決議禁止唐榮鐵工廠承包臺北市的其他工程。

中山高十八標案 震撼業界

真正造成公營營造廠商重大議價爭議的是1992年中山高速公路汐止至五股段拓寬案中的第十八標案。

中山高速公路汐止至五股段拓寬工程，採取在既有路權上設立高架的方式增設車道。此路段全長22公里，南下、北上兩側車道合計，總長不過44公里，卻很不尋常地分成三十個標；其中，第十六、十七、十八等三個標，必須跨越淡水河與堤防工程共構，工程難度最高，尤以第十八標為最，這是在高速公路外側，另闢出兩至三線道的高架道路，以疏解此路段的交通擁塞。

由於跨河的關係，因此上部結構採行斷面箱型鋼樑，下部結構則採場鑄鑽掘式基樁，而橋墩還必須與既存的淡水河旁堤防共構，且共構工程只能在非防汛期間施作，於是工法經驗以及工期縮短成為審查投標廠商資格的重點項目。

在工程路線規劃完畢後，交通部長張建邦承諾要把其中的第一至第六標，以及第十六、十七標分別給中華工程公司和榮工處議價承包。

高速公路局將十八標案交與榮工處承包議價，然而所引用議價的法源卻前後相異，第一次是引用「國軍退除役官兵輔導條例」第8條，第二次以後則以工期緊迫以及與堤防共構為由，改依「機關營繕工程及購置定置變賣財物稽查條例」第11條第1款中的規定：「營繕工程及定製財物，在同一地區內，經調查僅有一家廠商符合規定招標者，而且要有全部的承造能力，可以議價」，再向交通部路政司簽請准予議價。總計三次的議價均因高公局預算與榮工處的報價有所差異而無法定案。

斷面箱型鋼樑

高速公路高架橋所造成之振動，主要來自行車所導致的路面、支撐結構及地層之振動，以及由此所引發鄰近結構的振動。在高架橋樑的工法中以箱型混凝土樑、U形混凝土樑、箱型鋼樑為三種主要型式。在這三種選擇中，箱型鋼樑採連續道床，其行車振動為三種結構中最低者，此外其跨距較長，結構相對柔軟，有助減低行車振動。為求更佳減振效果，可在鋼樑底板加置重混凝土。

場鑄鑽掘式基樁

鑽掘式基樁的全套管樁工法（榮工公司）

場鑄法即為現地施工，包含澆鑄混凝土、施拉預力等，可不需另外設置預鑄廠。基樁則依施工方式分成三大類，採用打擊方式將基樁埋置於地層中者是打入式基樁；採用螺旋鑽在地層中鑽挖與樁內徑或外徑略同之樁孔，再將預製之鋼樁、預力混凝土樁或預鑄鋼筋混凝土樁以插入、壓入或輕敲打入樁孔中而成者，稱為植入樁；採用鑽掘機具依設計孔徑鑽掘樁孔至預定深度後，吊放鋼筋籠，安裝特密管，澆置混凝土至設計高程而成者，稱為鑽掘式基樁。鑽掘式基樁可分為全套管樁、反循環樁及預壘樁。目前國內重大工程如高鐵、捷運、高速公路等橋樑工程使用之橋墩基礎，主要多採鑽掘式基樁的全套管樁工法。

立委揭弊 檢調介入調查

1992年7月，民主進步黨籍立法委員葉菊蘭提出書面質詢稿，指中國國民黨「非主流陣營」新國民黨連線的5名立委，向交通部施壓，要求將高速公路拓寬工程第十八標由榮工處以超出底價6億元的價格議價承包，並意圖瓜分溢價的工程款。

在簡又新接任交通部長後，指示後續辦理的高速公路拓寬工程改採公開招標方式，第十八標工程的底價為29.7億元，共有十家業者參與投標，太平洋建設公司以18.29億得標，金額較底價低了三分之一，並為榮工處議價金額34.9億的52.4%。由於金額相差頗大，引發檢察官、調查局及監察院介入調查，後來所有被告都被承審的臺北地方法院宣告無罪。

十八標案凸顯原本高公局堅持議價所援引的「稽查條例」第11條第1款至為不當，而引發重大非議。榮工處不僅被質疑有特權介入議價轉包工程，他們在事件爆發後也坦承，十八標在淡水河床上打基樁的全套管樁工法頗為特殊，榮工處本身並未擁有這

簡又新

1946年生,臺灣桃園縣人,臺灣大學機械工程系畢業,美國紐約大學航空太空工程學碩士、博士。曾任淡江大學教授、系主任、工學院院長。在蔣經國時代,於臺北市當選立法委員,後來出任首任環保署長;在李登輝時代,擔任交通部長、駐英國代表;在陳水扁時代,任職總統府副秘書長及外交部長。他是國內少數能夠橫跨國民黨、民進黨陣營的政治人物。1992年,他在擔任交通部長任內,爆發高速公路十八標案,轟動一時,他自始至終都主張無懼關說,以公開招標方式辦理發包作業,由太平洋建設公司得標,讓立委知難而退。而十八標案對臺灣社會最大的影響,就是國營事業從此再也難以獨佔國內的公共工程,其功實不可沒,廣博業界讚譽。

方面的實績和機具,即便議價由其承攬,勢必得轉包其他營造廠商,這更招致質疑。

業務銳減 榮工首見虧損

　　十八標案所引發的軒然大波,讓行政機關開始顧及社會觀感,國營事業再也難以獨佔國內的公共工程,三大公營營造廠的業務因此銳減。不過,擁有營造業牌照的中工公司和唐榮公司,仍可透過公開招標而爭取業務;而榮工處不僅在政府降低與歐美國家貿易逆差的指示下,鉅資採購歐美機具,與向日本進口二手機具,或將機具拆卸而以廢鐵名目進口的民營營造廠商相較,其利息負擔更顯沉重。

　　榮工處本因欠缺營業登記、免繳營利事業所得稅、且未加入營造公會而致無法透過公開招標承攬工程。如此困境下,加上後來歷經砂石風暴,無法就飆漲的砂石成本向業主取得補償,於是在1994年出現成立三十七年以來的首度虧損。

　　此時適逢政府推動公共工程預審制度,希望透過營造廠商健全財務結構以確保其所承攬的公共工程符合品質的要求,避免因為甲級營造廠商的資本額與所承攬的工程金額失衡而導致工程品質低落。由於新審核重點在於資本額及財務結構,於是許多營造廠商紛紛透過上市、上櫃的方式集資以符合政府的要求。

　　大陸工程公司在1989年11月經證管會核准增資至逾5億元,是國內首家資本額超過2億元的營造廠商,此舉引發同業的側

目，因當時的公司法規定，實收資本額超過2億元的公司必須公開發行股票，這意味著利潤必須與股東分享。大陸工程董事長殷之浩與其女總經理殷琪對公司發展有長期構思，逐步調整內部財務結構、會計制度與管理體質，再經過上市輔導後，於1994年8月獲證管會核可股票上市。

新亞建設公司在1993年2月股票公開上市，成為臺灣首家上市的民營營造廠商；同年，太平洋建設公司到瑞士發行可轉換公司債，成為營造業赴海外發行公司債籌資的先驅；1998年1月，長鴻營造成為國內首家上櫃的營造廠商。

雪隧工程 TBM出師不利

全長12.9公里的雪山隧道工程（時稱坪林隧道）則是議價體制鬆動後少數仍由公營營造廠議價承攬的案例。因為雪山隧道的工程難度最高，原本外籍工程顧問建議採國際標。後來考量國內日後處理長隧道工程的機會較多，希望開挖長隧道的經驗能夠透過技術移轉留在國內，使得國人能夠自力操作機具，開挖難度和長度更甚的中央山脈。

雪山隧道工程主坑東行線TBM環片運裝（榮工公司）

國道新建工程局會將榮工處列入考量，乃因為榮工處在當時所累積的隧道實績金額，幾達當時居次的工信工程33倍之多，但可議之處在榮工處所曾承攬單一隧道的長度卻不足8公里，僅為坪林隧道長度的三分之二而已。雖然爭議聲不斷，國工局仍逕自與榮工處議價，雪山隧道工程也成為北宜高速公路中唯一未公開招標的標案。

基於技術轉移的考量，國工局指定工法，決議採用全斷面隧道鑽掘機（Tunnel Boring Machine, TBM），要求榮工處找有TBM操作經驗的外國廠商技術合作。於是，透過比價找上曾操作TBM參與英法海底隧道的法商斯比・巴第諾爾集團（Spie Batignolles，簡稱SB）協力開挖主坑，榮工處與SB協議，由SB負責向德國採購並組裝兩組挖掘主坑的TBM，並負責主坑東行線的開挖，榮工處則在SB技術人員的

隧道鑽掘機（TBM）組裝

協助下負責西行線的施工。在西行線工程初期由外籍技術顧問主導行政管理工作，榮工處則派人在旁學習以便逐漸接手。

然而這套技術移轉的模式運作不久即告受挫，主因是隧道的地質結構大部分是四稜砂岩，硬度高於TBM的鋼鑄削頭刀，所以在施工過程中光是TBM削頭刀就更換過1,572具，最高紀錄是在一天內更換22具。

此外，這些四稜砂岩還會因板塊擠壓和造山運動而產生裂縫，碰上具有阻水效果的斷層泥，這些不規則的裂縫富含大量地下水，湧水問題成為工程中揮之不去的夢魘，隧道崩塌事件頻仍，機具也因長期泡水而折損使用年限。

技術瓶頸 拖累榮工財務

自從1993年1月導坑發生第一起TBM受困事件以後，榮工處、SB、技術顧問法商SOGEA以及TBM製造商之間，在技術問題上齟齬不斷。SB堅持在導坑未完工前、地質資料不夠充分的情況下，禁止讓TBM進入主坑，他們與榮工處的歧見日益嚴重。1995年2月，首度在欠缺外籍技術顧問的狀況下，發生第九次導坑崩塌事件，結果造成停工近十個月。雙方無法妥協，榮工處於是在1995年11月與SB解約。

由於對TBM的操作不熟悉，於是榮工處提出變更工法的要求，將導坑改回原本的傳統鑽炸法推進。而卡在導坑的TBM進退維谷，只好轉換用途成為隧道內部土石清運的機具。然而，屋漏偏逢連夜雨，由於並未進行完整預鑽，地質資料不明確，以致除了第一次崩塌外，第二次以後崩塌的損失都被視為非不可抗拒

全斷面隧道鑽掘機（Tunnel Boring Machine, TBM）

全斷面隧道鑽掘機，由美國人Charles Wilson設計，於1956年問世，是專門用在開鑿隧道的大型機具。它具有一次開挖完成隧道的特色，從開挖、推進、撐開全由該機具完成，其開挖速度是傳統鑽炸工法的5倍。然而該機具完全無法模組化，只能依照開挖隧道的直徑訂作，因此購買價格動輒上億元。1985年，使用於日本北海道與本州之間的青函隧道；1987年12月，運用於英法海底隧道開挖。

因素，保險公司拒絕理賠，情況一度惡化到國內外沒有保險公司願意擔保的局面。榮工處所面臨的挑戰從技術面擴及到財務面，僅能向交通部申請預支款項以減緩財務負擔。

更雪上加霜的是在1997年12月15日，由於挖斷上新斷層中萬年水脈而導致西行線崩塌，主坑首度發生崩塌，壓毀一部造價逾新臺幣10億元的TBM。考量修復費用、土木配合設施以及長逾三十八個月的修復工期，最後評估為已無修復價值，只能選擇直接報廢。

輿論壓力 榮工處長易人

事後，國工局和榮工處針對工程改善方案的新增工程經費中，是否應當扣除這部報廢的TBM價款而僵持不下，兩造解釋不同，進而提請商務仲裁，為了平息輿論壓力，甚至檢察官與調查局也介入調查。這次崩塌事件致使停工長達兩年，榮工處處長曾元一也因此離職，由沈景鵬接任處長，因工程事故而造成榮工處高層人事異動，在榮工處的歷史上亦屬首見。

專業報告顯示，這類困難的隧道工程採行TBM確有疑慮，高價巨型的TBM不是量產型的商品，必須依隧道的尺寸特別訂製，以致在隧道工程竣工後即無用武之地，邊際效益極為有限。另外，TBM主要用來對付四稜砂岩層，但是四稜砂岩層的長度為3.6公里，僅佔雪山隧道的三分之一而已，反而在用TBM開挖硬度不足的岩層時，會形成坍孔而產生機具卡桿的問題，造成削頭刀、鑽頭、鑽桿均一再耗損。這項報告出爐後，一度引發工程界對於雪山隧道是否適宜採行TBM開挖，以及導坑與二條主隧道的相對位置是否正確的激辯。

四稜砂岩

四稜砂岩的主要礦物組成為石英Quartz，其含量高達82%，造成四稜砂岩平均硬度為七，而TBM削刀頭的硬度只有五，因而TBM無法對付四稜砂岩，若要找到真正能挖掘四稜砂岩岩盤者，只有鑽石（硬度為十）、紅寶石（硬度為九）等昂貴寶石。而雪山隧道的地質硬度幾乎接近半寶石的岩盤，卻又是碎不成片，這是由於歐亞大陸板塊和菲律賓海板塊的造山運動所造成。

面對如此軟硬地層交錯的破碎地質，榮工處檢討之後改採彈性工法和傳統工法交互使用的施作方式。彈性工法係指先在TBM前方開挖進頂導坑，再以TBM開挖下半斷面，並針對破碎地層和高湧水區段採行灌漿及排水措施；而傳統工法則是回歸鑽炸開挖工法（Drill and Blast Method，簡稱D&B）。後來全部工程總計，純粹由TBM施工完成的長度僅26%，彈性工法佔14%，而傳統的鑽炸工法則高達60%。

工程艱困 雪隧事故頻仍

回顧整個雪山隧道工程，TBM共有26次遭受掩埋，搶救TBM的時間多過於其實際投入開挖的時間，隧道遭遇64次岩盤崩落及36次高壓地下水湧出，並導致13名施工人員殉職，高比例的工安事故在近代臺灣的工程史上實屬罕見，國道新建工程局特興建「北宜高速公路工程殉職紀念碑」以示敬悼。

臺灣大學土木系名譽教授洪如江在接受訪談時分析雪山隧道的地層。他說，隧道是最典型的土木工程，同時是所有土木工程中與地質關係最密切者，其安全性、工期、造價，無一不受地質的影響與控制。地質條件對隧道工程影響很大；但支撐方法、開炸技術也極為重要。地質的條件深深影響著隧道工程的選線、設計、施工。隧道選線如果正確，就是成功的一半。選線不當的後果，也增加了隧道災變機率，這時導坑就必須扮演重要的角色。

導坑是比主坑小一號的隧道，直徑約6公尺不等，在開挖的過程若遇到較不穩定的岩層，則可在主坑進行施工時，知道那些

鑽炸開挖工法

鑽炸工法埋設炸藥

這是指以鑽孔開炸的方式進行隧道開挖。首先在開挖處先鑽出一個洞，把炸藥埋入其中，然後予以引爆。由於炸藥置於洞中，力量不易散失，所以能夠發揮炸藥完全的力道，炸碎大量的岩石，使工程快速進行。鑽炸工法在施工過程中各分項作業包括鑽孔、開炸、通風、出碴、支撐、襯砌等工作。一般為防止隧道岩體因爆炸導致壁體結構不良或炸出之孔洞嚴重超出開挖線，工程人員會精確設計排放炸藥的地方及每個炸藥劑量，以達到均勻爆破（Smooth Blasting）效果。

北宜高速公路工程殉職紀念碑

地帶需加強或該選用合適的機具，對地質評估提供更適切的資料。導坑在主坑進行施工時，也可作為主坑之排水、出碴、逃生、輸送材料機具、增加工作面等功用。

　　雪山隧道東段四稜砂岩多為石英岩材料，斷層的組織與特性，差異很大。很難有一種開挖方式，能在最堅硬岩石與最軟弱縫泥變化無常的地盤中順利前進；支撐系統同時要適合最堅硬岩石與最軟弱縫泥也是個挑戰，因此發生災變機率相對較高。

洪如江

1934年生，1957年畢業於臺灣大學土木系，獲英國倫敦大學國王學院土壤力學碩士，為英國倫敦皇家礦業學校地質系訪問學者、英國地質學會會士。自1961年起，於臺大土木系任教，改進校方之土壤力學實驗室，導入土壤三軸試驗，建立岩石力學實驗室、工程地質實驗室等。1997年，創立中華民國大地工程學會，並獲選為首任理事長。2000年自臺大退休後獲聘為名譽教授，曾獲中國工程師學會頒金質「傑出工程教授獎」獎章、中國土木水利工程學會頒金質「工程獎章」。

第二節 經濟高度成長時期 營造業之快速擴張

經濟成長 推動產業繁榮

臺灣在1970年代開始進入經濟高度成長期，1970年平均國民所得（人均GDP）393美元，至1979年躍升為1,958美元，1973年，經濟增長率高達29.89%；而1974年又達到了驚人的34%。這十年間，除了1975年僅增長7.39%外，其他年份，達20%左右的成長率幾乎是常態。

臺灣在1976年平均國民所得突破1,000美元大關，達到1,150美元，1980年再突破2,000美元關口，為2,394美元。1980年代，臺灣開始向工業現代化邁進。臺灣的平均國民所得再由1980年的2,394美元增長到1990年的8,325美元。臺灣正式成為經濟發達國家。

臺灣營造業曾經歷機械設備艱困時期

1990年代初期，臺灣經濟還保持著高度增長。直
到1993年，經濟增長率還高達10.75%。不過，自此
以後，臺灣的經濟成長率再也未能達到10%以上了。
日後，由於1997年亞洲金融危機的爆發，臺灣經濟進
入幾年的衰退期，臺灣經濟發展至此揮別高峰態勢。

臺灣營造業度過機械化施工時期

進入21世紀，臺灣的經濟繼續面臨波動狀態。
2001年網路泡沫化和2008年全球金融危機，使臺灣的
經濟都出現了負成長，分別為-1.69%及-2.14%。

民營營造業 蓬勃發展

伴隨臺灣的經濟高度成長期，臺灣民營營造業的發展也可概
略分為三時期。

從1945年到1972年為機械設備艱困時期，此時主要的施工
機械設備是克難的機械及傳統的手工具，公共建設以鐵路局、公
路局、港務局、水利局、林務局所屬的工程為主，在1960年底營
造公司登記家數僅有將近200家，在此時期或此時期之前已成立
的營造公司包括：建國工程公司（1931）、大陸工程公司
（1945）、工信工程公司（1947）、互助營造公司（1949）、
中華工程公司（1950）、榮民工程處（1956）、泛亞工程公司
（1965）、達欣工程公司（1967）、新亞建設公司（1967）、
太平洋建設公司（1967）。

自1973年到1991年為機械化施工時期，1973年以後，政府
積極推動十大建設，直到後續的十二大、十四大建設都屬於此一
階段，由於工程規模龐大，因此引進基本建設機械，大力推動施
工機械化。此階段臺灣的營造工程公司數量大幅增加，至1990年
底營造工程公司登記家數已達22,400餘家，包括三井工程公司
（1975）、潤弘精密工程公司（1975）、 亞翔工程公司
（1978）、中鼎工程公司（1979）、中福營造公司（1980）、
皇昌營造公司（1981）、漢唐集成公司（1982）、德寶營造公
司（1985）、麗明營造公司（1985）、長鴻營造公司（1989）
等都成立於此時期。

1991年以後迄今為營造自動化時期，六年國建計畫開始後，

政府鼓勵民間營造業者及學術研究機構共同開發符合國內土木工程需求的自動化機械及施工技術。臺灣營造業朝向一貫性的工程公司發展，包括評估、規劃、設計、採購、施工、監造以迄試車、工廠操作訓練等。至1992年底，營造公司登記家數增為28,200餘家。

臺灣高鐵 融資冠全球

六年國建最後在超乎政府財政負擔以及執行效率未若預期下終止。不過，民間企業受惠於經濟發展而累積了充沛的財務實力，也因承攬了許多工程也累積了豐富的工程介面管理經驗，政府於是透過法令的制訂，將民間資金和管理效率引導進入公共建設，尤其是交通建設，因此促成1994年12月公布施行的「獎勵民間參與交通建設條例」，以及1995年8月行政院核定「以BOT（興建—營運—移轉）方式推動國內公共建設方案」。

臺灣高速鐵路即是BOT下的產物，也是全球規模最龐大的專案融資案。為了吸引民間投資，政府給予民間投資團隊興建營運三十五年及站區開發五十年的特許權，並且承諾在特許經營期間，不會興築第二條高速鐵路與之競爭。

臺灣高鐵招標引來兩個團隊的競逐，分別是採用歐洲鐵道系統的臺灣高鐵聯盟與採用日本新幹線系統的中華高鐵聯盟。其中，中華高鐵聯盟成形較晚，這是因為當時對日貿易高額逆差，於是刻意採行排除日本標的發包原則，讓日本的營造集團一度被視為負面表列。

後來情勢改變，由具有執政黨背景的中華開發公司號召引進

興建—營運—移轉（BOT）

BOT的概念來自土耳其總理Turgut Ozal

所謂BOT即以興建（Build）、營運（Operate）、移轉（Transfer）方式，推動民間參與公共工程。泛指政府規劃的公共工程計畫，經一定特許程序由民間機構投資興建及營運其中一部分或全部，並由民間機構於一定期限內經營服務，特許經營期限屆滿時，民間機構應將當時所有全部營運資產，依原許可條件有償或無償概括移轉給主管機關。將BOT方式用於基礎建設首見於土耳其，1984年由其總理Turgut Ozal提出，他提出將公共建設民營化，可以解決政府資金不足的問題。

日本系統，當時日本新幹線集團也有意透過競逐臺灣高鐵，以洗刷不久前在南韓高鐵競標失敗的恥辱，鞏固其在亞洲鐵路的地位，雙方一拍即合，組成競爭團隊，團隊中包含榮工處和中華工程公司，這兩家公司號稱擁有臺灣90%的隧道工程經驗。

臺灣高鐵聯盟的土木建設規劃由大陸工程負責人殷琪領軍，成員包括：互助營造、太平洋建設、新亞建設等過去曾極力抗爭議價體制的民營營造廠商所組成。這些民營營造廠商已非首次結盟，他們早於1996年即籌組「聯捷交通事業股份有限公司」競逐過機場捷運。

主導中華高鐵聯盟的中華開發工業銀行董事長、國民黨大掌櫃劉泰英

在高鐵的競標過程中，兩個聯盟均勢在必得，因為得標者將取得高鐵工程的發包權。最終，由大陸工程取得土建標的主導權，這對公營營造廠的打擊尤其深重，因為高鐵案分項投資中最大宗的即是上千億元的土建工程，掌握高鐵發包權相當於主導營造產業未來的版圖劃分。

工程發包 擺脫法令限制

臺灣高鐵的發包不受「審計法」限制，為求儘快完成招標動工，並希望能縮短工期，儘早營運以回收資金，所以採取合理標，以免低價搶標造成品質低劣情事。此外，還規定加重履約保證金，以規範得標廠商能按時完工。1998年5月，臺灣高速鐵路股份有限公司成立，而後在1998年7月與交通部簽訂兩份合約（興建營運、場站開發）以及兩份備忘錄（執行、政府應辦事項）。

殷琪

1955年生，係大陸工程公司董事長殷之浩次女，1977年加州大學洛杉磯分校經濟系畢業。1986年出任大陸工程公司總經理，擘畫並領導公司轉型發展，現任欣陸投控公司與大陸工程公司董事長。1997年參與臺灣高鐵聯盟，取得臺灣高鐵BOT案，1998年被推選為臺灣高速鐵路公司董事長，領導高鐵建設突破重重困難，於2007年通車並確保系統安全營運，2009年9月因政府欲藉支持融資重組來換取主導高鐵營運，乃辭去董事長。她繼承殷之浩的遺志，為爭取營造業的公平與合理發展環境仗義執言，亦擔任浩然基金會董事長，賡續關懷社會發展與正義。曾擔任臺灣合成橡膠股份有限公司董事長、中華民國總統府國策顧問等職。

施工中的臺灣高鐵臺北地下段入口

高速鐵路工程局出書介紹高鐵隧道
新奧工法

在這之前，臺灣高鐵聯盟於1998年2月即開始進行土建工程招商，他們除了以及早完工為目標外，還肩負著全面提升國內營造品質的責任，所以要求與合於資格的國際廠商聯合承攬。此外，考量高鐵計畫融資高達2,800億元，為爭取融資銀行的信任，投標廠商選擇的國外合作廠商都必須提出完整的財務計畫，打破其他BOT案中可以由特定廠商承攬的慣例。

1998年4月，共有國內外28組營造廠商投標，同年10月進一步篩選為21組團隊，並於2000年1月以後進行主體工程十二標段的決標，同年3月已完成決標的部分先行動工。由於並非採最低標決標，而是要求品質保證以及如期完工，在慎選承包廠商的原則下，總計土建發包的總金額達1,800億元，反而較高鐵公司1999年10月向高鐵聯貸銀行團提出的財務計畫還高出200億元。

這十二個土建標均採營造廠商同業聯合承攬的型態，成員採互補的方式提供資金、技術或機具進行合作。此外，在高鐵土建標中，除少數如C280標（北起嘉義縣太保市，南至臺南市官田區曾文溪北岸，全標總長34.41公里）由得標的營造廠商分別施工外，其餘絕大多數皆採共同施工，亦即得標的營造廠商合組一個新團隊共同執行。

專案管理 人機料結合

高鐵BOT案由於必須縮短工期，因此除車站工程仍維持傳統方式，將設計、施工分開發包外，其餘皆採設計審查與施工同步（fast track）。這種聯合承攬不僅可以引進工法和技術，同時可讓國內營造廠商得以學習國外先進的營造管理能力，並由承攬各土建標的廠商在符合業主的品管計畫下進行自主品管，亦即每個土建案都設有自身的專案管理。此外，在隧道工程方面採行已在國內行之有年的新奧工法（New Austrian Tunneling Method, NATM），由這些參與的國外營造廠商所引進的營造專案管理知識，可讓人、機、料充分結合，這使工地現場的運作更有效率。

由於高鐵BOT案也不受「預算法」限制，異於政府以往辦理的公共工程，屢屢因為進入爭端處理程序而讓工程停擺。高鐵案的合約明訂土建工程完成後始可進入爭議處理程序，於是較能彈

性地回應任何偶發事件，將工程進度的耽擱因素降至最低，於是土建工程得以在2004年11月即告完工。

高鐵土建工程經費只超出預算不到10%，不僅刷新國內大型公共工程的紀錄，其工程品質也於2007年獲得亞洲土木聯盟評選為「土木工程計畫首獎」的殊榮。

前臺灣高速鐵路局長吳福祥在訪談中提到我國發展高鐵的經過，他指在BOT制度下，專案管理與財務計畫顯得特別重要。高鐵使用獎勵民間參與交通建設條例，但是設有落日條例。高鐵中長期資金貸款為2,800億元，其分攤結構為郵儲金2,100億；公務員退撫、勞保、勞退等三大基金各撥款100億元；交通銀行、中國國際商銀、中信局、臺灣銀行等大型行庫自有資金共400億元（收取8.1至8.2%利息）。

臺灣高鐵路線圖

新奧工法

其施工理論是由奧地利拉布采維茨（Rabcewicz）教授創於1983年，是指開挖隧道，開挖面四周岩體應力及應變的變化曲線，利用岩體本身具有的自持力特性，來幫助完成開挖後所需的支撐力，因而發展而成一種隧道支撐工法。主要概念是利用岩體本身來承受岩石應力。開挖後，先架設輕型鋼支保及鋪設鋼線網於四周岩壁上，接著噴射噴凝土（即混凝土用噴的，裡頭含特殊化學劑，可使混凝土在短時間內變乾），形成一層薄殼狀圓拱，以發揮支撐功效，而其中的鋼線網則具有抗拉、抗彎的能力。

吳福祥

1944年生於臺南，畢業於中正理工學院，為美國俄亥俄州立大學土木工程碩士，普渡大學土木工程博士。自美國留學返臺後，參與臺北鐵路地下化工程以及臺灣高速鐵路的興建工程。歷任交通部臺北市區地下鐵路工程處總工程司司長、高鐵局總工程司司長、副局長、局長，參與高鐵建設長達十六年。2007年在高鐵通車前，自高鐵局退休。現任中華大學總務長兼營管所教授。專長領域為軌道工程、鋼筋混凝土、鋼結構。

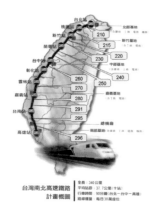

台灣南北高速鐵路
計畫概圖

全長：340公里
平均站距：37.7公里（十站）
行車時間：90分鐘（台北～台中～高雄）
旅運載量：每日30萬座位

臺灣高鐵計畫十二個土建標圖

臺灣高鐵十二個土建標

標名	合約範圍	承攬廠商	工程內容
C210標	北起里程16k+800，南至里程28k+080，長約11.28公里	大林組／互助聯合承攬	經過人口稠密的新莊、樹林地區，地形包含山區、臺地及沖積平原，平均海拔為7.0公尺至270公尺。全標段規劃約有高架橋2,580公尺，路堤路塹100公尺及隧道8,600公尺，並有2,160公尺長的迴龍隧道及6,460公尺長的林口隧道。
C215標	北起里程28k+080，南至里程68k+540，長約40.04公里（不含桃園地下車站）	大林組／互助聯合承攬	北端經過工業區及許多工廠，而南端經過一軍事基地及訓練場，以隧道形式通過。且由於受中正機場飛航高度限制，部分路段位於平面，其中一處道路改道必須以地下化方式穿越高速鐵路。本標不含桃園地下車站之設計及施工，車站里程為42k+074～42k+496。全標段規劃約有高架橋29公里，路工段約1.5公里及隧道8.9公里，其中以4.29公里的湖口隧道為主。
C220標	北起里程68k+540，南至里程86k+320，長約17.78km	大豐／九泰／國開聯合承攬	本標路線經過丘陵地區及沖積平原，海拔從30公尺至140公尺，跨越鳳山溪及頭前溪。本標段規劃約有高架橋9,000公尺，其中包含穿越新竹車站（71k+969～72k+389）之四軌道高架結構、車站前後安全側軌結構及六家基地側線；短隧道12座總長約3,900公尺，其餘為路工段及明挖覆蓋隧道。
C230標	北起里程86k+320，南至里程109k+760，長約23.44公里	韓國現代／中麟／香港亞太工程聯合承攬	本標路線主要位於丘陵區，海拔從20公尺至130公尺，路線所經大都為鄉間及農業用地。本標段規劃有高架橋8,000公尺，含後龍溪橋；隧道8座，總長約6,700公尺；另路工部分約8,000公尺。為配合未來苗栗車站的增設，在車站前後的結構也預為留設。
C240標	北起里程109k+760，南至里程130k+600，長約20.84公里	韓國現代／中麟聯合承攬	本標位於丘陵區，海拔從35公尺至140公尺，少部分路線行經西湖溪沖積平原，少許短小河流穿越主線向西注入臺灣海峽。路線所經地區主要為農業區及林木覆蓋區。本標段規劃有高架橋5,000公尺，隧道約7,350公尺，其中含3,280公尺的苗栗隧道及數座短隧道，另路工部約8,000公尺。
C250標	北起里程130k+600，南至里程170k+400，長約39.37公里（不含臺中高架車站）	德國豪赫蒂夫／荷蘭壩力頓／泛亞聯合承攬	本標段主線北自苗栗縣苑裡鎮之禁山西麓起，南行經過臺中縣大甲鎮、外埔鄉、后里鄉、神岡鄉、大雅鄉進入臺中市之西屯區及南屯區，再通過臺中縣烏日鄉，至彰化縣彰化市境內之彰南路（台14線）八卦山北麓止。本標段工程不含臺中車站之設計及施工，但包含烏日基地側線。工程規劃含高架橋35,900公尺，明挖覆蓋隧道740公尺及路工3,160公尺。
C260標	北起里程170k+400，南至里程207k+015，長約36.62km	德國菎德營造／大陸工程聯合承攬	路線所經海拔從26公尺至200公尺，未跨越主、次要河川。介於里程173k+500～175k+300及180k+000～187k+000，為野生動物保護之敏感地區。本標段工程規劃含高架橋24,360公尺及隧道9,360公尺，其中八卦山隧道長7,360公尺，為高鐵工程最長的隧道。
C270標	北起里程207k+015，南至里程249k+814，長約42.80公里	德商菎德營造／大陸工程聯合承攬	本標段在雲嘉平原區，為地震頻繁區域，更有梅山斷層位於其間。路線經過之地形為平坦之沖積平原，跨越之主要河川及其支流於洪水季節水量頗大。本標段工程規劃約有高架橋42,000公尺，其間跨越四條主要河川，及配合雲林新增車站的四軌道高架結構（218k+270～218k+690）。

標名	合約範圍	承攬廠商	工程內容
C280標	北起里程249k＋814，南至里程284k＋221，長約34.41公里	韓國三星／韓國斗山重工／理成聯合承攬	所經地形為平坦之沖積平原，主要作物為水稻、甘蔗、水果及蔬菜，許多灌溉渠道縱橫其間，主要河川及其支流於洪水季節水量豐富，尤以5～9月為甚。此區段亦為地震活動頻繁地區。路線穿越葫蘆埤及德元埤生態保護區，為鳥類的重要繁殖區。本標段工程全規劃為高架橋，含穿越嘉義車站區的四軌道結構（251k＋375～251k＋795），路線大致與一高及臺鐵平行，並相互交叉。
C291標	北起里程284k＋221，南至里程312k＋734，長約28.51公里	長鴻／日本清水聯合承攬	路線大致與臺鐵及一高平行，所經為一平坦之沖積平原。許多河川穿越其間，注入臺灣海峽，豪雨季節水量豐沛，此區亦為地震活動頻繁地區。本標段工程全規劃為高架橋。
C295標	北起里程312k＋734，南至里程340k＋058，長約27.32公里	長鴻／義大利意泰／太電聯合承攬	路線大致與一高及臺鐵平行，所經為一平坦之沖積平原。許多河川穿越其間，西入臺灣海峽，暴雨季節水量豐富。本標段工程全規劃為高架橋，含總機廠側線及穿越臺南車站的四軌道結構（313k＋650～314k＋070）。
C296標	北起里程340k＋058，南至里程343k＋120，長約3.06公里	長鴻／日本清水聯合承攬	路線經過市區人口密集、交通繁忙之既有道路。本標段是高鐵土建工程最南的土建標段，通過高雄縣仁武鄉至高雄左營基地全線規劃為高架橋，其中約2,000公尺的高架橋是通過管線密布的水管路。

臺灣高鐵公司負責的工程北起新北市的樹林區，南至高雄市的左營區，全長約326公里，主要工程內容有：高架橋約244公里（佔全工程之77%）、隧道（含明挖覆蓋及山岳隧道）約50公里（佔全工程之14%）、路堤及路塹約32公里（佔全工程之9%）。在樹林以北的大臺北地區則為地下隧道，是由交通部臺北市區地下鐵路工程處施作，長度約15公里，在完成高鐵使用的隧道後，再交付臺灣高鐵公司使用。

實施容積率 搶建住宅

由於臺灣經濟的高度成長，都市化現象顯著，人口高度集中都會區的結果即是建築物林立，而且建築物高度不斷攀高，採光和通風不足造成生活品質惡化。有鑑於此，臺北市和高雄市早於1983年即採行容積率管制，而臺灣省政府也於1991年即宣布將實施容積率管制。雖然這項措施直到1999年6月才開始施行，然而由於對政策即將實施的預期心態，加上容積率管制僅限於住宅而未限於商業用地，於是從1990年代開始，民間興起住宅搶建熱潮。

民營營造廠商工程業務量的增加，讓許多投資者也紛紛投入營造產業，但卻立即面臨資格上的難題。根據當時「營造業管理規則」第7條規定，登記為甲等、乙等或丙等的營造業者必須設有專任工程人員一人以上，若依照原來的規定，僅有技師能夠擔任專任工程人員，

臺北市在1983年採行容積率管制，圖為當時的臺北中華路

如此門檻對有意投入營造業者是一大阻礙，於是透過協商修法的方式，放寬原來工地主任的資格限制，使其與擁有專業技能的技師同樣具有擔任專任工程人員的資格。

民營營造廠商除了在公共工程上大有斬獲之外，由於民間房地產交易熱絡，營造廠商家數迅速增長。這種搶建的風潮反映在核發建築物建造執照的總樓地板面積上，無論是建築物或住宅類建造執照的年增率都在1992年創下近二十年來最高紀錄，而其中住宅類佔總樓地板面積的比例則於1994年達到歷史新高。

1990年代以降核發建築物建造執照總樓地板面積

年度	總樓	年增率	住宅類	年增率	住宅類比例
1991	53,671,495	-	24,764,548	-	46.14%
1992	76,435,671	42.41%	41,260,206	66.61%	53.98%
1993	72,490,148	-5.16%	41,312,484	0.13%	56.99%
1994	61,214,450	-15.55%	35,323,213	-14.50%	57.70%
1995	45,686,642	-23.57%	25,236,764	-28.55%	55.24%
1996	37,688,650	-17.51%	19,412,810	-23.08%	51.51%
1997	45,779,247	21.47%	23,809,263	22.65%	52.01%
1998	42,324,678	-7.55%	16,205,448	-31.94%	38.29%
1999	37,154,211	-12.22%	11,142,426	-31.24%	29.99%
2000	34,986,526	-5.83%	9,184,675	-17.57%	26.25%
2001	21,629,533	-38.16%	5,504,179	-40.07%	25.45%
2002	23,078,809	6.70%	7,577,905	37.68%	32.83%
2003	28,356,495	22.87%	12,578,623	65.99%	44.36%
2004	42,497,328	49.87%	19,546,062	55.39%	45.99%
2005	43,200,430	1.65%	18,488,642	-5.41%	42.80%
2006	36,664,412	-15.13%	19,737,713	6.76%	53.83%
2007	34,732,493	-5.27%	19,358,714	-1.92%	55.74%
2008	26,166,355	-24.66%	13,911,666	-28.14%	53.17%
2009	19,915,466	-23.89%	10,087,537	-27.49%	50.65%
2010	31,174,017	56.53%	16,737,408	65.92%	53.69%

面積單位：平方公尺

容積率

容積率為基地內建築物總樓地板面積與基地面積之比，即建坪與地坪之比。例如：100坪基地上建築四層樓房，每一樓的樓板面積為50坪，則總樓地板面積為200坪，其容積率為200%，如果每一層樓的樓板面積為70坪，則建築總樓地板面積為280坪，其容積率為280%。實施容積率管制，可以落實都市人口密度計畫，引導人口均衡發展，確保地區環境品質，使發展建設與計畫密切配合。使建築物的設計較具彈性，可塑造良好都市景觀。建地可供發展的供給量趨於穩定，並有穩定地價之作用。

引進外勞 彌補人力不足

由於臺灣經濟轉趨富裕，加上其他產業的勞動報酬率較為誘人，於是願意投入營造產業的人口愈來愈少。行政院勞工委員會在1989年通過「十四項重要工程人力需求因應措施方案」，採取「限業限量」的管理方式，引進首批3,000名外籍勞工，營造產業即是准許使用外勞的產業之一，大型公共工程的得標廠商可以優先使用外勞。

工程案件自1991年引進外勞

1991年初中華工程公司在北二高龍潭段工程以專案申請243名泰國籍外勞，成為臺灣首宗引進外勞的工程案件；承攬北二高碧潭橋及新店五號隧道工程的大陸工程，也於1992年3月陸續引進泰籍勞工342人，成為國內民營營造廠商引進外勞的濫觴。總計北二高施工高峰期間最多動員逾13,000人，其中外勞的比例即達50%。

當時申請外籍勞工的程序為業者承攬公共工程後，先自行衡量所需的勞工數目再向勞委會申請，由勞委會審核可以進口的外勞人數，再由獲准引進外勞的業者自行決定引進外勞的國籍。

中華工程公司率先引進泰國勞工，原因在於該公司曾於泰國承攬過工程，有過管理泰勞的經驗，並且泰國的主要信仰是佛教，性情較為溫和。泰勞除了有容易管理的優勢之外，當時臺灣政府為爭取與泰國的友好關係，因此在引進外勞初期確實以泰勞的人數居多。

然而在1992年3月泰國政府片面宣布要求臺灣提高其勞工的基本工資之後，臺灣即改弦易轍，增加引進馬來西亞、菲律賓和印尼的外勞數目。勞委會並於同年4月凍結泰勞的引進，目的是減緩外交關係對國內工程的衝擊程度。

根據勞委會的勞動統計年報顯示，在1992年營造業引進的外勞人數佔全部外勞人數的比例創下歷史新高，達到40.59%；而營造業引進的外勞人數，在1998年達到高峰，共有47,946人。

但是，隨著臺灣景氣滑落，外勞的引進被視為排擠本國勞工的工作權益，營造產業在當時尤其被嚴加撻伐，因為根據勞委會

馬特拉承包木柵線捷運機電工程
（臺北捷運局）

的行業空缺率調查，自1997年至2000年連續四年，營造業的空缺率是臺灣各行業總平均最低者。這顯示了外勞排擠了本國勞工參與營造產業的機會，加上引進外勞所引發的變相移民、社會治安等問題，以及外勞已經學會透過抗爭的手段來爭取自身權益，積極解決外勞問題已經刻不容緩。

馬特拉案官司 纏訟數年

時空環境的變遷，讓臺灣的重大公共工程，不僅在勞力上必須依賴外國，在施工經驗與技術上，也必須仰賴外國。臺北捷運是臺灣公共工程史上開最多國際標的工程，卻因為沿用不合時宜的工程合約，遭到外國營造廠商的抵制，以致在發包上屢遭遇瓶頸，甚至因為作業的疏失而惹來大麻煩。

承包木柵線捷運機電工程的法商馬特拉公司，1988年7月與臺北市捷運局簽約，後來因捷運工程局細部設計變更、土地徵收遲緩以及發包進度落後等因素，導致土建工程進度落後，馬特拉公司以其機電系統被迫延後完工期限，墊高成本費用為由，要求臺北市捷運局增加合約金額。

雙方談判破局，於是在1993年1月向中華民國商務仲裁協會申請商務仲裁，同年10月仲裁判定捷運工程局應增加給付馬特拉公司共新臺幣10億餘元，並且必須按照年利率5%計算利息。

會造成如此的仲裁結果與捷運工程局未能掌握時效有關，馬特拉公司出具予捷運工程局的保證金計有預付保證金、履約保證金等，目的是確保工程會如期完工。然而隨著這些信用保證依序逼近效期，捷運工程局卻未要求展延而致過期，馬特拉公司因此能毫無顧忌地停工，並逼迫捷運工程局簽署協議書條款。

2000年，臺北市捷運局不服馬特拉聲請強制執行合約，提起債務人異議訴訟，主張該合約應係「承攬合約」，依法請求權僅有二年，就算其間聲請仲裁而延長時效至五年，基於商務仲裁已於1993年10月判定，因此請求權時效也應於1998年10月屆至，主張馬特拉已無請求權。

一審臺北地院及二審高等法院都認為馬特拉未及時行使權

利，請求權已經消滅，判決臺北市捷運局勝訴，馬特拉不能強制執行給付該筆款項。但是，全案於最高法院發回高等法院更一審時卻發生變化。

更一審合議庭指出，該合約除了要馬特拉提出基本設計、劃定路線全程，以及固定設施細部設計、營建土木結構設計之外，並要購買、安裝與測試車輛、機電設備，訓練專門技術與管理人員等，所以認定合約屬於「買賣、承攬的混合契約」。合議庭因此認為，依照民法，該合約應有十五年的請求權，就算從作出商務仲裁判定的1993年起算，馬特拉的請求時效也未到期。

2005年7月，最高法院支持高等法院更一審的判決見解，判決捷運局敗訴定讞，必須連同該訴訟期間的利息賠償給馬特拉公司16.4億元。馬特拉事件，讓營造產業深切體會可以透過合約以及法律爭取自身權益。

仲裁列入契約 引發爭議

事實上，因為營造產業屬於低資產高承攬的特性，特別講求時效性，因此商務仲裁比起司法訴訟更為承攬廠商青睞，得以避

2005年臺北捷運局在馬特拉案敗訴定讞（《大紀元》）

免冗長的訴訟程序而延誤營造廠商請領工程款項，馬特拉案最終的判決結果也對此作出正面印證。

2001年5月臺灣營建工程爭議仲裁協會成立，成為國內首家營造業的仲裁機構。不過作為國內公共工程的最大業主的交通部國道新建工程局、交通部國道高速公路局及臺北市政府捷運工程局卻為了避免對自身不利，相繼在其制式契約中刪除仲裁條款。

於是，立法院於2007年增訂「政府採購法」第85條之1的規定，建立「先調後仲」制度，其內容為因履約爭議未能達成協議者，若屬廠商向採購申訴審議委員會申請調解，機關不得拒絕；工程採購經採購申訴審議委員會提出調解建議或調整方案，因機關不同意致調解不成立者，廠商提付仲裁，機關不得拒絕。

對此，行政院公共工程委員會雖然研議修改工程契約採購範本，然而卻主張仲裁的要素在於雙邊合意依循仲裁機制，若是立法強制一方進入仲裁，反而會有違憲之虞，因此不同意將強制仲裁的條款列入工程契約採購範本中，為此公共工程委員會與營造公會於2010年年中，各自在媒體刊登廣告相互表達不同立場。

無論如何，隨著輿論力量的轉強與資訊透明化時代的到來，營造業者在承攬工程時已站在一個較為公平的基點，可以與發包業主兩造各取其利、創造雙贏。這與六年國建推動伊始，民營營造廠商為爭取利益必須與發包主辦單位錙銖必較的情況相較，已經不可同日而語了。

強制仲裁納入公共工程爭議

強制仲裁納入公共工程引發爭議（公共工程委員會）

公共工程發包機關所擬定的制式契約不符合公平契約的國際標準，經常引發營造廠商抱怨。機關發包公共工程，都以節省公帑為由，讓契約條款朝向主辦公共工程的機關傾斜，有時為配合政策要求還將工程時限壓縮甚緊，營造廠商除了配合要求趕工外，非但不許增加報酬，有時還會遭到裁罰，契約雙方經常發生爭議。營造公會方面認為政府機關一直拒絕將仲裁條款納入國內工程採購契約，行政院公共工程委員會又常在調整機制設置障礙，使得工程爭議難以進入仲裁，因此推動修法將強制仲裁納入公共工程爭議機制。公共工程委員會則表示並不反對合議仲裁，但以為立法強制一方仲裁有違反憲法訴訟權保障之虞，並且表示有些機關認為現行仲裁環境不佳，所以仲裁意願甚低。

第三節 日商營造公司再度來臺發展之影響

國際標興盛 日商叩關

自從臺灣的重要公共工程大量採國際標之後，外國營造業也紛紛將臺灣視為淘金樂園。在來臺發展的外國營造公司中，以日商營造公司的投入縱深最長、影響層面最廣。

在日治時期，鹿島建設、大林組、清水建設等大型公司便隨著日本殖民政府進入臺灣，從事公共基礎建設。戰後，日商營造公司再度來臺發展的契機，則是由於臺灣早期大型公共工程的缺乏、營建類型的範疇不多，再加上國內民營業者的技術與廠商發展的規模，受到公營營造業特權霸佔市場的影響而未臻成熟、缺乏經驗所致。

尤其，從1960至1970年代，特別是十大建設期間，政府推動大型公共建設計畫，開放民間可以競逐巨額投資的公共工程，但公民營業者無力承擔全部的興建工程，所以形成競標上的缺口。此時，日商營造公司由於與臺灣的地緣和營造環境相似，以及擁有關鍵營造技術與經驗的優勢，藉由公共工程的國際競標或聯合承攬，再度進入國內的營造市場。

聯合承攬 外商趨之若鶩

戰後國外的營造廠商多為承攬大型公共工程建設，而進入臺灣的營造市場，他們來臺參與營造工程的發展歷程，大致上可以分為三個時期。

第一時期為1960至70年代，政府基於民生需求，陸續推動十大建設、十二大建設等公共工程經建計畫。由於一些特殊性的工程，例如水庫、發電廠、工業廠房等，國內的營造廠商缺乏相關經驗，同時政府也以及早完成工期作為考量，促使日本營造廠商來臺與國內廠商合作施工，提供工程技術指導及協助，以及負責高技術及高難度的工程。這個階段也是臺灣經濟的高度發展期，許多日本產業來臺投資設廠，日系營造公司也憑藉著雙方在日本本土的合作關係，得以承攬日商的工廠廠房。

戰後來臺發展的日商營造廠商

新光人壽保險摩天大樓

外商名稱	進入臺灣時間	擅長工程	參與的重點工程
鹿島建設	1966年進入臺灣 1983年中日合資成立中鹿營造 1998年成立日商鹿島營造股份有限公司臺灣分公司	超高建築、科技廠房、智慧型大樓	高雄造船廠 明潭地下發電廠 員山子分洪道 宏盛帝寶（中鹿）
熊谷組	1967年中日合資成立華熊營造 1999年成立日商熊谷組營造股份有限公司臺北分公司	隧道、超高建築、科技廠房、高爾夫球場	德基水庫 新光人壽保險摩天大樓（華熊） 臺北101（華熊）
大林組	1969年參與日系產業廠房 1999年成立日商華大林營造股份有限公司	高級住宅、商業大樓、捷運	臺北捷運 信義之星 高鐵桃園青埔站 中油液化天然氣儲油槽
大豐	1975年進入臺灣，十大建設的協力廠商 1999年成立日商大豐營造股份有限公司臺灣分公司	隧道工程、下水道工程	高鐵新竹車站 臺北捷運新莊線
清水建設	1986年成立吉普營造 1994年成立日商清水工程顧問臺北分公司 2000年成立日商清水營造工程股份有限公司臺灣分公司	日商廠房、高技術工程、捷運	高雄火車站遷移工程（吉普）高鐵臺南車站 桃園機場聯外捷運
竹中工務店	2001年成立日商竹中工務店營造股份有限公司臺灣分公司	下水道工程、巨蛋體育場館	高鐵嘉義站 高雄世運主場館
大成	1988年成立東凌營造 1998年成立日商華大成營造工程股份有限公司	科技廠房、辦公大樓、高級飯店、高價住宅	六福村主題樂園 天母新光三越 高鐵臺中及左營車站
奧村組	2001年成立日商奧村組營造股份有限公司臺灣分公司	隧道工程、捷運	高雄捷運工程 臺北捷運新莊線

日本五大建設業

天母新光三越

名　　稱	資本額（日圓）	創業	總　社
大成建設（Taisei）	1,124億4,800萬	1873	東京都新宿區
鹿島建設（Kajima）	814億4,700萬	1840	東京都港區
清水建設（Shimizu）	743億6,500萬	1804	東京都港區
大林組（Obayashi）	577億5,300萬	1892	大阪府大阪市中央區
竹中工務店（Takenaka）	500億	1610	大阪府大阪市中央區

員山子分洪道工程

宏盛帝寶（長榮開發）

高雄火車站遷移工程

第二時期則是1980年代後期至1990年代，因政府推動臺北捷運系統以及六年國建，吸引了更多外國營造廠商進入。臺北捷運工程為十大建設之後最引人矚目的公共工程之一，其工程內容可分為土木工程及機電工程；而外國營造廠商，包含日本、美國、德國、法國等，則多透過與國內營造廠商聯合承攬的方式，參與臺北捷運土木工程的發包與施作。

除此之外，由於日商營造公司高品質的品牌形象，在1980～90年代隨著臺灣電子產業與企業辦公大樓的興起，諸如科學園區的高科技廠房、辦公大樓及高價住宅，多數業者均傾向委託日系營造公司前來興建。以熊谷組及其在臺合資成立的華熊營造為例，即陸續承建了高雄國賓大飯店、台視中央大樓、臺北世界貿易中心、聯華電子廠房等。

第三時期則為2000年後的臺灣高速鐵路工程及高雄捷運工程，又吸引了多國營造廠商來臺。此兩項建設均為國內具代表性的BOT工程，其中臺灣高鐵被定位為臺灣軌道運輸主幹，發包後總經費為4,316億元，而高雄捷運則定位為都會捷運系統，發包後總經費為1,952億元，均具有龐大的工程商機。

臺北世界貿易中心

重大交通工程 跨國合作

臺灣高速鐵路發展計畫係由大陸工程領軍的臺灣高鐵聯盟得標，在1998年正式成立臺灣高速鐵路股份有限公司後，於2000年3月開工。高鐵的土建工程，主要有隧道、高架橋、路堤或路塹，共分為十二標段，均採國際標。高鐵各標段均採行統包模式發包，廠商需負責設計及施工作業。而由於臺灣營造廠商的設計能力普遍較為薄弱，因此需要與外國廠商進行合作，從而採取國內外營造廠聯合承攬的方式來承包工程。

高雄捷運路線圖

至於高雄捷運的興建，是由中鋼公司主導成立的高雄捷運股份有限公司籌備處得標，於2001年10月開始動工興建。高雄都會區大眾捷運系統第一期發展計畫為紅、橘線路網，其土建工程區分為十一個區段標及四個機廠標，招標方式分為自辦招標和公開招標，部分標段為國內廠商所承包，而外國廠商的承攬工程率，相較於臺北捷運、臺灣高速鐵路為少，但仍以日系營造廠商為主，如日商華大成、鹿島建設、清水建設等都有參與。

綜合而言，外國廠商來臺參與公共工程投標，目前仍以與國內廠商聯合承攬的方式為主流。基本上，國內營造廠商基於在地優勢，較能處理土方、砂石、勞力等問題，而外國營造廠商則是在技術、工法、經驗、設計理念、工程管理能力等方面佔有優勢。因此，雙方藉由聯合承攬，可達到技術合作、資源交流、相互補足本身能力不足之處，並共同分享業績與分擔風險。

地標式建築 日商傑作

同時，日系營造廠持續承建摩天大樓及高價住宅等民間建設，也在技術上更具突破性。這其中包括了2004年完工的臺北

高雄捷運美麗島站施工圖

高雄捷運土建工程各區段標承攬廠商一覽表

標別	承包商	標別	承包商
CR1	聯鋼營造、日商華大成營造	CO1	達欣公司、東南水泥、日商清水建設
CR2	大成工程、統一國際開發、日商西松建設	CO2	隆大營造、日商前田建設
CR3	遠揚營造、泛亞工程、日商地崎工業	CO3	皇昌營造、華升上大營造、榮工公司
CR4	榮工公司、日商鹿島建設	CO4	新亞建設、馬來西亞金務大公司
CR5	聯鋼營造、日商華大成營造	CD0	理成營造
CR6	榮工公司、日商奧村組	CD1	榮工公司
CR7	大成工程	CD2	聯鋼營造
		CD3	聯鋼營造

101，其工程總承包商為熊谷組、華熊、榮工公司、大友為公司所組成的聯合承攬團隊（KTRT JV）。而在高價住宅的興建方面，則由於臺灣和日本均位於地震帶上，日商營造公司對於建築的垂直度、安全度要求嚴苛，也相當重視地震對建物的影響。再加上日商注重細節、謹慎的行事作風，盡可能將各項工程標準化，建立了有目共睹的好口碑，也促使臺灣建商積極尋求與他們合作。

外國營造廠商主要參與的臺北捷運土木工程

國家	營造廠商	聯合承攬的國內營造廠	工程標
日本	大林組	互助營造	204A、205、207、218標
	青木建設	新亞建設	207A、221、224、254標
	清水建設	太平洋建設	215A、216B、253B標
	地山奇公司	泛亞工程	420、223、257標
	鹿島建設	大友為	262標
	鐵建建設	大陸工程	256、261標
美國	MK	唐榮公司	222標
德國	皕德	東怡營造	560標
	瑞林	理成營造	201A標
法國	MONTCOCOL	九泰營造	219標

施工中的臺北101國際金融大樓

參與高鐵土建工程的外國營造廠商一覽表

國家	營造廠商	聯合承攬的國內營造廠	工程標
日本	大林組	互助營造	C210
			C215
	大豐營造	九泰營造、國開營造	C220
	清水建設	長鴻營造	C291
			C296
香港	亞太工程	中麟營造	C230
韓國	現代		C240
	三星、重工	理成營造	C280
德國	皕德	大陸工程	C260
			C270
荷蘭	豪赫蒂夫壩力頓	泛亞工程	C250
泰國	意泰建設	長鴻營造、太電	C295

臺北101國際金融大樓完工前夕

信義之星

許多豪宅建案，例如位於信義計畫區的「信義之星」，由臺灣建商找來大林組負責營造工程；忠泰建設首座豪宅「輕井澤」則由鹿島建設負責制震系統、營造監工；而宏盛帝寶的施工營造也委由鹿島建設在臺的子公司中鹿營造及臺灣助群營造負責。日系營造公司儼然成為豪宅建築的品質保證。

日本營造廠商前來參與營造工程，有其特殊的背景和原因。最主要的原因是日本曾經在臺殖民統治，日商對臺灣抱有特殊情感，這一點對營造業者而言非常重要。日本與臺灣的營造公司，無論在工作習性、工作態度、生活文化、習慣及品質上都較為相近，在管理上也較具一致性。

其次，臺灣的營造市場相對上較為穩定，對於日商營造公司而言，能夠確保工程尾款的收取，因此在評估上屬於低風險，這也增加了日商投資的意願。此外，在日本營造業排名評定中，海外工程實績為評分的要點之一，而臺灣是日本重要及便利的海外市場，自然也形成日商來臺投資的誘因。

頂尖建築師 引領流行

受到日系營造公司來臺發展的影響，近年來日本頂尖建築師的登臺，更為臺灣營造業帶來一股創新的風潮，並以其特殊設計考驗營造業者的技術能力。以日本建築業的國際級大師伊東豐雄、安藤忠雄為例，二人在日本並稱「建築雙雄」，各別在臺灣承接了備受矚目的大型建案。

安藤忠雄設計了新竹交通大學人文藝術館及建築館、臺中亞洲大學創意設計學院大樓。其中，亞洲大學藝術館由三座正三角形堆疊、組合而成，共三層樓的建物坐落於校園中心區；但由於工程採清水模施作，灌漿後板模拆開即成藝術品，不能再做後續修飾，在工法上深具難度，曾經造成土木、營造工程的多次流標。

由安藤忠雄設計的亞洲大學藝術館
3D立體電腦圖（《聯合報》）

高雄世運主場館

伊東耀眼 設計光彩奪目

伊東豐雄在北中南三大都市各有一個大型建案，包括由互助營造所承建的高雄世運主場館與臺北市國立臺灣大學社科院大樓，以及麗明營造承包的臺中市大都會歌劇院。

已順利完工的高雄世運主場館，統包商為互助營造公司，於2006年12月動工。世運主場館興建的規劃構想，以美觀、效率、環保、多功能、與融入人文與社會為目標，設計上引進太陽能光電科技及綠建築概念，在施工規劃上則以省力化、模組化等工法，以增進施工效率、安全及符合工期要求。世運主場館於2009年完工落成，全部施工時數以300多萬小時，並締造零工安（災害）紀錄，成為我國的指標性建築。

臺灣大學社科院大樓設計圖
（外觀）

同樣由互助營造所承包的國立臺灣大學社科院大樓，其中最特別的是獨立成棟且隱藏自然線條規則的半透明圖書館設計，其館面外的三面牆均為玻璃，而

臺灣大學社科院大樓設計圖
（內部）

屋頂的形狀則由一個個既似雲朵、又像樹葉的綠色橢圓組成，有別於傳統的校園建築，已於2010年動土，可望成為臺灣校園的代表性建築。

伊東豐雄

1941年出生於朝鮮日治時期的京城府（今南韓首爾市），1965年畢業於東京大學工學部後。曾於菊竹清訓建築師事務所工作，在1971年成立工作室，1979年改名為伊東豐雄建築設計事務所。此後，推出了許多重要的日本建築作品，1986年其作品風之塔（Tower of Winds）備受矚目，讓他成為國際當代建築師。他以高雄世運會主場館、臺中大都會歌劇院及臺灣大學社會科學院新館等重要設計案，在臺灣廣為人知。曾獲英國國家建築師協會的大獎，並獲得日本建築學院獎和威尼斯建築雙年展的金獅獎。

安藤忠雄

1941年出生於大阪府大阪市。畢業於大阪府立城東工業高校，曾前往世界各地旅行，並自學建築。在成為建築師前，曾任貨車司機及職業拳手，後來在沒有經過正統訓練下成為專業的建築師。1969年創立安藤忠雄建築研究所，1976年的作品大阪府住吉長屋，獲得日本建築學會賞，接連發表以清水混凝土建造的住宅和商業建築，引起熱烈討論，1990年代以後，參與公共建築、美術館建築等大型計畫。安藤忠雄在臺灣的設計作品包括：交通大學藝術館、臺中亞洲大學的安藤忠雄藝術館、施工中的三芝墓園，而原計畫在新北市貢寮區澳底興建大地教堂案，未通過環評而終止。他熱衷教學，曾擔任美國耶魯大學、哥倫比亞大學、哈佛大學和加州柏克萊大學客座教授，以及東京大學工學部教授。

　　至於臺中市大都會歌劇院，則以「聲音的涵洞」（Sound Cave）做為設計概念，是一個新時代的幾何構造物。其設計打破以往必須雄偉、隔絕式的封閉音樂廳構造，讓建築與周遭環境巧妙交融。大都會歌劇院，因其特殊曲面建築空間形式像洞窟般渾然一體的創新空間，已在建築史開創出新空間形式。建築主體結構由連續曲牆牆面、鑲嵌樓板、鑲嵌內（外）牆及服務核心牆所構成，其施工工法不僅為世界建築史首創，也是臺灣工程界所絕無僅有。工程也因工法困難以致發包不易，在流標五次、興建工程延宕三年的臺中大都會歌劇院主體工程，最終由麗明營造取得承包權，展開深具挑戰性的任務。

　　此外，由伊東豐雄設計、互助營造施工的臺北世貿中心四合一廣場景觀綠化工程則在2011年完工啟用，佔地2,400坪，為臺北市最大的私有綠地。

大都會歌劇院將成為臺中市的新地標　（臺中市府）

開放市場 迎合世界潮流

隨著市場的自由化與國際化，影響外國營造廠商來臺發展的重要因素，以我國在2002年加入世界貿易組織（World Trade Organization, WTO）作為重要分水嶺。在申請加入WTO之前，我國對營造業的相關規範，係來自以建築法為母法，而以行政命令形式頒布的營造業管理規則，做為政府管理的法源依據。

因為欠缺專屬而完善的營造業法，使得外國廠商來臺僅能從事投資而不能設立分公司，而且外國廠商與國內廠商合資部分，在向中央主管機關內政部申請登記時，有一項不成文規定，即外資股份應少於國內股份。這使得外國營造廠商若有意在臺灣生根發展，多是透過與國內業者合資設立營造公司的模式辦理。例如熊谷組在1974年成立中日合資的華熊營造；鹿島建設在1983年成立中日合資的中鹿營造等。

由於上述不開放外國廠商來臺設立分公司，與國外公司來臺投資股權比例限制在50%以下的法令限制，已經明顯違反WTO的服務業貿易總協定（General Agreement Trade on Services, GATs）中第16條關於市場開放的規定，因此當政府從1995年開始申請加入WTO起，即著手調整並修正國內相關法規，以期能符合GATs的規範。

政府在1995年12月7日增訂「營造業管理規則」第45-3條條文，開放已在其所屬國家登記設立的外國營造廠商，可依法來臺登記分公司，不再受到只能經由投資我國營造公司，方能進入我國營造市場的限制，也使得國內營造市場更趨向開放競爭。

更進一步的政策，則為內政部依據營造業管理規則第45-3條條文所作的規範，在1996年7月函頒「外國營造業登記等級及承攬工程業績認定基準」，規定外國營造業者可依照該基準，利用其在我國境外所獲得的工程承攬實績，直接申請甲等營造業登記證。

這促使許多進入臺灣營造市場已久的日系營造廠商，紛紛申請登記分公司，也使得部分日系營造廠商同時擁有兩張營造廠牌照，一是早期透過臺日合資成立的公司，另一則是開放登記設立的分公司。例如鹿島擁有中鹿營造及鹿島臺灣分公司；清水建設擁有吉普營造及清水營造分公司。

臺北世貿中心四合一廣場

日商在臺申請登記分公司

WORLD TRADE
ORGANIZATION

WTO（世界貿易組織）LOGO

國際競爭 產業發展趨勢

2002年臺灣正式加入WTO，在WTO相關協定中，與營造業有關者主要有：服務業貿易總協定（General Agreement Trade on Services, GATs）及政府採購協定（Government Procurement Agreement, GPA）。其中服務業貿易總協定為多邊貿易協定，具有強制性，對於WTO所有會員國都有約束力；而政府採購協定則為複邊貿易協定，屬於選擇性的協定，只對接受此等協定的國家產生拘束力。

營造業屬於服務業之一部分，必須遵守GATs下的最惠國待遇、公開化、市場開放以及國民待遇等原則。臺灣於是在2003年通過營造業法，使營造業的設立、營運、管理等規範獲得合理的法律位階。

此外，臺灣歷經數年的談判後，於2009年正式加入GPA，成為第41個簽署會員國。依據臺灣加入GPA所承諾開放的門檻清單，在適用GPA的營造工程案件上，國外營造廠商可不再受到技術合作或分工等限制，而得以直接參與公共工程的投標。但若以我國政府所承諾的工程類承攬開放金額數字計算，中央或地方機關各開放的實施階段皆在500萬SDR（Special Drawing Right，特別提款權，500萬SDR約折合新臺幣2億4,908萬元）以上，已遠超出丙等及乙等營造廠的承攬限額。因此，在加入GPA後，對於以承接大型公共工程為主的甲等營造廠所受的影響較大，他們也將面臨國外營造廠在業務上的競爭壓力。

服務業貿易總協定

服務業貿易總協定的架構是在1986-1994年間的國際貿易談判「烏拉圭回合談判」所擬定。當時國際上的貿易規範原本只有關稅暨貿易總協定（General Agreement on Tariffs and Trade，簡稱GATT），用來規範實體的「貨品貿易」，而服務業貿易總協定的擬定則是要規範「服務業貿易」。1993年關稅暨貿易總協定烏拉圭回合談判，確定於1995年1月1日成立WTO，並通過把服務業貿易總協定納入WTO的規範項目內。服務業分為12大類，包含155個次行業別，內容包括：零售、金融、保險、能源、電信、維修、建築、採礦、廢棄物處理、觀光、餐飲、旅館、交通、教育、醫療、社會安全、郵政、警政與監獄、水與下水道系統等。

外商進入 造成市場競合

臺灣早期由於營造技術、經驗與管理的需求,引進日系營造廠來臺提供工程技術指導及協助,而後隨著國內相同工程的進行,我國營造廠商逐漸具備相關的技術能力。以捷運工程為例,臺灣的技術工程已相當成熟,具有單獨承包的能力,此時外國廠商的進入,對國內廠商而言,反而成為了市場上的競爭者,使得外國與國內營造廠商之間產生了競合關係。

我國營造業者對於外國營造廠商來臺發展,抱持著不同的看法。部分營造業者認為外國營造廠商憑藉其在技術、資金上的有利優勢,來爭食國內營造商機,瓜分營造市場;但也有業者從風險分擔、技術轉移、擴大承攬工程類別範圍等觀點,認為透過與外國營造廠商的合作,有利於工程承包與產業技術提升。

隨著世界經濟日益趨向全球化與自由化發展,不論是開放外國營造廠來臺或是我國營造廠商拓展海外市場,都為時勢所趨。無論其所帶來的是更多的市場競爭或是廠商間的合作聯盟,對於營造產業的影響與發展,都是既深且遠的。

政府採購協定

政府採購協定是世界貿易組織(WTO)的一項複邊協定,只有參與政府採購協定的WTO會員國才有負擔該協定的義務及權利。也就是說,成為GPA成員國在政府採購協定下所開放的採購市場,只有該協定成員國的產品與其供應商才能參與。簽署GPA對臺灣廠商的最大利基,在於可進入其他會員國的政府採購市場。據估計其他GPA會員國(包括美國、歐盟、加拿大、日本等)可對臺灣廠商開放之政府採購市場,每年約達3,900億美元,相當於我國每年可開放市場規模之60倍大,或全國各機關每年全部採購總額的12倍。臺灣加入GPA後,中央政府採購案件金額,財物或勞務在新臺幣652萬元以上及工程採購2.5億元以上,均開放國際標。

特別提款權

國際特別提款權標誌

為國際貨幣基金會在會計上記帳的單位,又稱為「紙黃金」,是國際貨幣基金組織(IMF)於1969年進行第一次國際貨幣基金協定修訂時創立的用於進行國際支付的特殊手段。它ISO 4217代碼是「XDR」。它依據各國在國際貨幣基金組織中的份額進行分配,可以供成員國平衡國際收支。它是基金組織分配給會員國的一種使用資金的權利。會員國發生國際收支逆差時,可用它向基金組織指定的其他會員國換取外匯,以償付國際收支逆差或償還基金組織貸款,還可與黃金、自由兌換貨幣一樣充作國際儲備。

戰後日系營造廠商參與臺灣建設工程年表

完工年度	工程名稱	參與業者
1970	基隆碼頭建築改建工程，設計與技術顧問鹿島組	鹿島組
1971	臺北市明生大樓	大林組
1971	Cannon臺中工廠	大林組
1973	曾文水庫工程，技術顧問鹿島組	鹿島組
1975	德基水庫工程	熊谷組
1976	高雄港100萬噸碼頭工程	鹿島組
1976	高雄儲油槽5萬噸碼頭工程，技術顧問鹿島組	鹿島組
1977	中國國際商業銀行大樓，技術顧問鹿島組	鹿島組
1978	臺灣十大建設：1. 南北高速公路（熊谷組、青木建設、間組、大豐建設）；2. 北迴鐵路（鹿島組、熊谷組）；3. 臺中港（鹿島組）；4. 中船大造船廠（鹿島組）；5. 中鋼大煉鋼廠（鹿島組）	熊谷組、青木建設、間組、大豐建設、鹿島組
1979	臺北市政府C幹管A、E標工程	大豐建設
1980	基隆東防波堤擴建工程	大豐建設
1980	高雄煉鋼廠第二期，技術顧問鹿島組	鹿島組
1981	台電大樓，技術顧問鹿島組	鹿島組
1981	高雄國賓大飯店	華熊營造
1981	基隆協和發電廠邊坡排水隧道	華熊營造
1982	花蓮舞鶴自強一號隧道	華熊營造
1982	臺鐵豐原豐勢路立體交叉工程	華熊營造
1982	臺鐵彰化民生路立體交叉工程	華熊營造
1982	臺鐵樹林站北方立體交叉工程	華熊營造
1983	高雄市成功路下水道隧道，技術顧問鹿島組	鹿島組
1983	明湖水庫下池壩斷層處理工程	華熊營造
1984	高雄過港隧道，技術顧問熊谷組	鹿島組
1984	高雄市污水下水道擴建路及過港段主幹線工程	大豐建設
1984	臺北市日僑學校	華熊營造
1985	明湖抽蓄發電所建設工程，技術顧問鹿島組	鹿島組
1985	明潭地下發電廠	鹿島組
1985	中國石油南部LNG地下式貯槽工程	大林組
1986	高雄中州污水進水抽水站	華熊營造
1987	臺北榮總第二期工程，技術顧問鹿島組	鹿島組
1987	臺北市台視中央大廈工程	華熊營造
1988	聯電積體電路工廠工程	華熊營造
1989	高雄華國世貿金融中心及花園大廈	華熊營造
1989	臺北世貿中心大樓，技術顧問中鹿營造	中鹿營造
1989	臺北世貿中心國際會議中心大樓	華熊營造
1989	臺北捷運北投線CT207工程	大林組
1989	臺北捷運淡水線CT205工程	大林組
1990	臺北捷運淡水線CT204A工程	大林組
1991	越淡水河下水道幹線工程	中鹿營造
1991	南迴鐵路，技術顧問鹿島組	鹿島組
1991	臺北捷運新店線CH218工程	大林組

完工年度	工程名稱	參與業者
1994	臺北市新光人壽大樓	華熊營造
1994	六福村主題樂園	大成建設
1996	北二高安坑隧道	華熊營造
1998	臺北捷運CP-262新店溪橫斷工程	鹿島組
1999	臺北市下水道林森北路次幹管工程	大豐建設
2000	輕井澤	鹿島組
2000	臺灣高鐵210工程	臺灣大林組
2000	臺灣高鐵215工程	臺灣大林組
2000	臺灣高鐵291工程	清水組
2000	臺灣高鐵296工程	清水組
2001	臺北市下水道杭州南路次幹管工程	大豐建設
2001	臺北市下水道內湖・大湖次幹管工程	大豐建設
2002	臺北市下水道內湖甲幹管第一標工程	大豐建設
2002	高雄火車站遷移	吉普營造
2003	臺北市信義之星	臺灣大林組
2003	臺灣高鐵T210軌道	臺灣大林組
2004	臺北市下水道景美・木柵次幹管工程	大豐建設
2004	中國石油臺中LNG油槽	臺灣大林組
2004	天母新光三越	大成建設
2004	臺北101大樓	熊谷組、華熊營造
2005	員山子分洪道	鹿島組
2005	宏盛帝寶	中鹿營造
2005	統一國際大樓（誠品信義旗艦店）	臺灣大林組
2005	臺北市市立體育館（小巨蛋）	臺灣大林組
2005	臺北捷運信義線CR580B工程	臺灣大林組
2006	臺灣高鐵土建標C210&C215工程	臺灣大林組
2006	高鐵桃園青埔站	臺灣大林組
2006	高鐵新竹車站	大豐建設
2006	高鐵臺南車站	清水組
2006	高鐵嘉義車站	竹中工務店
2006	高鐵臺中車站	大成建設
2006	高鐵左營車站	大成建設
2007	臺北世貿中心大樓設備更新，技術監理中鹿營造	中鹿營造
2008	高雄捷運工程	奧村組
2009	士林電機Sogo大樓	中鹿營造
2009	士林電機中鼎大樓	大成建設
2009	臺北車站交九複合式開發案	大林組、中鹿營造
2009	高雄世運主場館	竹中工務店
2012	臺北捷運新莊線	大豐建設
2012	桃園機場聯外捷運	清水組

第八章　營造技術之發展

第一節 水利與發電工程

興築埤圳 引水灌溉開墾

　　土木工程是指一切和水、土、文化有關的基礎建設計畫、建造和維修。其範圍包括水利、渠道、發電工程、道路及交通等公共建設。本章將簡介臺灣營造產業從19世紀過渡到現代的技術演進過程，並且從臺灣最早的大型公共工程——埤圳建設開始談起。

　　在18到19世紀，明清時期，以農業為生的漢人來到臺灣開墾土地，然而開荒闢地必須依靠建築埤圳引水灌溉始成良田，例如1837年鳳山知縣曹謹開闢的曹公圳。事實上，當時臺灣民間所發生的多次械鬥情事，都是為了水權之爭。清代的水圳主要是以私人集資開鑿水圳，如臺北地區的瑠公圳（1740）、濁水溪的八堡圳（1719）等。早期的水圳工程皆是利用重力原理規劃水利系統，並且必須仰賴較為精密的測量技術。

　　清代的臺灣，水利設施多為僅用草、石、木頭等自然材料建造攔水壩，即為「草埤」，或利用地形以池塘、湖泊等方式蓄水。農田隨著人口成長而增加，水利建設也廣為興建。

日治初期 水利工程出現

　　19世紀末期，日本殖民統治臺灣初期，將重心置於軍事項目，但日本軍隊初期在臺死亡的主因並非戰爭因素，而是軍隊染上熱病的問題。有鑑於此，日人認為熱病源於污穢的水質，於是著手進行水源改善。1898年，臺灣第一座自來水淨水廠由有「臺灣自來水之父」之稱的巴爾頓（William K. Burton）在今基隆市暖暖區內規劃設立，臺灣的水利工程技術也至此邁向現代化。

　　在日治時期，大規模且計畫性的灌溉設施逐步開始進行建設，有系統地整合與規劃各區域灌溉工程。同時，臺灣總督府也逐一收購民間水圳，公布「臺灣公有埤圳管理規則」，釋出提供

基隆暖暖的臺灣第一座自來水淨水廠

嘉南大圳將清代埤圳整合成灌溉水道

民間使用，例如桃園大圳以及著名的嘉南大圳。隨著開墾土地面積增加，臺灣原有短促的水系已不足以供應灌溉所需，日人便著手調查各水系與規劃水庫建設的位址及可行性。

　　臺灣總督府為推行殖產事業，因此以開發電力為各種產業發展的基礎。1902年臺灣總督府將美國混凝土技術引進臺灣，並應用於臺灣首座水力發電廠——第一發電所（龜山發電所）。

　　20世紀中葉，國民政府來臺後，首要恢復戰爭所破壞的設施，致力於開發新灌溉農地與改善設備。至今臺灣灌溉設施所涵蓋的面積，已達約40萬公頃。灌溉渠道共1,365個系統，灌溉水庫44座、埤池逾1,000座、輸配水渠道總長為40萬公里。

　　從1959年開始，我國的水圳工程與農業技術方面已十分成熟，此時正值國家的外交困境，因此便派遣農耕隊至越南、非洲、中南美洲及沙烏地阿拉伯等地，協助發展農業技術，援助內容包含灌溉的水圳工程建設及農作物技術改良等。

臺灣著名的水利工程

時期	設施量	著名水利工程	供水量	其他
明清	1,011處水利設施	八堡圳、瑠公圳、曹公圳、虎頭埤	20萬公頃耕地有灌溉設施（總計75萬公頃耕地）	
日治時期	16處自來水工程 自來水日出水量23.6萬立方公尺 供水人口141.87萬人 水力電廠25所		53.8萬公頃耕地有灌溉設施（總計86萬公頃耕地）	堤防護岸419.153公里
光復初期	自來水日出水量10萬立方公尺 供水人口103.6萬人		27.5萬公頃耕地有灌溉設施	
民國41年	自來水系統建立		48萬公頃	堤防護岸440公里

虎頭埤

巴爾頓（William K. Burton）

1856-1899年，出生於英國蘇格蘭愛丁堡，1873年畢業於愛丁堡工業專門學校，專長為都市給水與排水道等衛生工程建設。1884年，在倫敦萬國衛生博覽會時，結識了日本內務省衛生局官員永井久一郎，兩年後日本爆發霍亂疫情，永井推薦他擔任日本衛生局的衛生工程技師。1896年獲臺灣總督府衛生顧問後藤新平的推薦，臺灣總督府聘請他來臺擔任衛生工程顧問技師，他在臺期間，從南到北，甚至到澎湖等地，進行衛生工程調查並提出建言，為日後的自來水工程建立基礎。

1897年，他為探勘臺北水源時，在新店溪上游罹患瘧疾，後來又感染赤痢，返回日本時病情惡化，1899年病逝於東大附屬病院。他生前只完成基隆水道設計案，最終構想係由其學生濱野彌四郎所完成。

龜山發電所

龜山水力發電所是臺灣第一座民生事業用的水力發電廠，在日治時期由日人土倉龍次郎投資建造，後因土倉家族財務危機，由臺灣總督府接手。其工程建造自1903年12月動工至1905年1月竣工使用。工程內容包括水路開鑿、以鋼筋混凝土建造堰堤、發電所、配電所、電力線路鋪設，其中為了安置發電機組，在室內120坪的空間內，創下臺灣首例全無立柱支撐的建築技術。另外，龜山發電所的成功經驗，讓日人得以計畫性地規劃臺灣河川水力資源配置，並將水力發電的概念及技術帶入臺灣。1905年7月，龜山發電所完工送電，使臺灣首次在臺北城、大稻埕、艋舺三市亮起電燈，也讓臺灣進入嶄新的「電力時代」。

石門水庫 學習營造技術

石門水庫壩體施工中

戰後的臺灣由於物質缺乏，而且日治時期的土木營建相關技術人員大多數隨著日本政府撤離臺灣，在缺乏資源及重型機具設備的時代，國內也無大型營造廠，水利灌溉工程幾乎都以人力施工的方式完成。

直到1950年代，由於美援的經濟與技術支援，才興建了第一座大型水庫——石門水庫。在此之前，國內尚無對大型水庫或高壩有規劃設計或施工的經驗，只能聘請國外顧問公司進行規劃設計，由國內提供工程師人才，藉此吸取國外經驗。

於是當時石門水庫建設委員會總工程師顧文魁想出了「對等人員」的方法，讓美國工程師在進行工程指揮時，必須經過對等人員的傳遞，因此，經過五、六年的時間累積，這些對等人員逐漸學會大型工程的技術，使得我國工程技術能與世界接軌，奠定日後的許多重大國家建設之工程技術基礎，例如十大建設等。

滾壓混凝土 成功建壩

石門水庫原計畫建造混凝土拱壩，後因地質因素改建為土石壩，因而上游擋水壩的標準提高，其壩高約50公尺（壩頂高程190公尺）。石門水庫位於臺灣北部，在非洪水季（冬天與春天）也會偶爾下雨，當時曾有土心已填妥一部分，惟雨季卻不停歇，導致土心無法繼續施工。

為及時能在洪水季（夏季）來臨前完成上游擋水壩，負責設計石門水庫工程的美國紐約提愛姆斯（TAMS）公司的土石壩專家勞威（John Lowe III）、施工顧問美國舊金山莫克（Morrison Knudsen, MK）公司，以及我國工程師共商對策，決定以載運土石方的傾卸車裝運貧配比（Lean Concrete）混凝土，卸後以推土機攤平、輾實以建立擋水壩不透水心牆（Impervious core），因此滾壓混凝土（Roller Compacted Concrete, RCC）應運而生，當時稱之為傾卸混凝土（Dumpcrete或Rollcrete）。

貧配比混凝土以飛灰替代水泥，減少用水，降低流動性和時間，經實驗室及現場施作的多次試驗後，得出理想配比，成功地

替代了上游擋水壩的心層，並及時完成，經實證擋住了1961年9月12日的帕密拉颱風的洪水，當時洪峰的流量為每秒4,940立方公尺。

日後美國提愛姆斯公司承辦印度之水庫工程也運用滾壓混凝土技術，以極短時間築壩，滾壓混凝土自此聞名世界，成為築壩新法。1973年提愛姆斯公司承辦巴基斯坦塔貝拉（Tarbera）水庫，採用滾壓混凝土搶救導水隧道的穴蝕空洞，更讓各國相繼研究發展滾壓混凝土建造重力壩的技術。

這種技術工序簡單，以傳統土石方機械即可施工，過程中可省略混凝土深層處理與冷卻作業，減少伸縮縫及灌漿作業。滾壓混凝土技術的發展可以大幅減少工作日程，且降低天候影響因素，並節省下上游擋水壩或導水隧道工程及費用。

貧配比混凝土

混凝土依水泥用量之多寡可分為：富配比（Rich Concrete）及貧配比（Lean Concrete）。富配比的水、水泥、粒料之配合比例約為20％：14％：66％，這種混凝土之細料多、稠度軟、強度高，凡350kgf/cm²以上抗壓強度之混凝土皆屬之。貧配比的水、水泥、粒料之配合比例約為15％：7％：78％，這種混凝土之細料少、稠度硬、無黏性並易產生浮水及材料析離之現象，其強度低，凡抗壓強度在140kgf/cm²以下之混凝土屬之。

不透水心牆

在建築擋水壩時，築壩的材料通常取用各種天然土。石門水庫大壩是由土石堆積而成的，是將土石依功能需求分級分類或篩選，或加工，依不透水及安定之需要，分

水庫大壩主要構造名稱	功能
心層	阻水
濾層	防蝕、排水
殼層	支持不透水層，為大壩主體
表層	保護殼層

區分層滾壓填築而成。中間層是以高塑性黏土構成的不透水心牆，負責阻止水的滲透；再來的兩側夾以過濾層，負責保護中央不透水心牆材料的流失；再外層也是最大的一層是半透水殼層，負責大壩的安定；最外層是大石壩的保護表層，分區分層各司其責結合而成安定的大壩。

滾壓混凝土

混凝土依其使用的狀況而分成數種，包括：噴凝土（用於隧道襯砌施工）、水中混凝土（在水中澆置混凝土）、自充填混凝土（在澆置過程中不需施加任何振動搗實）、HSCC高流動性混凝土（流動性高，新拌塑性期間不致析離）及滾壓混凝土。而滾壓混凝土是一種水泥及水很少的無坍度混凝土，其施工需利用震動滾壓機壓實，施工迅速且具多項經濟性特點，多適用於水壩或其他巨積混凝土構造物興建。

曾文水庫 遠東最大規模

在石門水庫於1964年完工後，國內一時之間沒有大型工程進行，參與石門水庫興建的工程師與千萬美元的施工機具設備都遭到閒置。直至1966年日本政府提供1億5,000萬美元的低利貸款給予我國發展經濟，其中4,400萬美元用來作為曾文水庫興建之用。

王國琦

曾文水庫建設委員會由前石門水庫建設委員會總工程師顧文魁擔任副主任委員，主管工程設計與施工規劃。曾文水庫興建工程原來預定開國際標，但經政府評估後，決定由榮工處承攬。當時國內僅有兩家工程顧問機構，分別是財團法人中國技術服務社（中技社）與財團法人台灣技術服務社（台技社）。

中國技術服務社由王國琦創立，係以石化工業的建廠設計為主，但並無從事土木水利工程的經驗與人才。台技社的業務係以公共工程為大宗，初創於1965年，尚未具備大規模的工程業績紀錄而且其規模也太小。於是，顧文魁利用此機會，培植了臺灣首家大型工程顧問機構——中興工程顧問公司。

曾文水庫工程讓臺灣工程界從以機械為主、人力為輔的中小施工規模，躍升至足以承攬大規模施工的範疇。此時國家以農業輔助工業，經濟逐步起飛，政府有能力籌建經費，規劃設計並與國外顧問公司聯合辦理，施工由國內營造廠承辦、工程管理則聘國外專家。

曾文水庫工程填築大壩土方

曾文水庫溢洪道工程（榮工公司）

曾文水庫工程為當時遠東最大規模的水庫工程，集水面積480平方公里，蓄水容量6億800萬立方公尺，採滾壓式不透水黏土心型結構設計的土石壩，壩高133公尺。其中，溢洪道採階梯明渠式鋼筋混凝土結構，是當時首創的工程技術。另填築大壩所需之土方，達900萬方的土方，若每部傾卸車裝載量以15方計算，需60餘萬車次，此工程土方量需求也是當時臺灣工程界的一大挑戰。曾文水庫大壩由1970年10月奠基至1973年3月封頂，為期二十八個月，平均每日傾運15,000方的土方，相當於每日1,000車次的載運量。

　　曾文水庫工程帶領臺灣營造業邁向新的里程碑，榮工處以擬定施工計畫及工程總施工進度綱目來控制工期與品管，達到控制成本及管理，並建立機具倉庫管理制度。另外，施工期間動員各種輕重型機械350餘部，訓練出後勤與維修人員3,000餘人。曾文水庫的完成，改變烏山頭水庫現行輪流灌溉方式，也改善了嘉南平原上乾旱或排水不良的看天田與蔗園。

中國技術服務社

成立於1959年10月，係由經建會主任委員李國鼎倡導成立，目的是為國內工業界提供技術支援，及幫助東南亞華僑在當地的建設與投資。中技社原來不以營利為目標，成員只有3個人，但是在美援時期，中技社與美國合作成立的慕華肥料公司，利用苗栗生產的天然氣製造肥料，同時在投標、投資部分也有獲利，組織隨之壯大，員工增加到200多人。並從國內發展到國外，在泰國、沙烏地阿拉伯等國家發展業務。但由於在國際上承包工程有一定的公司資本額規定，於是，中技社與中華開發公司、中央投資公司合資成立中鼎工程公司，以資本額新臺幣1億元登記，日後，中鼎公司的發展頗為迅速，人員擴充到2,000多人，公司資產總值為新臺幣40億元。

階梯明渠式溢洪道

興建大壩，在攔洪壩的防洪工程中，必須設計溢洪道，而根據水壩的不同條件，溢洪道有陡坡式或明渠式兩類。有別於其他水庫採單一槽溢洪道，曾文水庫的溢洪道陡槽分為三道，為三階明渠式鋼筋混凝土結構，採用閘門控制，設計洪水量為每秒13,000立方公尺，可發揮最大之消能功效。溢洪道的排洪閘門用來調節及控制水庫水位，在颱風時期，當曾文水庫水位超過標高225公尺時，即予啟用。

翡翠水庫 技術完全成熟

　　翡翠水庫的大壩主體設計為三心雙向彎曲變厚度混凝土薄拱壩（厚度由底部25公尺逐漸變薄至壩頂7公尺），蓄水量可達4億餘方，主要供大臺北地區的民生用水所需。由於翡翠水庫下游經過人口稠密之大臺北都會地區，當初在規劃設計時，主張興建與反對翡翠水庫築壩的雙方經過一番辯論。

　　最後，水庫工程於1979年開始進行壩址通道、骨材運輸道路、業主方辦公廳舍工程、導水隧道、層縫處理、廊道開挖以及灌漿作業等準備工作，大壩主體工程由1982年2月展開直到1986年12月竣工。榮工處在當時導入義大利C. I.公司設計及施工指導、新峯機械公司進行裝配施工的起重雙索道設備，架設於橫跨大壩兩岸間870公尺寬的高空，進行澆置混凝土作業，這是當時頗為先進的技術。

　　臺灣水庫專家中興工程公司顧問黃世傑在接受訪談中表示，臺灣水庫的發展史隨著五大水庫的興建，區分為五個階段。日月潭水庫導入日本大型營造商鹿島組，最初為一座水壩、兩電廠的離潮水庫，沒有調節水量的系統，由於民眾擔心限電，必須時刻

翡翠水庫興建時的混凝土拌合場（榮工公司）

翡翠水庫以起重雙索道設備澆鑄大壩混凝土（榮工公司）

施工中的臺北翡翠水庫工程，進行大壩混凝土澆鑄

注意水位，以致過去《中央日報》、《新生報》每日皆有登載水位高度；霧社水庫則委託美國建築師設計，是當時遠東最高的大壩。

石門水庫是技術轉移最重要的水庫工程，促使臺灣營造業技術進步二十年。開啟臺灣機械工程的時代，且訓練出1萬多名具相關技術的人員，對後來的十大建設極有助益。至於曾文水庫雖由榮工處承包，但因為其技術不足，由日本的公司設計，日本鹿島建設擔任顧問，榮工處在此工程後日益壯大。翡翠水庫則是真正由我國技術所建成的水庫，聘請五位世界級顧問，榮工處自此技術完全成熟。

時至今日，臺灣主要河川的水庫工程大致已開發至飽和階段。目前經常面對的困擾是豪雨沖刷集水區表土造成泥沙淤積於水庫，未來須仰賴水庫清淤技術以延長水庫使用年限。

三心雙向彎曲變厚度混凝土薄拱壩

拱壩的原理是利用拱的作用，傳布水的橫壓力於形成峽谷的兩岸岩壁上，充分利用混凝土的力量予以固定（重力壩只能利用壩趾部分的混凝土力量），適用於狹窄的峽谷與健全的岩壁間。翡翠水庫是三心雙向彎曲變厚拱壩，所謂「三心」與「變厚度」，是指拱壩在設計時經由應力計算、確保穩定狀態後的截面形式（其他的截面還有等厚度圓拱、拱座擴大圓拱、變曲率曲線拱），「雙向彎曲」是指左右彎成拱形，垂直向也呈現弧形。翡翠水庫完全無鋼筋的設計，將力量經由拱型的壩體傳至兩側山壁，再由兩側山壁來分擔承受力量。共使用混凝土約100萬立方公尺，灌漿量達12,000公噸。

翡翠水庫大壩主體設計為三心雙向彎曲變厚度混凝土薄拱壩（榮工公司）

黃世傑

畢業於上海市立工業專科學校，曾任曾文水庫建設委員會副執行秘書，1970年代參與籌設中興工程顧問社，1975年擔任中興顧問協理兼業務部經理，負責推動海外業務，在十大建設時期籌劃中鋼及中船建廠，並曾派駐沙烏地阿拉伯任職分社經理，其後任副總經理、執行副總經理，督導臺北市政府、市議會、國貿大樓、臺北捷運等工程。1995年出任中興顧問與美國合資之吉興工程顧問公司董事長，退休後仍擔任吉興公司董事。

烏山頭水庫

臺灣重要的水庫工程

水庫名稱	工程期間	工程內容	建造單位
烏山頭水庫	1921-1930	壩型：半水力淤填式土壩 壩長1,273m，高50m 水庫容量：154,160,000m³	臺灣總督府
日月潭水庫	1931-1934	壩型：土壩（水社壩）；土壩（頭社壩） 壩長363.63m，高30.3m 水庫容量：171,621,000m³	臺灣總督府
霧社水庫	1939-1945 1951-1959	壩型：弧型重力式混凝土壩 壩長262m，高114m 水庫容量：150,000,000m³	台電公司
石門水庫	1956-1964	壩型：土石壩 溢洪量13,800cm³，高133m 水庫容量：309,120,000m³	行政院石門水庫 建設委員會
曾文水庫	1967-1973	壩型：不透水牆分區填築滾壓式土壩 壩長400m，高133m 水庫容量：608,317,000m³	臺灣省曾文水庫 建設委員會
德基水庫	1969-1973	壩型：混凝土拱壩 壩長290m，高180m 水庫容量：232,000,000m³	台電公司
翡翠水庫	1979-1987	壩型：三心雙向彎曲變厚度混凝土薄拱壩 壩長510m，高122.5m 水庫容量：460,000,000m³	臺北市政府

日月潭水庫電力工程門牌潭發電所

德基水庫

霧社水庫

塚本靖

長野宇平治

第二節 超高層建築的演進

高層建築 始於總督府

在日治時期以前的建築工程，多為民間就地取材，以土磚、木、竹、石塊等自然材料和人力的傳統方式搭建。日本殖民政府則引進新式的近代建築與工法。以當時最高且最具代表性的大型建築——臺灣總督府（現總統府）為例，其競圖階段即頗為曲折離奇。

第五任臺灣總督佐久間左馬太於1907年懸賞5萬元日幣公開徵求永久性總督府廳舍設計圖，並限定參賽資格為日本本土的建築師。

1909年，經評審團（由辰野金吾、中村遠太郎、塚本靖、金井等所組成）決議採用長野宇平治的作品，他所設計的樣式與當年正在建造的東京驛（車站）極為類似。不過，最後總督府設計圖定稿階段卻採用森山松之助的設計，再經過臺灣總督府營繕課局部修改後，即依此圖說施作。

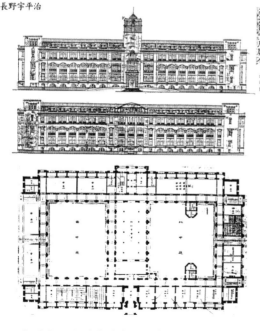

長野宇平治設計的臺灣總督府立體圖（上）、平面圖（下）

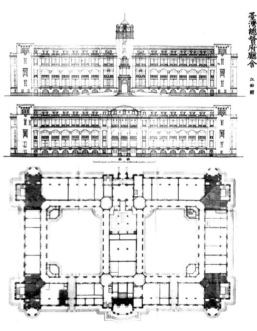

森山松之助設計的臺灣總督府立體圖（上）、平面圖（下）

臺南州廳

　　總督府興建施工自1912年至1919年，當時主體結構的水泥與外磚，採用的是日本生產的進口材料，只有內部粉刷層的生石灰、木作結構和門窗，使用臺灣在地材料。1915年6月主體結構完成並舉行上樑典禮，1919年3月總督府整體建築工程完工，合計總工程費用達281萬日圓。

　　日治時期，為了彰顯日本帝國主義的威權與現代化，在臺灣各城鎮興建了許多新穎的公有建築，例如臺中州廳（現臺中市政府，1912）、總督官邸（現臺北賓館，1913）、兒玉後藤紀念館（現國立臺灣博物館，1915）、臺南州廳（現臺灣文學館，1916）、臺北市役所（現行政院，1920）、臺北帝國大學校舍規劃（現臺灣大學，1928）、臺北公會堂（現中山堂，1936），此外亦於主要城市興建火車站，例如臺北驛（舊臺北火車站，1941，現已拆除）。

臺北中華商場

聖多福教堂

中正紀念堂 引進機具

　　日本殖民政府不鼓勵臺灣人從事工程管理與建築設計領域，因此日本人離開臺灣後，也帶走了這些相關人才。

　　直到國民政府遷臺，一批主要來自上海的營造廠商與建築師也跟隨來臺，這些營造廠商包括陸根記（作品為1961年臺北中華商場）、陶馥記（作品為1969年圓山忠烈祠重建工程）、大陸工程公司等。著名的建築師有王大閎（作品為1972年國父紀念館）、沈祖海（作品為1989年臺北火車站）、楊卓成（作品為1973年圓山飯店）。他們正好銜接了日本人離開臺灣所造成的專業斷層，同時也和臺灣本土營造廠商產生互相影響與交流。

　　美援時期，因應駐臺美軍在宗教、生活、文化上的需求，出現了一些新式建築。例如完工於1957年的臺北中山北路聖多福教堂，引進美式的施工圖繪製系統，影響日後施工模式進而提升技術，使營造業進入系統化的工作模式。

　　1970年代，臺灣經濟隨著十大建設的啟動而快速發展。興建於1977年12月至1980年3月的中正紀念

興建中的中正紀念堂

臺北中正紀念堂

堂，為營造業在建築工程中廣泛使用大型機具、工廠預鑄零件等
技術，開啟新頁。曾任中正紀念堂結構設計顧問的臺灣大學土木
系名譽教授陳清泉指出，1975年是國內工程發展的轉捩點，這一
年蔣介石總統逝世之後，臺灣的政策逐漸走向經濟發展，營造業
也從此大舉引進國外機具。

鋼筋籠

中正紀念堂是典型的高樓建築，根據建築技術規則第227條
所稱的「高層建築物」，係指高度在50公尺或樓層在16層以上之
建築物。中正紀念堂主體建築施作時，設置了兩台塔式吊車，大
幅增加高空作業的效率，此舉影響未來超高層建築，更能夠穩定
並縮短工程時間。

中正紀念堂內部挑高的中庭，每根柱子的高度為24公尺，受
限於運輸及技術因素，無法一次製作如此長的鋼筋，必須在鋼筋
與鋼筋之間以續接器連接。但是為節省向國外購買具專利製造價
格昂貴的續接器，工程師們便想出以「鋼筋籠」的結構方式來替
代。這是將鋼筋組成箱型籠狀的結構加以焊接，以解決鋼筋長度
不足，並作為續接器材料替代品。

另外，混凝土輸送車的使用，除可提升混凝土攪拌品質外，

陳清泉

出生於臺灣雲林，臺灣大學土木系、臺大土木研究所第一屆畢業，1964年
開始在臺大土木系任教，歷任助教、講師、副教授、教授，以及臺大地震研
究中心主任、臺灣營建研究中心主任、結構工程學會理事長。專長為高樓結
構設計，臺灣第一棟超高層建築100公尺高的台電大樓，即由陳清泉、葉超
雄、林聰梧等三位教授共同審查。他也是中正紀念堂結構設計的顧問。其研
究結合工程實務面與學術理論面為主，對建築物之耐震評估與結構補強有獨
到的研究，此外亦堪稱為橋樑結構安全專家。

鋼筋續接器

在鋼筋搭接長度不足時，常使用續接器。傳統搭接的續接方法，在施工中造成吊裝鋼筋籠困難，
且預留鋼筋容易斷裂時，可使用續接器予以克服。在鋼骨鋼筋混凝土（Steel Reinforced
Concrete，簡稱SRC）構造中，樑柱接頭處鋼筋與鋼骨續接亦常需借助續接器。鋼筋續接器的組
接，速度比鋼筋搭接綁紮快，全面使用續接器可有效節省時間及施工成本。常見的鋼筋續接器有
壓合續接器、螺紋式續接器、擴頭續接器、摩擦焊接續接器及摩擦壓接續接器。

地下連續壁工法首見於榮華大樓

也得以在短時間內供應大量混凝土。而高壓混凝土夯送車的使用，更可讓大量混凝土能在現場以最短的時間供應，並解決工地現場長距離與快速輸送混凝土等問題。

榮華大樓 鋼骨結構現身

建築欲蓋得更高，地下必須挖深。早期的建築由於平矮，在尚未發展至高層建築前，地下室開挖多為防空、或當成小量儲藏空間使用，深開挖支撐技術尚未成熟。1970年7月9日臺北市寶慶路的遠東大樓開挖地下室發生坍塌災變後，地下室開挖的支撐材料及技術開始受到重視。

1969年動工的臺北松江路榮華大樓，是臺灣突破高度限制的第一棟大樓。榮華大樓的業主為中國國際商業銀行，委託建築師郭茂林設計，並由鹿島建設與榮工處聯合承攬。營造廠商引進了國外石油鑿井工程的「地下連續壁工法」，摒棄傳統的明挖法以

郭茂林

1921年生，1940年畢業於臺北工業學校建築科，1943年赴東京大學工學部，在研究生時期追隨岸田日出刀、吉武泰水兩位教授。1946年，出任東京大學工學部建築科教授，在岸田吉武研究室從事建築規劃研究及設計活動，1962年在三井不動產擔任建築顧問，規劃霞關大樓開發計畫，組織建設委員會並擔任主委，完成日本第一棟超高層大樓設計。1964年，成立株式會社KMG建築事務所，並擔任該事務所主持人，1992年成立茂林國際開發顧問股份有限公司，並擔任董事長。他特別專精設計高層大樓，在臺的作品有：榮華大樓、第一銀行總行、台電大樓、國泰人壽大樓、國泰敦南商業大樓、新光人壽大樓、臺灣水泥大樓、國泰金控大樓。

地下連續壁工法

地下連續壁施工法常見於建築物地下室、立體地下車道、地下鐵及海岸工程的護岸、防坡堤等。實施地下連續壁工法時，由於鋼筋混凝土的壁體水密性佳，對於擋土壁外圍的抽排水問題不需急速抽降，可將地盤壓密沉陷現象降至最低，因此對鄰近結構物水平、垂直等位移會減至最低限度，不會因附近土層沉陷而造成災變。在高層建築中，配合逆打工法施工，可縮短工期，使深開挖工程施作安全無虞。而逆打工法係先在結構物周圍施築擋土牆，再架設地下結構體的鋼骨柱或支撐柱以承受載重，再進行部分開挖，而地下結構物的樓板代替內支撐，由地面逐層向下挖土及興築，各階段之穩定性分析類似順築內撐工法。

降低施工震動對鄰房所造成的結構威脅，而將這些強度足夠的擋土牆作為永久性的結構體，可有效降低結構體沉陷的問題，並且支撐整棟大樓重量。因此，榮華大樓成為臺灣第一棟採用純鋼骨結構（Steel Structure, SS）的大樓。

另一項技術也隨後問世，位於臺北市忠孝東路與新生南路口，1976年完工的世界貿易大樓是臺灣帷幕牆技術的先驅，由於採用大量的預鑄材料可與結構體工程同步進行，又可在工地裝配，因此有縮短工期和降低成本的雙重效果。這種外牆無需內部裝修，可以有效利用大樓的內部空間和增加使用面積，頗受業主所青睞，它更顯著的效果在於重量較傳統的鋼筋混凝土輕，降低結構重量而可讓建物更具耐震及防颱效果。

榮華大樓身為臺灣最高大樓的紀錄，旋即由互助營造在1981年所承攬完工的第一銀行總行打破。一銀總行大樓原先由業主與榮工處議價，但榮工處不願減價而改採公開招標，而互助營造得標的金額僅為榮工處報價的一半，這意味著民營營造廠商也有能力透過與外商聯合承攬，而學習到建造超高樓層建築的技術。另外，超高層大樓的普遍化還有一項因素是鋼材加工業健全，讓營造業者得以獲得較廉價而且貨源穩固的鋼材。

鋼骨結構

鋼骨結構之鋼材強度較高，但尺寸及重量都較混凝土來得輕巧許多，在九二一大地震之後，為臺灣高樓建築大量採用，使鋼骨結構成為建築新貴。但是，鋼骨結構的樑與柱的接合、或是鋼骨與鋼骨的接續，都要大量的焊接工作，因此焊接人員的技術水準與穩定性，對焊接品質乃至整體結構安全，有深遠影響。至於鋼骨鋼筋混凝土（Steel Reinforced Concrete, SRC）是結合鋼骨與鋼筋混凝土的結構形式，就空間及使用坪數比較，鋼材強度高，構件尺寸較混凝土小，所以樓層可以有比較大的淨高，而鋼柱尺寸較小，實際使用的樓板面積比較多，同時鋼材也可以支撐較大的柱間距離，使室內有較寬敞視野。

帷幕牆

帷幕牆常見於高層建築，構架構造建築物的外牆，由石材、金屬板、磁磚、玻璃等建材形成的骨架結構。承載重量只有樑、柱等骨架，以及承受地震、風力等，不再負載或傳導其他載重，由於外牆本身並不承重，因此輕量化是最大的特色。此外高層建築的帷幕牆技術還有其他特點：預組化、規格化、工業化、自動化、單元化。

臺北101阻尼器

城市土地面積的限制，加上經濟的活絡發展，辦公空間的需求越來越大，因此建築物的開發逐漸往垂直立體的方向發展。但高樓建築在設計上，除了考慮抵抗地震力的影響外，還需考量風力對高樓建築的影響，由於越高處的樓房需承受的風力越大，有鑑於此，阻尼器的開發與改良可減緩地震力與風力所造成建築過度的搖晃，以降低人們處於建築物內的不舒適性。而地面層下的結構，除了以筏式基礎工法提供和建築重量平衡的浮力外，還需將地樁如樹根般深深地紮根於地下，以穩住突如其來的地震或地上建築受風力影響時的擺動。

臺北101 技術登峰造極

進入1990年代，超高層建築更是屢屢突破臺灣都會區的天際線。1992年，互助營造承攬的高雄長谷世貿聯合國（50層樓，高221.6公尺），開創當年國內大樓施工高度紀錄。接著，新光人壽保險摩天大樓（1993年，高244.2公尺）、東帝士建台大樓（高雄85大樓，1997年，高347.5公尺，臺灣第一棟引進抗風阻尼器的建築物）等，這些都曾冠過臺灣第一高樓的稱號，陸續在1990年代興建完工，並且不斷地提升國內營造業興建超高層建築

阻尼器

阻尼器是提供運動阻力，耗減運動能量的減震裝置，在航太、軍工、槍炮、汽車等行業中早已應用各種阻尼器來減震消能。自1970年代之後，再逐步將技術轉用到建築、橋樑、鐵路等結構工程中。阻尼器的廣泛運用，跳脫傳統增強樑、柱、牆提高抗振動的能力的觀念，結合結構的動力性能，巧妙的避免或減少了地震、風力的破壞。特別是高層建築屋頂上的品質共振阻尼系統（TMD）和主動控制（Active Control）減震體系都已被驗證為減少振動不可或缺的保護措施。

工程的技術。

2004年竣工的臺北101國際金融大樓一度成為世界最高樓，由KTRT聯合承攬，這是由日商熊谷組營造（Kumagai Gumi）、華熊營造（Taiwan Kumagai）、榮民工程公司（RSEA）、大友為營造公司（Ta-Yo-Wei）所組成的聯合承攬團隊。臺北101即為先前不斷累積工程技術所出現的成果，除了施工技術的提升，採用高流動性、高強度、高性能的新式混凝土也是塑造世界紀錄成功的關鍵之一。

臺大教授陳清泉回顧臺灣高層建築的發展過程。他說，寶慶路的遠東大樓的坍塌，是因為大雨所造成，主要是因為地下室支撐的橫樑用的是木材，而當時鋼料都是進口的，使用木材是為了節省成本。坍塌事件發生之後，地下室的支撐則都改為鋼料。臺北榮華大樓地下室開挖方式採用島式施工法，臺灣的鋼骨建築就是從此開始發展的。

至於臺北台電大樓的牆面，首先採用預鑄鋼筋混凝土帷幕牆。東帝士建台大樓、臺北遠東企業大樓等開始使用阻尼器，日後有許多技術也多在臺北101大樓興建時更加成熟運用。

筏式基礎工法

筏式基礎工法是指在建築地基上，向地底下開挖至某一深度，築起一層鋼筋水泥平台後，建築物就蓋在此平台上，通常採用此工法的環境考量，是建築基地周邊無房屋且建築基地地質良好，可採用此法，成本較低。筏式基礎已普遍為現代大樓建築的基礎型式。其筏基結構區分為大底、地樑、水箱蓋三大部分，而地樑與地樑環繞之基坑視結構及大樓的機能，通常規劃為：儲水槽、集水坑、污水坑、電梯機坑、消防水池、雨水回收池、污水處理池等以增加重量，作為抗浮或平衡結構載重使用。

島式施工法

使用島式施工法的工地現場，看起來就像是一座小島，周邊開挖的部分，則像是海一樣包圍著中央結構部分。實際施工方式，會先開挖地下室中央，並先施作結構體；接著才會由中央結構體部分，慢慢往四周開挖。這是一種先施作中央結構部分，再施作四周工程的工法，如同海上的島嶼般。而這種施工方式，通常適用於面積較大的基地，可避免大面積基地同時開挖造成的塌陷意外。針對地下與地面層結構物的施工方式，除了「島式施工法」之外，還有「順打施工法」、「逆打施工法」、「雙順打施工法」等種類。

第一銀行總行大樓

新光人壽保險摩天大樓

臺灣近代超高層建築

臺灣總督府（現總統府）

監造者	臺灣總督府營繕課
建築設計	長野宇平治、森山松之助
工程地點	臺北城內文武廟町（現臺北市重慶南路）
工程內容	地上5層，中央高塔60公尺高，鋼骨水泥、磚石造
工程期間	1912年6月1日開工 1915年6月25日 結構完成上樑 1919年3月完工

榮華大樓（現兆豐國際商業銀行大樓）

業主	榮工處
承造單位	榮工處
建築設計	KMG建築事務所（郭茂林）
工程地點	臺北市松江路
工程內容	國內第一棟鋼骨構造建築、預鑄帷幕牆、地下連續壁，高度46公尺
工程期間	1969～1977年

新光人壽保險摩天大樓

業主	新光人壽股份有限公司
承造單位	華熊營造股份有限公司
建築設計	株式會社K.M.建築事務所
工程地點	臺北市忠孝西路
工程內容	地上51層，地下7層 高度244.15公尺 結構：RC，SRC
工程期間	1993年12月21日完工

第一銀行總行大樓

業主	第一商品銀行股份有限公司
承造單位	互助營造
建築設計	KMG建築事務所（郭茂林）& 廖慧明建築師事務所
工程地點	臺北市重慶南路
工程內容	S.R.C.結構，地下3層，地上22層
工程期間	1981年完工

台電大樓

業主	台灣電力公司
承造單位	榮工處
建築設計	KMG建築事務所（郭茂林）
工程地點	臺北市羅斯福路三段
工程內容	地下3層，地上26層，高度114.54公尺
工程期間	1977～1982年

高雄長谷世貿聯合國大樓

業主	長谷建設股份有限公司
承造單位	互助營造股份有限公司
營建管理	Turner International Corporation
建築設計	李祖原建築師事務所
工程地點	高雄市民族一路
工程內容	地下5層 地上50層，高度221.6公尺 結構：S.S.
工程期間	1989～1992年

高雄長谷世貿聯合國大樓

臺北101國際金融大樓

業主	臺北金融大樓股份有限公司
承造單位	熊谷組、華熊、榮工、大友為聯合承攬（K.T.R.T.）
專業顧問	美國Turner International Industries, Inc.
設計單位	建築設計：李祖原建築師事務所（C.Y.L.） 結構設計：永峻工程顧問公司（E.G.） 機電設計：大陸設備工程顧問有限公司（C.E.C.）
工程地點	臺北市市府路／信義路／松智路交口
工程內容	建築面積：15,138平方公尺 基地面積：30,277平方公尺 總樓地板面積：374,220平方公尺 規模：地下5層，地上101層，高度508公尺 用途：塔樓部—鋼骨造；地下部—RC/SRC造
工程期間	開工：1998年1月13日 裙樓：原合約—2001年10月2日 實際—2003年10月31日 塔樓：原合約—2002年8月28日 實際—2005年5月31日
主要工程	鋼骨重量：107,000噸 鋼筋重量：25,548噸 混凝土量：204,022立方公尺 模板面積：226,135平方公尺 帷幕牆面積：116,000平方公尺 開挖數量：540,000立方公尺

臺北101國際金融大樓

第三節 交通工程（高速公路、高鐵、捷運、機場）

中沙大橋 新穎技術呈現

臺灣經濟的起飛與發展，受惠於便捷交通網路的建立，其中影響最深遠的就是高速公路的興築。

我國高速公路工程設計與施工理念經歷三個階段，在1970年代國道一號（中山高速公路）時僅就工程經濟安全考量，到1980年代末期國道三號時則已經加入景觀美化思維。進入21世紀，第三代高速公路——國道六號動工，設計上更加入生態觀念，利用交流道空地內設有生態池及生物廊道等。

國道一號由交通部臺灣區高速公路工程局負責設計、規劃與監造，由多家營造廠施工承攬，其中45%路段由榮工處承攬，55%路段由中華工程公司承包。工程自1971年動工，1974年第一階段三重至中壢路段通車，至1978年中沙大橋啟用，全線373公里正式通車。工程從北到南，填土量為9,600萬立方公尺，是曾文水庫的10倍之多，涵管埋設26萬公尺。

大陸工程公司承造的圓山橋是民營業者參與中山高速公路工程的代表作。在土質鬆軟的基隆河上建造跨度達150公尺的橋面，特別引進預力橋樑懸臂施工法，創造當時全世界最大單孔面積橋樑的紀錄。

中山高速公路最後完成的工程路段為橫跨彰化縣與雲林縣的中沙大橋，全長2,345公尺，是當時臺灣最長的橋樑，採預力空心基樁與預力樑的手法設計。

國道一號施工概要

項目	內容
路線設計	採美國道路工程協會（AASHTO）標準：平地時速可達120km/h，最大坡度3%，最小曲率半徑600公尺；山地時速可達100km/h，最大坡度4.9%，最小曲率半徑600公尺。
隧道與橋樑	沿路全線隧道2座，橋樑349座，其特殊工法為：2座懸臂式預力箱樑，跨徑超過150公尺，橋基採沉箱預力混凝土基樁及反循環基樁，所有橋樑皆採法奈西斯式預力工法預鑄或BBRV施工場鑄（BBRV場鑄係指橋樑連接方式的工法，於1949年由4名瑞士工程師Bikenmeier、Brandestini、Ros及Vogt所發明）。
施工現場	設立20多座碎石場、30多座自動控制拌合場、15座瀝青熱拌場。為使路面平整，施工時底層料分二次鋪設，先鋪設10公分厚，再鋪設6公分厚，滾壓後壓實度比達98%，3公尺以內的高低誤差，限制在0.3mm之內
施工機械	動用12萬噸載重型卡車、裝載機、刮資斗、打樁機、羊腳滾（黏性高之土質路基滾壓）、震動壓路滾（黏性不高之砂質土路機滾壓）、膠輪壓路機、小型壓土機（壓實涵管上方土石）、鋪路機（自動坡度控制）、三輪壓路機（瀝青路面滾壓）、膠輪壓路機、兩輪壓路機等。

國道六號 創新橋樑工法

在國道一號通車後，國內經濟快速成長，私人客車數目逐年增加，國道一號的交通量日漸飽和，交通部臺灣區國道高速公路局於1983年提出「北部都會區網路系統初步研究」計畫，1987年國道三號（北二高）動工，隔年提出第二高速公路後續計畫，陸續興建中二高、南二高，並在2004年全線通車。

施工中的國道三號臺中環線

國道三號路線規劃避開人口密集區，北部區域行走較為內陸山區路線，隧道數達15座，其中9座隧道位於臺北盆地山區，最長的木柵隧道達1,875公尺。沿線採大量高架橋方式穿越複雜地形，中二高臺中環線橋長2,303公尺，高度30公尺，高墩工程施工時，因大甲溪河口冬季東北季風強烈，使施工難度提高。國道三號工程難度較國道一號困難許多，也由此可證明我國的營造業已達到成熟穩定之水準。

國道六號2004年動工，南投段起於國道三號的霧峰系統交流道，往東沿烏溪、南港溪、眉溪河谷及山區而行經南投縣草屯鎮、國姓鄉後在埔里鎮與台14線相交，全長37.6公里。隧道長4.2公里，佔全長11%；經過斷層帶路段以路堤方式建造以方便地震後快速修復，路堤長7公里，佔19%；橋樑26.4公里，佔70%。國道六號為第三代高速公路，融合環境、生態、景觀及符合交通需求之永續發展公路。

國道三號臺中環線中港系統交流道工程

高速公路的施工工法也大幅進步。在橋樑工法方面，國道一號採用預力樑，橋面板以就地支撐方式施工，完成一跨需時三個月，到國道三號時採用

施工中的國道六號

國道六號

支撐先進及節塊推進工法，一跨一週內即可完成，之後更進一步採用懸臂工法及斜張橋，加大跨徑減少墩柱，施工技術進步。以國道六號為例，橋樑隧道共佔了80%，橋樑採用大跨距預力樑，並在愛蘭交流道聯絡道之高架橋採脊背式橋樑型式，外觀簡潔優美，霧峰路段之高架橋採懸伸橋面板斜撐鋼管施作，減少橋樑重量，增進視覺通透性。

國道六號的隧道工程施工原則上採用新奧工法（NATM），

臺灣國道一覽表

國道名稱	起　迄	長度（公里）	交流道數	完工
國道一號	基隆→高雄	372	64	1979
國道一號汐止五股高架道路	汐止→五股	32	5	1997
國道二號	桃園→鶯歌	20	7	1997
國道三號	基隆金山→大鵬灣	431	66	2004
國道三甲	臺北→深坑	6	4	1996
國道四號	清水→豐原	17	6	2001
國道五號	南港→蘇澳	54	7	2006
國道六號	霧峰→埔里	37	7	2009
國道七號	南星→仁武	23	8	2017
國道八號	臺南→新化	15	6	1999
國道十號	左營→旗山	33	7	1999

係結合岩體行為理論與觀察開挖中岩體實際情形，邊開挖邊設計
的一種施工理念。以噴凝土、岩栓、鋼筋網等材料支撐隧道開挖
後所產生的變形及岩體鬆動，並經連續計測岩體變形隨時修正設
計，以達施工安全。

預力空心基樁與預力樑

預力樑

預力空心基樁是採先拉預力法、離心力緊結的原理製造而成的空心
預力水泥製品，因為混凝土笨重，所以在設計時儘量減少實際混凝
土用量，採用高強度混凝土配以高拉力預力鋼線，並將抵抗彎距效
能不佳的中性軸部分混凝土去除，形成中空圓柱體。預力樑則為一
混凝土樑中預先埋入預力鋼腱，於混凝土澆灌之前或之後施予適當
預力並錨定而成為結構樑體，讓混凝土材料能夠充分發揮高抗壓力，而鋼腱材料能提供高張力的
複合型材料結構。預力樑在公路橋樑系統中具有可以減少橋墩數目的優點。

支撐先進及節塊推進工法

支撐先進工法　　　　　　　　節塊推進工法

支撐先進及節塊推進工法常見於長河川
橋或底下為交通繁忙的道路。支撐先進
工法係利用橋底面的支撐系統移動至下
一跨，以利澆灌新的混凝土，而不用在
兩橋墩之間於地面上架設鷹架以支撐模
板，因此河川的水流或地面交通可暢通
無阻，也不會有洪水沖走鷹架或模板之虞。至於節塊推進工法則像擠牙膏似地往前推進。這兩種
工法結合，是依節塊（一整跨即為一節塊）及時段施工，且對柱頂上的樑柱固接較為方便，可增
加地震的抵抗力。

懸臂工法及斜張橋

懸臂工法　　　　　　　　國道六號愛蘭橋斜張橋

懸臂施工法是常見的橋樑上部結構施工
法之一，依據所使用工作車之固定方
式，可區分為壓重式懸臂施工法、錨定
式懸臂施工法與壓重錨定併用懸臂施工
法。其基本程序為在基礎及橋墩完成
後，先施築柱上方之柱頭板（或稱柱頭
節塊）用以組裝懸臂工作車。之後，以七～十天左右完成一節塊之施工速率分別於左右兩側向前
施工。斜張橋是指一種由一條或多條鋼纜與主塔組成來支撐橋面的橋樑。斜張橋主要可分為構造
平行連接型、放射性連接型兩大類，視乎鋼纜如何與主塔連接。

臺北捷運 兩種運量系統

臺灣交通路網的建置，從城際性（鐵路、省道、高速公路等）發展至都會區內（市區道路、大眾捷運系統等），其中又以捷運路網的工程技術最具挑戰性。

在1984年規劃的國家十四項發展建設中，已明定發展都會區大眾捷運系統。1986年行政院通過經建會審議的「臺北都會區捷運系統計畫」，1988年木柵線動工，1996年第一條捷運線通車。至2011年路線長度106.4公里（營運長度101.9公里），94座營運車站，每日平均旅客量達到150萬人次，服務範圍涵蓋臺北市及新北市。

馬特拉車廂

最早通車的文山線（昔稱木柵線）採中運量系統，全程以高架興建，使平面道路在工程期間所受干擾降到最低，並易於日後營運，同時其工程費用及工期也較地下化工程為低且短。

中運量使用膠輪系統，由於膠輪系統的各設計製造公司都持有專利，難以進行整合。例如興建文山線（木柵線）的法國馬特拉公司採用標準軌距水泥鋪面，興建內湖線的加拿大龐巴迪公司採用標準軌距鋼板鋼輪系統。文湖線提供兩對一組（四節車廂）列車服務，各車站月台設計可提供三對一組（六節車廂）列車停靠，並可因應日後載客需求作調適。

龐巴迪車廂

淡水線、板南線、中和線、新店線、新莊線、蘆洲線均採高運量系統，為考量對都市人口稠密所帶來的交通衝擊，僅淡水線圓山站以北採取高架或平面鋪設，其餘皆以地下化方式進行，但工程期間較長，且經費較高。

臺北捷運中運量與高運量系統特性比較

特性	中運量系統	高運量系統
車廂	CITYFLO650型中運量電聯車	371型高運量列車
投資成本	較低	較高
營運成本	較低（自動化操作）	較高
系統運能	單向每小時2～3萬人次左右（每列車456人）	單向每小時6萬人次左右（每列車2,200人）
行車時間	尖峰時間每1.2分鐘一班	尖峰時間每2分鐘一班
施工所需時間	多採高架工期短	採地下化路段工期較長
外觀	車站設施量體較小	配合運能其車站設施量體較大
高架適用性	較適宜	因地制宜
車站	車站長度 50～80 公尺（木柵線）	車站長度180～250公尺
機電設備採購	核心機電系統常須由主控商統包	機電各系統可分開訂製
系統	每列車＝二對車（每對二輛）＝四輛車	每列車＝二組車（每組三輛）＝六輛車
操控方式	由行政中心進行控制全自動無人駕駛	由駕駛員與號誌引導列車行進
車輛	最大速度：70公里／小時 載運量：114人（每節車廂） 座位：20人 立位：90人	最大速度：80公里／小時 載運量：370人（每節車廂） 座位：60人 立位：310人
軌路	全程為高架路線，鋼筋混凝土路面，車輛型態採膠輪行進	地下、高架及平面混合式鐵軌鋪設，車輛型態採鋼輪行進
車站設備	文山線月台設計採用側式月台 內湖線採側式或島式二者混合之月台 全線有月台門，月台邊緣與列車間距約3公分	月台設計採用側式或島式二者混合之月台 無月台門（後依各站所需增設月台門），月台邊緣與列車間距約7.5公分

馬特拉公司

馬特拉（Matra）公司成立於1945年，是法國著名的軍工企業，最初從事導彈製造，現在已發展成為一個擁有眾多分支的工業集團。主要涉及軍事工業、航空工業、交通運輸、電子元件、電信、控制與自動化、資訊處理、汽車電器、汽車、鐘錶等。1990年，馬特拉公司和馬可尼公司合併。1996年5月，英國宇航公司和馬特拉公司的導彈業務部分合併，形成了歐洲最大的導彈生產公司——馬特拉BAe動力公司，主要生產各種導彈。

龐巴迪公司

龐巴迪（Bombardier）公司成立於1942年，是一家總部位於加拿大魁北克省蒙特婁的國際性交通運輸設備製造商。主要產品有支線飛機、公務噴射飛機、鐵路及高速鐵路機車、城市軌道交通設備等。1974年，獲得蒙特婁地鐵系統車輛合約，開始擴大規模；1986年，收購了加拿大Canadair，進軍航空製造業；1987年，與英法合資的GEC Alsthom公司簽約，為TGV生產車輛；2000年，龐巴迪收購了著名的鐵路車輛生產商安達ADTranz，並組成了新的龐巴迪運輸集團有限公司。

臺灣高鐵 歐規結合日規

　　由於大量便捷的運輸需求已成為現代化社會的表徵，1990年行政院核定「臺灣南北高速鐵路建設計畫」，將臺灣西部走廊以高鐵結合鐵路、公路及都會區捷運系統，形成高效率之網絡，將西部走廊串連成一日生活圈。

　　臺灣高速鐵路的興建是全世界規模最大的BOT案，總投資金額約新臺幣4,600億元（145億美元）。國際標分為土建與機電兩大標，土建工程、軌道工程、車站工程、基地工程、核心機電系統等工程項目，分別由十組不同團隊得標（國外廠商搭配國內廠商），藉此可達成技術共享並且移轉的效益，此外，不單是工程技術的引進，觀念的導入對於臺灣營造業的經營型態亦產生影響。

　　高鐵路線長度達345公里，軌道工程主線採雙線配置，全線採連續長焊鋼軌，工道型式以日本版式軌道，為一般高鐵沿線軌道（佔86%，施工工序由下而上順序進行，依次為：路盤混凝土、CA砂漿、軌道版、扣件、鋼軌）及Rheda 2000軌道系統（進入車站時與車站間之軌道）、低振動LVT軌道、傳統道碴軌

臺灣高鐵鋼軌安裝（長榮開發）

道和埋入式軌道,全數採標準軌距(1,435mm)。其工程比例為73%鋪設於高架橋或橋樑段,18%在於隧道段,9%在於公路段。

臺灣高速鐵路以日本新幹線系統為總體基礎,但土建及部分設計、機電、號誌系統亦採用歐洲規格。當時因應軌道採取日規後,對臺南科學園區的電子製造廠震動過大,所以特別增加了橋墩數目,以減緩震動。

日本版式軌道

臺灣高鐵軌道承攬商一覽

標段別	起訖點	承攬廠商	作業內容	開工日期
T200標	TK1+000～TK16+800	臺灣軌道合夥聯合承攬	主線:15.8公里	91/06/28
T210標	TK16+800～TK109+760	臺灣新幹線軌道工程聯合承攬	主線:93.0公里 基地:六家基地	91/12/30
T220標	TK109+760～TK170+400	臺灣新幹線軌道工程聯合承攬	主線:60.6公里 基地:烏日基地	91/12/30
T230標	TK170+400～TK275+000	臺灣新幹線軌道工程聯合承攬	主線:104.6公里	91/06/18
T240標	TK275+000～TK346+368	臺灣新幹線軌道工程聯合承攬	主線:71.4公里 基地:燕巢總機廠、左營基地	91/06/18

CA砂漿

水泥瀝青砂漿(Cement Asphalt Mortar,簡稱CA砂漿)是高速鐵路CRTS型版式無碴軌道的核心技術,是一種由水泥、乳化瀝青、細骨料、水和多種外加劑等原材料組成,經水泥水化硬化與瀝青破乳膠結共同作用而形成的一種新型有機無機複合材料。其特點在於剛柔並濟,以柔性為主,兼具剛性。水泥瀝青砂漿填充於厚度約為50mm的軌道版與混凝土底座之間,作用是支承軌道版、緩衝高速列車荷載與減震等作用,其性能的好壞對版式無碴軌道結構的平順性、耐久性和列車運行的舒適性與安全性、以及運營維護成本等有著重大影響。

臺灣高鐵的特殊軌道

Rheda 2000軌道系統為滿足在高架橋上設置道岔系統的需求,採用具有實績的高速道岔系統及最佳版式軌道設計組合,主要鋪設於列車進出而需設置道岔的車站區間,約佔高鐵全線軌道14%。低振動軌道(Low Vibration Trackform, LVT)係因考量減緩臺北地下隧道段噪音、振動對鄰近住戶影響,採用低振動軌道,約佔高鐵全線軌道3.6%。傳統道碴軌道(Ballast Track)鋪設於左營地區以及高鐵基地的地面路段,主要考量原地面因列車載重而產生的沉陷問題。採用道碴軌道具有最大的調整性,此一形式軌道,約佔高鐵全線軌道1.2%。埋入式軌道(Embedded Rail System, ERS)為解決既存臺北車站月台淨空過低的問題,約佔高鐵全線軌道0.3%。

機場捷運 陸續完成通車

　　桃園國際機場是1970年代推動的「十大建設」中的一項，由中華工程公司負責施工，1974年開始興建，1977年機場聯絡道完工啟用。1978年機場跑滑道及停機坪工程完工。1978年，桃園機場正式完工，為東南亞最具規模的國際機場，共耗資新臺幣103億元。1979年正式命名為「中正國際機場」，第一期航廈也正式啟用。

　　桃園機場第一航廈啟用之際是當時亞洲最現代化的國際機場之一，也是中華航空公司的新主機場。1991年長榮航空成立後，也以中正機場為主機場，由於兩家公司的機隊數量持續擴張，同時臺灣因工商業的蓬勃發展帶來大量旅客進出，原有機坪與航廈設施已不敷使用，因此展開二期跑道及附屬工程興建。第二航廈在1991年動工，2000年正式啟用。2006年，由中正機場改名為「臺灣桃園國際機場」。

　　桃園機場總面積1,223公頃，有南北兩條混凝土跑道，分別為南跑道3,350公尺長，60公尺寬；北跑道3,660公尺長，60公尺寬。停機坪部分，客運停機坪有55個停機位（含國內線）；遠程停機坪有15個停機位；貨運停機坪有25個停機位；修護停機坪有27個停機位。

桃園國際機場第二航廈興建中

為了因應未來桃園航空城建設所需，並提升桃園機場競爭力的需要，桃園縣政府規劃興建第三航廈，第三航廈規劃的年旅客量是2,000萬至3,000萬人，幾乎是原桃園機場年旅客量的80%，預計第三航廈完成後的桃園機場將有6,000萬人的年旅客量。然而第三航廈的規劃案，遭立法院以旅客量不足駁回，所以第三航廈的興建計畫暫告中止。

桃園國際機場第二跑道（南跑道）工程

不過，目前正在興建的桃園機場捷運線，預計2012年部分通車，並在2019年全線完工通車，屆時機場捷運全線完工通車後，直達車從臺北到桃園國際機場，全程只要35分鐘，出境旅客並可直接在臺北車站辦理報到並托運行李，不必一路拖著行李到機場。

桃園機場捷運線

桃園機場捷運線臺北站工程（臺北捷運局）

桃園機場捷運線為國際機場聯外交通為主之大眾捷運系統，起自臺北車站，經由桃園國際機場、止於中壢市區，橫跨臺北市、新北市、桃園縣等三個縣市。整體工程於2006年初開工，預計2012年到2019年分段通車。此線原採用BOT模式委託由民間企業經營，後改為政府自建。由交通部高速鐵路工程局規劃與興建，而營運的部分由交通部依照大眾捷運法的相關規範，採用「指定」方式交給桃園縣政府負責營運，並劃入桃園捷運系統。未來計畫開行快速直達車、普通車兩種，快速直達車可於35分鐘由臺北車站抵達桃園國際機場。

IUCN標誌

「我們共同的未來」報告

新建辦公大樓建築環境負荷評估法

綠建築解說與評估手冊

第四節 綠建築時代

評估綠色建築 英國首見

1980年世界自然保護組織（International Union for Conservation of Nature, IUCN）提出「永續發展Sustainable Development」的口號，呼籲全球重視地球的環保危機。1987年世界環保與發展會議（World Commission on Environment and Development, WCED）以「我們共同的未來」（Our Common Future）作為報告，提出人類永續發展策略，獲得全球共鳴。

此後，各先進國家的綠色建築政策逐漸成形。1990年，英國建築研究所（Building Research Establishment, BRE）率先針對新建辦公大樓公布了建築環境負荷評估法（Environmental Assessment Method, EAM）。此法為歐美綠色建築評估的開端，後來加拿大的GBC、C-2000、BEPAC與美國綠建築協會（Leadership in Energy and Environmental Design—Existing Building Operation and Maintenance, LEED-EBOM）的LEED綠色建築評估法，相繼出爐。

根據我國成功大學建築研究所的統計，臺灣的建築產業耗能所排放的二氧化碳量，佔全國總排放量的28.8%，可見建築產業對國家能源與環保政策關係至鉅。此外，住宅的平均壽命在英國為140年，在美國為103年，在德國則為80年，但是在臺灣、香港或日本則都不到40年，顯示出東亞工業化國家對於建築物的永續使用，必須再加把勁。

落實環保規範 設立指標

為了緩和居住環境惡化的問題，政府決定積極推動「綠建築政策」。1995年內政部營建署在建築技術規則中正式納入建築節約能源設計的法令與技術規範。在1996年7月的亞太經濟合作會議（Asia-Pacific Economic Cooperation，簡稱APEC）永續發展會議之後，行政院承諾推動「人居環境會議」的決議目標，同年並在「營建白皮書」中宣示全面推動綠色建築政策。

1999年內政部建築研究所正式制訂「綠建築解說與評估手

冊」作為綠建築的評審基準，同年推出「綠建築標章」，並成立「綠建築委員會」，用來評定及獎勵綠建築設計。為了推行綠色建築政策，必先具備綠色建築評估技術，在1999年正式以綠色建築七大指標作為綠色建築的評估工具，這七大指標包括綠化量、基地保水、日常節能、CO_2減量、廢棄物減量、水資源、污水垃圾改善等。

自1995年4月開始規劃設計、1998年11月落成啟用，位於桃園中壢市的國家環境檢驗所大樓成為國內第一棟取得綠建築標章的建築物。環檢大樓基地面積約3.66公頃，總樓地板面積為1.1萬餘坪（法定建蔽率為40%、容積率為200%），造價新臺幣120億元。共有3棟大樓，樓高8層。運用透水鋪面、省水器材、中水回收系統、自然採光等設計，使其達成綠建築指標的要求。

國家環境檢驗所大樓

國家環境檢驗所大樓達成綠建築之指標

大指標群	指標名稱	施工方法
生態	綠化量	法定建蔽率為40%，但實際建蔽率則為16.67%。因低建蔽率，有足夠的空間提供綠化。綠化主要採用本土樹種，合計種植闊葉大喬木514株；小喬木423株；針葉、疏葉型喬木13株；棕櫚類18株，並植有灌木類面積達2,879平方公尺，佐以蔓藤如鵝掌藤1,700平方公尺；花草252平方公尺及草地11,090平方公尺。具有物種多樣化、多層次混種與立體綠化功能。其綠化除了有景觀上的意義，更具有固碳的能力。
	基地保水	基地保水設計分為兩大類：「直接滲透設計」及「儲集滲透設計」。在「直接滲透設計」方面，運用超低建蔽率留存綠地，且多採透水硬鋪面面積，減少不透水硬鋪面面積，利於雨水滲透。「儲集滲透設計」，則設置大中小不等的3個景觀水池，以及生態儲留濕地與屋頂花圃儲留兩類設計，使其基地保水計算值遠高於標準值2.87倍強。
節能	日常節能	在建築外殼設計上，因配置關係，主要正面向西，易有西曬問題。因此利用ㄇ字形配置來適度改善，並由8樓至3樓由上往下內縮，以製造豐富的陰影，產生遮陽效果。其外殼設計開口量適中，並分別設置遮陽設施，屋頂更採用高隔熱的複層構造。空調節能部分，採用冷媒儲冰式主機系統，並以3台主機（1台為備用）做熱源台數控制，對應熱負荷之變動具有良好的效果，並可利用離峰電力節省大量電費，降低主機設備容量與減少電力設備容量。冬季只需要外氣補注，不需啟動主機或製冰，冷卻水塔啟動數量，也採電腦全自動控制，有效節約輸送能源。另大量配置高效率燈具，及採用電子式安定器，致力提升照明節能效率。
減廢	廢棄物減量	綠建築指標中的廢棄物減量，是特指於建造過程中所產生的建築廢棄物。雖然本基地面積規模頗大，但於基地土方部分力求挖填方之平衡，並於施工過程中嚴格執行噪音與振動管制、廢污水防制、廢棄物防制、環境保護措施查核、環境監測，及施工後環境復原，減少整個施工過程中廢棄物對環境的衝擊。
	CO_2減量	採鋼構建築，利用「建築輕量化」原則，減少混凝土建材使用量，並秉持「結構合理化設計」，避免多餘的建材使用，達到二氧化碳減量、節約能源，以及節省資源等目標。
健康	水資源指標	全面採用省水馬桶、電沖式小便斗、實驗室水栓也採感應式節水水栓。另設置中水再利用系統，將生活廢污水消毒處理，回收再利用為廁所、植栽噴灌、洗車、拖地等生活雜用水。
	污水及垃圾改善	建築基地內所有生活污水納入中水道分別收集回收再利用外，廚房也設有油脂截留槽，接管納入汙水處理。垃圾處理部分，廚房及餐廳設有廚餘收集桶，進行廚餘回收堆肥，並力行辦公室的資源回收。

綠色建築九大評估指標系統

我國在2003年以綠色建築七大指標為基礎，再加入生物多樣性指標與室內環境指標，變成九大評估指標系統。此評估指標系統歸納為生態（Ecology，包括生物多樣性、綠化量、基地保水三指標）、節能（Energy Saving，包括日常節能指標）、減廢（Waste Reduction，包括廢棄物及CO_2減量二指標）、健康（Health，包括室內環境、水資源、污水垃圾改善三指標）等四大範疇，此體系又稱為「EEWH系統」。

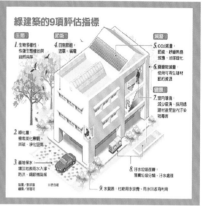

綠建築的9項評估指標

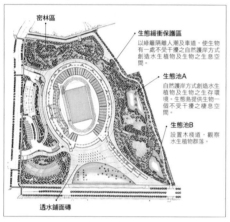

國家體育場是臺灣綠建築設計的典範

國家體育場太陽能光電板

國家體育場 先進範例

2009年5月啟用的國家體育場（原稱2009高雄世運會主場館），是臺灣綠建築的里程碑，也是全世界第一座綠建築體育場。本體育場的業主為行政院體育委員會，採取設計與施工結合的模式發包，由互助營造公司領銜，結合在日本有豐富場館建築經驗的竹中工務店，以及國際知名的日本建築師伊東豐雄、臺灣的劉培森建築師事務所共同參與，於2006年動工，2009年完工，耗資新臺幣60億元。

這是伊東豐雄在臺灣的第一個建築作品，跳脫過去大型運動場館既定的圓弧造型，改以蜿蜒流線造型的開口線條，看似一條龍，標榜開放式的運動場館作為設計概念。國家體育場佔地18.9公頃，是地下兩層、地上三層的建築，固定座位40,000個，還可以擴充15,000個臨時座位，總共可容納人數共55,000席，為目前臺灣最大的體育場。

這是全球第一座具有1MPW（百萬瓦）太陽能發電容量的運動場，場館屋頂是由多達8,844片玻璃壓縮的太陽能光電板所組成，由台達電子工業公司所建置，不但可提供70% 遮陽效果，還可成為大型的環保發電廠。其銀白色的屋頂，藉著陽光，每年可能達到114萬度的發電量，並能減少660萬噸的二氧化碳排放，這是臺灣綠建築設計的典範。

從空中鳥瞰國家體育場全景

國家體育場當初興建的目標是美觀、效率、環保、多功能、及融入人文與社會，而營造團隊在施工時因設計需求、地理位置及周邊環境等因素，面對許多難題，最後終能迎刃而解。

臺灣國家體育場施工過程

項目	施工內容
開挖及基樁工程	工程基地面積達18.9732公頃，主場館及周邊附屬設施所需進行之土方開挖及基樁工程對環境的影響，如何掌握足夠的機具設備來進行基樁工程，是本工程施工時首要解決的關鍵課題。
主體結構之施工	主體結構是一龐大量體，在有限工期下如何朝省力化、模組化，以增進施工效率、安全及符合工期，是本工程施工時必須掌握的要點。
觀眾席樓梯及階梯結構之施工	本工程有大量的樓梯及階梯結構，由於工期緊迫，本工程40,000席觀眾席位的階梯及出入口樓梯動線之施工必須仰賴系統化之模組單元施工，才能縮短工期。因此如何從繪圖、製作、運輸至現場吊裝，均須詳加規劃。同時須考量減少現場互相干擾的施工方式，以縮短工期達品質要求，此為本工程施工時必須克服的關鍵課題。
屋頂結構之施工	本工程屋頂採弧形流線設計，足以展現主場館設計風格，但在施工上所使用之材料、功能性、施工性、結構可行性及機電配合性等，至為重要。
中海路污水及造街、軍校路造街	本工程依規定在基地內設置專用雨、污水排水系統工程，將主場館雨、污水排放至軍校路現有污水分支管之污水管，其中污水管尚須與軍校路現有污水分支管接通。在外部顯現的是中海路的造街工程，在現有通路上施工期間對交通管制、施工時程的掌握是本工程成敗關鍵課題。
照明系統	考量高雄屬於熱帶地區，許多賽事盡可能安排在夜間開始進行，且因照明品質攸關運動員能力發揮及觀賞賽事的舒適度，所以照明的需求非常重要。
太陽光電系統之裝設	本工程設計納入綠建築觀念，業主要求在屋頂板上安裝太陽光電系統。太陽光電系統的製造生產、如何與屋面接合、施工的假設施設備需求及最終效能之表現等都在施工時必須詳加考慮。
介面整合	本工程包含設計及施工，無論是對外與各相關單位協商、設計團隊與施工團隊協調、與各專業廠商責任區分、工作調配等介面皆是團隊運作的核心建立的關鍵。
運動設施及計測設備	本工程必須達到國際標準，所以各項運動設施及計測設備均須通過國際標準的認證，施工團隊須積極克服而取得相關認證。

臺北101 最高綠建築

　　2011年7月，臺北101大樓取得美國綠建築協會認證為全球最高綠建築。這也是獲得LEED認證最大量體的建築，臺北101大樓面積有45,000坪相當於160萬平方英尺，而2009年獲得相同認證的最大紀錄則為美國環保署（United States Environmental Protection Agency, USEPA）90萬平方英尺（約25,000坪）。 臺北101所申請的認證總共創下三項紀錄：世界最高綠建築，508公尺；全球最大認證面積，45,000坪；最多不同使用單位，共有90家租戶企業。

臺北101大樓的環保設施

臺北101大樓的11個機械層皆設有空調箱提供分區空調，在空調箱裝置有二氧化碳感測器，當感測到二氧化碳含量過高時，會自動吸入戶外新鮮空氣，以降低二氧化碳濃度。臺北101大樓在每個樓層增設兩組濕度感應器，隨時透過中央監控系統監測濕度狀況，並且調節空調冰水量以降低濕度。臺北101大樓將周圍綠化植栽改為百分之百由雨水回收來灌溉，此外，停車位全部地下化，也有效減低熱島效應。

第九章 ■ 法律規章與營造業

Taiwan Government Railways

「六三法」授權臺灣立法權，圖為
以總督府為背景的觀光推廣海報

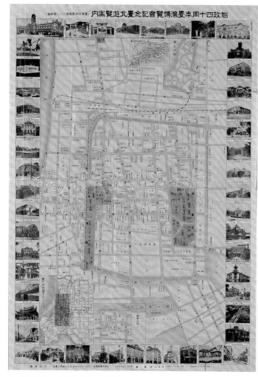

在「內地法」延長時期，總督府於
1935年舉行臺灣博覽會

第一節 營造業管理法令之演變及影響

日治初期 行政命令統治

　　日本營造業者在日本統治臺灣初期，配合軍方的進駐與建設，除了將營造技術與產業文化帶進臺灣外，也建立了臺灣與日本營造業的脈絡鏈結關係。從1895年至1920年代，日本在臺的建設大致皆以殖民事業為範疇，並以大型營造企業為產業發展的中流砥柱。

　　直到1920年代後期，臺灣營造業界才逐漸發展出屬於自己的產業生態。特別是1910年代末期臺灣縱貫鐵路完成後，日籍大型營造業相繼返回日本，而留在臺灣發展的日籍中型營造業則專司以建築為主的營造事業，他們隨後也逐漸脫離對日籍大型營造業的依賴。從此以後，中型的日系營造業躍升為臺灣營造業發展的主角，這種市場結構的演變也對營造法規的制定產生顯著的影響。

　　就營造業的管理法規而言，1895年日本殖民臺灣初期，並無立即可援用的殖民地法，日本殖民政策也尚未確定。為求迅速有效統治臺灣，軍政統治時期，日本中央政府曾授權臺灣總督府得自行以行政命令作為統治法規。

「內地法」延長 日臺同步

　　1896年3月31日公布的法律第63號——即所謂「六三法」，授權臺灣總督府得於管轄範圍內，頒布具有法律效力之命令。後來，日本政府於1907年1月1日起實施效期五年的法律第31號——即所謂「三一法」，經1911年及1916年各延長一次後，再於1922年公布法律第3號（簡稱「法三號」）予以取代。「六三法」與「三一法」成為臺灣殖民地的特別法，對於各種管制，臺灣總督府可直接發布行政命令以作為適用法源。

土木及營繕事業視察規程

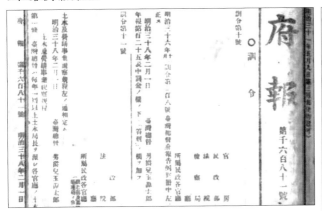

原文	中譯
明治二十九年三月三十日 法律第六十三號（官報 三月三十一日）	明治二十九年三月三十日 法律第六十三號（官報 三月三十一日）
第一條 臺灣總督ハ其ノ管轄區域內ニ法律ノ效力ヲ有スル命令ヲ發スルコトヲ得。	第一條 台灣總督得在其管轄區域內，得發布具有法律的效力之命令。
第二條 前條ノ命令ハ臺灣總督府評議會ノ議決ヲ取リ拓殖務大臣ヲ經テ勅裁ヲ請フヘシ臺灣總督府評議會ノ組織ハ勅令ヲ以テヲ定ム。	第二條 前條之命令，應由台灣總督府評議會之議決，經拓殖大臣奏請敕裁。台灣總督府評議會之組織，以敕令定之。
第三條 臨時緊急ヲ要スル場合ニ於テ臺灣總督ハ前條第一項ノ手續ヲ經スシテ直ニ第一條ノ命令ヲ發スルコトヲ得拓殖務大臣。	第三條 在臨時緊急時，台灣總督得不經前條第一項之手續，即時發布第一條之命令。
第四條 前條ニ依リ發シタル命令ハ發布後直ニ勅裁ヲ請ヒ且之ヲ臺灣總督府評議會ニ報告スヘシ勅數ヲ得サルトキハ總督ハ直ニ其ノ命令ヲ將來ニ向テ效力ナキコトヲ公佈スヘシ。	第四條 依前條所發布之命令，發布後須立即奏請敕裁，且向台灣總督府評議會報告。如不得敕裁者，總督須即時公佈該命令今後無效。
第五條 現行ノ法律又ハ將來發布スル法律ニシテ其ノ全部又ハ一部ヲ臺灣ニ施行スルヲ要スルモノハ別ニ勅令ヲ以テヲ定ム。	第五條 現行法律或將來應頒佈之法律，如其全部或一部有施行於台灣之必要者，以敕令定之。
第六條 此ノ法律ハ施行ノ日ヨリ滿三箇年ヲ經タルトキハ其ノ效力ヲ失フモノトス。	第六條 此法自施行之日起，經滿三年失效。

六三法

　　臺灣的營造業法規首見於1905年，臺灣總督府發布「土木及營繕事業視察規程」訓令11號，之後再於1913年發布「營繕及土木工事施行規程」訓令171號作為土木施工基準的主要規範。

　　1922年的「法三號」實施之後，使日本本土法律開始適用於臺灣，也促使日本對臺的法制政策邁入所謂的「內地法延長時期」。同年，為因應臺日法令統一政策，「土木及營繕事業視察規程」訓令11號也宣告廢止，臺灣營造業開始全面接受日本營造業法的規範。

六三法

六三法為法律第63號，是授權臺灣總督府得於管轄範圍內頒布具有法律效力之命令。其法律的正式名稱是「應於臺灣施行法令相關之法律」（台湾ニ施行スヘキ法令ニ関スル法律），內容共6條。臺灣總督原來就擁有行政權，如果是軍人出身，還兼掌軍事權，再依「六三法」規定，賦予立法權，有律令制定權，緊急時更可臨時頒布命令。因此，六三法讓臺灣總督儼然成為臺灣的「皇帝」。

內地法延長時期

日本統治臺灣進入中期以後，由於第一次世界大戰後的殖民地獨立風潮、以及1919年朝鮮三一獨立運動，使得日本體認殖民地統治政策必須改革，殖民統治政策開始轉向。首先導入漸進式「制度先行」的內地延長主義，藉由在臺灣實施與內地相同的制度，消除殖民地與內地的差異、提升殖民地人民的水準，最終目的是要讓殖民地人民享有和內地人民相同的政治待遇。從「法三號」之後，強調在臺灣應以延長實施內地法為原則，而殖民地特別法則為例外，雖仍保留臺灣總督的委任立法權，但已予嚴格限制，同時創設「特例敕令」制度，可彈性調整內地法律以便在臺灣實施。

國府遷臺 帶來管理法規

　　1939年2月27日，遷都重慶的國民政府行政院公布「管理營造業規則」，這是中華民國營造業史上第一部管理營造業的法律。1943年1月，行政院修正此規則，依據營造業的經濟規模與技術能力，區分為甲、乙、丙、丁四個等級，並規定了其相應的業務範圍。

位於重慶的國民政府在1939年公布「管理營造業規則」

　　戰後隨著國民政府遷臺，國民政府也將這部法律帶來臺灣，並依法受理營造業開業登記，當時，臺籍營造業加上大陸來臺的同業，營造業家數達200餘家。政府於1953年調整營造業分級制度，將丁級營造規定取消，並另制定土木包工業管理辦法，區分了土木包工業與營造業。

　　營造業的中央主管機關為內政部。省級主管機關初為設立於1945年9月1日、行政院轄下「臺灣省行政長官公署」所屬之「工礦處」。1947年4月22日「臺灣省行政長官公署工礦處」改組為「臺灣省政府建設廳」，負責監督包括省營事業業務，並掌理營造建築的管理業務。

政府配合十大建設制定「營造業管理規則」

　　1973年9月27日，因應營造業成立家數逐漸飽和，政府管理制度的建立也日益急迫，面對日後十大建設工程品質的管控，行政院將「管理營造業規則」廢止，並新設「營造業管理規則」。

　　新的「營造業管理規則」主要有四大變革，包括：因應十大建設期間大型工程投入需要，營造業申請登記，得不依升等制度，而直接登記為甲級營造的「直甲制度」；配合臺幣幣制改革，將登記資本額提高8至15倍以及調整資本結構比例分配；要求營造業施工品質，並提高主任技師之資格；鼓勵擴大營造業從業規模，開放兩家公司合併。

　　1974年4月與9月，並分別提高乙、丙級廠商承攬工程款限額以及他們的升等實績限制。此後，「營造業管理規則」奠定了臺灣營造業發展的方向，也成為規範1973年之後三十年營造業黃金時期的主要規範。

直甲制度

直甲制度規範專任技師人數

營造廠必須由丙級開始申請，業績達一定標準才能升級，無法一次申請乙級或甲級。但是在十大建設時期甲級營造牌不足，當時開放直接申請登記為甲級，是為「直甲制度」，一般營造廠只要一個技師，但直甲級營造廠要有三張技師牌。2002年，曾修正「營造業管理規則」，逕行申請登記直甲級營造業，最近十年內承攬工程竣工累計額達3億元以上者，其專任技師得為一人；未達3億元者，專任技師得維持其原登記之條件為三人。「營造業管理規則」於2005年廢止。

「營造業管理規則」所衍生的管理問題

問題點	內容描述
登記資本額限制 未考慮物價膨脹	1. 營造業管理規則原本訂立登記資本金額限制，可配合公共工程規模，以對營造業進行市場區隔，達到產業專業化的目的，並進而管制營造業資格，確保工程品質及工程如期完工。然而，經濟發展帶來的物價膨脹，也將影響營造廠成立資本限額與承攬工程限額，營造業管理規則對此未加以因應，致使金額管制意義未臻完善。 2. 嚴格計算資本額，一律強制高額資本投入不動產與機具，使得營造廠資金運用受限，不利承攬工程。尤其丙級營造業可承攬額度在已少的情況下，更減緩營造產業成長的速度。
以管理與限制為 立法意涵，鮮少 輔導與保護措施	1. 營造業管理規則共分7章，以營造業登記設置條件與從業人員、管理、懲罰、金額、工程分類為主，其限制與防弊色彩濃厚，缺乏對於營造業輔導與獎勵的條文，除第38條「施作工程對國家有重大貢獻者予以鼓勵」外，其餘法條皆常出現「不得」字樣。此規則有助於營造業的發展雛型，但卻未能呼應政府輔導保護業者的需求。 2. 以營造業者承攬工程多寡作為升等依據，僅利於行政管理，而忽略承攬工程的品質。甲級營造業並無承攬上限與下限規定，更加深競標競爭之情形，而往往造成工程品質的低落等情事。
直甲規定引發爭議	1980年代初期修法創設的逕行申請甲級營造制度為因應十大建設營造之產物。當時為鼓勵大型公共工程建設，以補足甲級營造業供給不足現象，特別於管理規則中設計直甲營造業規定，惟此制度並不利於營造業公平競爭，且直甲營造商因為未循序升等缺乏工程實績累積與以往的工程證明，亦有施工經驗不足之慮。
借牌陋習難以根絕	1. 雖然訂立營造業專任人員規範，但技師借牌陋習並未消除，特別是在規定技師專任後更為盛行，也因政府管制措施未發揮具體效用，使得營造業管理規則中有關專任人員、技術人員、工地主任等規範徒具立法良善的意旨，但並未發揮成效。 2. 借用其他營造業資格投標問題，隨著營造業管理規則逐年修訂日趨嚴格，對於借用牌照使用情事處罰甚重，這使各級營造業由原先4,000餘家逐減為1,000餘家。
公營營造事業單位 不受規範	公營營造事業單位，例如榮工處等機關，不受管理民營營造業的相關法規管制，復因具有議價特權，而成為公共工程的獨攬者，也衍生公平競爭的物議。

營造業法 提高法律位階

　　「營造業管理規則」的廢止非常戲劇性。該規則在實施二十餘年後，卻被指為違憲，而走向修法的命運，其結果令人始料未及。

　　1996年5月，位於金門縣金城鎮的萬成營造廠負責人洪怡換，原持有乙等營造業登記證書營業，向縣政府申辦換證，因承攬工程金額僅3,000餘萬元，未達到1億元以上的標準，所以被降等核發丙等證書。他不服被降等，循訴願及行政訴訟，尋求救濟，但都遭到敗訴，於是在1999年4月遞狀聲請大法官解釋。

司法院大法官會議解釋催生營造業
管理規則修正

司法院大法官會議於2002年1月22日作出第538號解釋，指出營造業的分級條件及其得承攬工程之限額等相關事項，涉及人民營業自由之重大限制，為促進營造業之健全發展並貫徹憲法關於人民權利之保障，仍應由法律或依法律明確授權之法規命令規定為妥。如此，修法問題已迫在眉睫。

除此之外，政府被迫修法也考量了我國加入世界貿易組織（WTO）後的新情勢。開放外國營造業進入我國市場，外資在臺成立公司的比例將增加，規範管制營造業的管理規範，除應具備法律層次以對外國營造商產生約束力，也應在發展營建技術、輔導營造業的健全發展、建立營造業永續經營環境等方面，發揮輔導保護效果。

因此，2003年公布新的「營造業法」。與「營造業管理規則」比較，營造業法有提高法律位階與主管機關層次，以及明定管理範圍與明定承攬方式的特徵。

營造建築 產業管制分立

新修的營造業法更具法律強制力效果的正當性，並利於執行。此外，營造業法也提供行政主管機關在權限互通、政策制定與協調整合上，能提供更具備全面性思考的平台，而有利於營造政策的制定。同時，主管機關也由內部單位的建設局、工務局直接提升至行政機關。而營造業法的出現，在法制史上也確立營造產業與建築產業之管制各自獨立，邁向專法管理營造產業的新紀

司法院大法官會議第538號解釋

司法院大法官會議第538號解釋的要旨為，參酌1996年1月11日的第394號解釋，對於營造業所為裁罰性的處分與規定，皆須以法律定之，故不具法律位階的「營造業管理規則」（根據中央法規標準法所稱法律者應以法、律、條例、通則為名稱），相關限制人民財產權及工作權之處罰規定應失其效力。因為「營造業管理規則」為行政命令，只是一個隸屬於建築法空白授權的法規命令，所以，為規範營造產業之權利、義務，應訂定法規，以資規範。

元。

　　另一方面，營造業法增訂綜合性、專業性的營造業分類，並分別說明兩者執行業務的差異。有鑑於常出現於營造業營運的分包制度，屢有下包廠商因承攬廠商未能依約給付，而產生停工或延宕情事，造成下包廠商承作品質低落。新法乃特別著眼於專業分工考量，指明分包為基於專業工程項目始得為分包廠商，以制止轉包模式所造成的不公平交易弊端。

「營造業管理規則」與「營造業法」比較

規範範圍	法條	營造業法	法條	營造業管理規則
立法目的	1	為提高營造業技術水準，確保營繕工程施工品質，促進營造業健全發展，增進公共福祉	1	未說明管理規範目標
地方主管機關	2	縣市政府		縣市政府工務、建設局
規範範圍	3	營繕工程：土木建築等相關業務（綜合營造、專業營造、土木包工）	3	工程範圍及項目由內政部認定、承攬營繕工程之營造廠商為營造業
營造業分類		綜合、專業、土木包工業納入（新增專業營造業）		
承攬方式	2	明列統包與聯合承攬方式		未規定
人員	3	增列技術士		本規則未落實專業技術證照 然勞委會規定設立時要求有專業證照
營造業等級制度	6	綜合營造業登記為甲乙丙三等	5	營造業登記區分甲乙丙三等
升等制度	7	專門職業技術人員加入評鑑制度，重視營運狀況	7 9	僅依照營業與年資為依據，未重視營運狀況
資本額認定與比例	12	現金、不動產、機具設備合計應佔90%	12	不動產、機械設備或現金應佔90%
綜合營造業統包資格	22	結合具有規劃設計資格者始得以統包方式承攬		未規定：未設統包方式採購，採購制度未彈性，實務上可見
承攬金額總額	23	一定期間承攬總額不得超過淨值20倍		有利產業市場區別化 16條個別工程有限制，如本項金額指總額 市場區別化與個別工程限額也有關
聯合承攬	24	共同具名簽約檢附聯合協議書共負契約之責		未規定：承攬方式多元專業分工有利於經濟效果，實務上可見
工作內容與責任	26	應依照工程圖樣及說明書製作工地現場施工製造圖計畫書		照圖施工之依據 利於營造業標準作業 24條要求要依約施工，40條規定不按圖說施工有處罰
營繕工程契約內容	27	釐清權利義務、減少糾紛與物價指數調整列入契約		未規定
設置技術士	29	依其專長技能與作業標準進行操作管控		未強制規定要設，但是條文有工地主任之規定
承攬手冊與驗收規範	42	營造業承攬實績紀錄詳實利於營造業管理與評鑑審查		26條、27條
評鑑制度規範	44	不良廠商：「評鑑第三級」綜合廠商不得承攬公共工程		評鑑制度及優良營造業評選及獎勵辦法44-1條
營造業公會	45	營造業公會分綜合與專業及土木包工業三種		未規定：未區分專業與綜合營造公會
主管機關輔導措施	50	配合「工程產業競爭力方案」，以提升營造業技術與經營能力		未規定：著重於管理與監督，限制營造業發展
優良廠商獎勵制度	51	公開表揚優秀廠商、押標金保證金保留款優惠		相類似條文對政府有功者獎勵之但方式不明確 優良營造業評選及獎勵辦法44-1條
借牌	53 54	處以行政罰鍰		規定於31條，但是違憲，不能說未規定

287

營造業法將統包與聯合承攬納入

營造業法也將土木包工業納入規範，原土木包工業被視為廣義的營造業，並不在營造業管理規則中，雖訂有土木包工業管理辦法，然其僅為行政命令且欠缺管制基礎，新法則以整體營造產業規範為出發，將土木包工業納入其中。而有關其執業範圍界定，因考量土木包工業承攬小型工程與成為分包廠商可能性較高，佔總營造產值比例較小，遂採取設立寬鬆的條件（如地方主管機關許可登記下便可），並僅以在當地或鄰近地區承攬小型綜合營繕工程為限。

因應潮流 統包納入法條

在營造業法中，主管機關將統包與聯合承攬納入法條規定，更可明確管理相關事宜。為因應國際統包潮流，新法依照工程特性，將工程設計、規劃、施工安裝等部分或全部合併辦理招標，由單一營造業或團隊負責籌辦，其立法意旨在有效統合不同工程介面。將統包制度引進臺灣，並明文納入營造業法中，使得營造業以往的專職特許施工制度，從原先著眼於營建技術及施工品質，亦即僅具「照圖施工」的執行權限，開始朝設計、規劃等決策面向擴張。

統包制度

機關辦理統包有兩個要件，第一是在同一個採購契約中的整合設計及施工或供應、安裝，採用統包時能較自行設計或委託其他廠商設計，更為提升採購效率及確保採購品質。第二是可縮減工期且無增加經費之虞。以統包招標的範圍有兩類：工程採購，含細部設計及施工，並得包含基本設計、測試、訓練、一定期間之維修或營運等事項。財物採購，含細部設計、供應及安裝，並得包含基本設計、測試、訓練、一定期間之維修或營運等事項。

聯合承攬則是指兩家以上的綜合營造業共同承攬同一工程之行為，其旨在結合不同工程領域的營造廠共同完成工程，藉由技術與管理能力互補、國內外營造廠商技術互通，有利於提升整體營造業效率並擴大產業規模。

承攬方式的多元化是營造業法有別於營造業管理規則最顯著之處，而配合承攬施作的實務需要，彈性地結合專業分工方式，也有助於效率提升。雖然實務面已比法制面先行，然而藉由本法規範其營業活動，更可對其合作方式進行管理。

新修營造業法首見營造業升等評鑑制度

升等納入評鑑 要求專業

營造業法首見將評鑑制度建立於營造業升等條件內，也開始重視品質上的表現，可因此淘汰不良廠商並審核管理營造業。此外，在資本額與資金結構兩方面的規定也都作了調整，例如營造業法中將現金、機械、不動產都合併為計算資本額認定比例。整體而言，這給予資金需求量大的營造業更具彈性的運用空間。

另外，在營造業法草案討論的階段，「降等制度」一直是討論焦點。持續檢視營造業表現作為考核依據，對增強營造產業競爭力與整體產業品質的提升必然有益。然而降等制度卻造成多數營造業者反彈，最後未能出現於法條中。

配合工程型態多元化與考量營造市場供需平衡，營造業法也放寬專任技術人員範圍（營造業管理規則原來僅規範土木、水利、環境、結構、建築師五種），以使包括測量技師等八種專門職業技術人員得以受聘營造廠商，並落實了專業技術證照制度。同時，為了確保工程品質，規定工程技術人員應具有技術士證照以實地施工，不過在實務上，因技術證照不甚普及，技術士往往不直接在工程現場施作，反而只成為分擔責任的橡皮圖章。

評鑑制度

依據營造業法第43條之規定，中央主管機關對營造業評鑑內容實施評鑑，就其評鑑結果分為三級，評為第三級者不得承攬公共工程。丙等升乙等需有三年業績，五年內其承攬工程竣工累計達新臺幣2億元以上，並經評鑑二年列為第一級者；乙等升甲等需有三年業績，五年內其承攬工程竣工累計達新臺幣3億元以上，並經評鑑三年列為第一級者。

營造業承攬一定金額以上工程應設置工地主任

從業人員品質 嚴格管制

　　營造業承攬一定金額以上之工程，應設置工地主任，並於營造業法實施之初，持續放寬工地主任擔任丙級營造業的專業工程人員。這是因為技師人數不足，但又需維持營造業一定的專業技術能力，這也與技師專權制衡與簽證制度的流弊有關。因為如此才可以制衡技師專權，以及利用簽證制度節省技師費用。但是此一過渡規定，在健全制度與維持工程品質考量下，已於2009年停止適用。

　　同樣基於營造專業品質考量，並杜絕工程從業人員租借牌歪風，營造業法設置有專門職業人員，包括專任工程人員、工地主任及技術士三者，並明定營造業負責人、專任工程人員、工地主任及技術士工作執掌與義務，以及明確嚴格的罰則。營造業專任工程人員之設置係因以往的簽證制度導致業務分配不均，為確保技師工作的權益而改採用專任制，且明定專任工程人員應為繼續性之從業人員，不得兼任其他業務或職務，而工程查驗或勘驗工作應由專任工程人員到場或查核認可後於相關文件上簽名或蓋章。

淘汰不良廠商 維持品質

　　營造業法也將專任人員之設計評鑑制度納入，期待透過淘汰體質不佳營造廠商的方式，以確保營造業的素質，進而提升公共工程品質。然而回顧當年營造業法的立法會議，雖考慮提高許多關鍵性與大幅度的限制與設置條件，但皆因為顧及丙等營造業數量龐大，在政治壓力下，只能「重重舉起、輕輕放下」，能發揮

技師簽證制度

技師簽證制度有助於確保公共工程品質

依據「公共工程專業技師簽證規則」，由政府機關、公立學校、公營事業（機關）所興辦的公共工程必須實施技師簽證制度，明訂這些公共工程包括：道路運輸工程、軌道運輸工程、機場工程、港灣工程、水庫及蓄水工程等共十六類。無論新建、增建、改建、修建、拆除構造物與其所屬設施及改變自然環境之行為，都受此規則所規範。簽證項目則包含設計與監造。

的淘汰作用受限。不過,對營造業專任工程人員設置與評鑑升等制度的規範,已將考核營造業表現的著重「量」的層次,漸轉向比較符合科學邏輯的著重「質」的表現。

「專任工程人員」一詞原本並無明確的法律定義,直到營造業法才以立法定義的方式,界定其為「受聘於營造業之技師或建築師,擔任其所承攬工程之施工技術指導及施工安全之人員」。由此確立了通過技師與建築師專技人員考試,並取得證書證照者始得任職營造公司的專任工程人員新規定。

新立法雖解決了定義問題,仍存在資格取得問題。在營造業的發展中,為因應技師數量不足之困擾且為了制衡技師專權,曾於營造業管理規則中開放工地主任擔任專任工程人員。在營造業法中則取消該制度,並於法律實施過渡期後,專任工程人員必須為技師或建築師。同時,丙等綜合營造業也可在聘僱專任技師、建築師或交由技師、建築師簽章二選一,這就是所謂的「雙軌制」。

建築師與技師必須經國家考試取得資格,圖為國家考場

建築師考試

擔任建築師必須參加並通過專門職業及技術人員考試,才能取得資格。有專科以上學校畢業背景,主修建築、建築及都市設計、建築與都市計畫科系者可報考建築師。建築師考試採行二階段考試,第一階段測驗「營建法規與實務」、「建築結構」、「建築構造與施工」、「建築環境控制」四科,均採測驗式試題,第二階段測驗「敷地計畫與都市設計」及「建築計畫與設計」兩科,均採申論式試題。

技師考試

擔任技師必須參加並通過專門職業及技術人員考試,才能取得資格。技師考試的範圍包括:土木工程技師、水利工程技師、結構工程技師等三十二類。以土木工程技師為例,有專科以上學校畢業背景,主修土木工程、營建工程科系者可報考土木工程技師。其應試科目為:結構分析(包括材料力學與結構學)、結構設計(包括鋼筋混凝土設計與鋼結構設計)、大地工程學(包括土壤力學、基礎工程與工程地質)、工程測量(包括平面測量與施工測量)、施工法(包括土木、建築施工法與工程材料)、營建管理。

各法規時期營造業分甲乙丙級三等應具備下列條件

	丙等	乙等	甲等
管理營造業規則（1943年1月修正）	1. 資本額在新臺幣20萬元以上。並具有下列資格之一： A. 曾領有丁等登記證承辦工程累計滿50萬元呈經各該省市主管建築機關登載於工程紀錄表並曾任土木或建築工程職務二年以上成績優良經證明者。 B. 營造廠或代表人經經濟部核准登記為土木或建築技師者。	1. 資本額在新臺幣50萬元以上。並具有下列資格之一： A. 曾領有丙等登記證承辦工程累計滿200萬元其中至少半年呈經各該省市主管建築機關登載於工程紀錄表者。 B. 營造廠或代表人經經濟部核准登記為土木或建築技師者。	1. 資本額在新臺幣100萬元以上。並具有下列資格之一： A. 曾領有乙等登記證承辦工程累計滿500萬元其中至少半年呈經各該省市主管建築機關登載於工程紀錄表者。 B. 營造廠或代表人經經濟部核准登記為土木或建築技師者。
營造業管理規則（2002年12月修正）	1. 資本額在新臺幣300萬元以上。 2. 置有專任工程人員一人以上。	1. 資本額在新臺幣1,500萬元以上。 2. 領有丙等營造業登記證書滿二年，並於最近五年內置有專任工程人員期間，其承攬工程竣工累計額達新臺幣1億元以上。 3. 置有專任工程人員一人以上。	1. 資本額在新臺幣1億元以上。 2. 領有乙等營造業登記證書滿二年，並於最近五年內承攬工程竣工累計額達新臺幣2億元以上。 3. 置有專任工程人員一人以上。
營造業法（2003年2月制定）	丙級→乙級 1. 三年業績。 2. 五年內其承攬工程竣工達新臺幣2億元以上。 3. 經評鑑兩年列為第一級。 4. 丙級資本額達新臺幣300萬元，乙級資本額則須新臺幣1,000萬元。	乙級→甲級 1. 三年業績。 2. 五年內其承攬工程竣工達新臺幣3億元以上。 3. 經評鑑三年列為第一級。 4. 甲級資本額則須達新臺幣2,250萬元整。	1. 置領有土木、水利、測量、環工、結構、大地、或水土保持工程科技師證書或建築師證書，並於考試取得技師證書前修習土木建築相關課程一定學分以上。 2. 資本額在一定金額以上。 （技術提升：測量、大地、水土保持技師納入營造業法）

營造產業 傾向階層化

　　回顧臺灣光復後營造業的發展史，從早期公營營造業與民營營造業在議價特權上所產生的明顯不對等。到民營化風潮後，民營營造業因等級區分所產生在投標、與政府關係、經濟規模等面向上的不公平現象已備受爭議。

　　長期觀之，營造公會與政府所重視者皆為大型營造業者的發言權利，在2003年營造業法制定時，丙級營造業在營造業產業結構分級中所佔比重最高，然而在營造業法的立法過程，其聲音卻不受重視。

　　自民營營造業抗爭時期起，大型營造業即成為民營營造業運動的力量中心及與政府對話的窗口，政府在法律制定上，因須考量大型營造業者反對所產生的政治作用，而造成變革的羈絆，例如營造業法是否應發揮審核篩選的作用，以及甲級營造業是否應有承攬工程金額下限等，都曾在法律研擬階段引發熱烈討論，但終究無法落實，這更凸顯「外力」在法規制度建立上的斧痕斑斑。

　　2005年，臺灣營造產業階層化的現象曾受到南部中小型營造業者集結發聲反制，成立「臺灣中小型營造業協會」，要求改革

中央機關對於承攬工程的大型營造業在物價指數波動時給予補助的特權，這也開啟了營造工會以級等區別設立工會的討論。

專業立法原本應可經由篩選機制，以減少惡意搶標所衍生的工程品質問題，然而在依法逐步健全管理的潮流下，當主管機關著手擬定營造業法時，也造成營造界風聲鶴唳。基於規避營造業法從嚴規定登記的可能，促使想要擴大營業範圍的土木包工業者紛紛在立法完成之前搶先登記為丙級營造廠，造成了營造業家數暴增，進而演變成搶標更為激烈。

中小型業者 常被忽視

在此同時，營造業法規範升等制度，是為求產業結構發展正常化，然而卻可嗅出獨厚甲級營造業的意味。雖然直甲制度後來取消了，但是甲級營造業並無工程承攬限額下限，甲級營造業也可以與乙、丙級競爭搶標，且法律無「降等」機制，晉升甲級後也不會被降等，因此，許多乙級營造業可藉由借牌，增加獲取工程實績，以求升等甲級，這使得營造業出現往兩端發展的現象。

管理營造業法規始於1939年「管理營造業規則」制定，經歷1973年「營造業管理規則」，直到2003年「營造業法」的出現。政府的管理措施，立基點雖然良善，但是管理措施的結果卻也與預期有所落差。例如丙等營造的登記風潮、專任人員的借牌、搶標風氣等皆隨之而來。

過去討論營造業發展多以大型營造業為主軸，佔產業比重最高的中小型業者雖為歷史發展的參與者卻受到忽視，致使營造業史上的重要法規更迭也多環繞在大型營造業者上，使得營造業法興革的過程中，增添諸多利益團體的操作空間。

臺灣中小型營造業協會

2003年鋼鐵材料劇烈飆漲，在半年之間鋼筋價格漲幅達2.3倍，造成營造業慘賠狀況。傅義信等人發起成立「營造業物價指數調整補貼爭取自救會」，以營建物價補貼總指數調整為2.5%、取消工程大小與工期限制等為主要訴求。自救會於2005年動員至公共工程會進行抗爭活動，並於同年12月成立「臺灣中小型營造業協會」，爭取物價調整補貼。該協會不僅團結中小型營造業者勢力，也成為南臺灣另一股利益團體力量。

第二節 政府採購法與政府採購協定

公營議價特權 阻礙發展

　　日本統治臺灣時期，社會階層化嚴重，臺籍營造業者的經營備受差別待遇，在日治初期，臺籍營造業始終不是參與公共工程的主角，頂多能擔任日籍營造業的下包。直到第二次大戰爆發後，臺籍營造業者才開始有機會承攬公共建設，也同時孕育了協志商會、光智商會、榮興商會等大型營造業的興起。

　　1938年，國民政府在大陸時期公布審計法，行政機關財務審計開始由法治管控，確立預算支出必須受到監察審計權所監督的法源基礎，這也開啟法律保證公共工程採購不致淪為政治力量支配的時代。

　　不過，審計法是針對整體預算執行的監督，公共工程執行充其量僅為預算管控的一環，對於公共工程採購流程並未有專法規範。換言之，當時的政府採購並未具有專門適用的法律規範，而作為看管國庫的審計法也僅以普通法作為抽象性規範。國府遷臺後，隨著政府採購佔經常門支出的比例日漸高漲，此一問題開始受到重視，至1950年，財物與工程採購始有「行政院暨所屬各機關營繕工程及購置定置變賣財物稽查條例」之規範。

　　基於營造業承攬公共工程須以公平、公正的原則發包，「公開招標」被視為最無爭議的作法。1950年政府即依審計法所訂的稽查條例第6條「一定金額以上工程，應公告招標辦理」之規範，以作為公開招標的法律依據。其後，行政院也頒布了「各機關營繕工程招標辦法」，以規範採購流程。此兩法奠定了「公開招標」的運作方式，也立下戰後常態性政府採購所必須遵循的依據。

各機關營繕工程招標辦法始於1950年代

　　然而，政府卻也另以「軍事機關有特殊性質極機密工程，得由主辦工程機關呈上核准，不受公開招標規定限制」之規定，做為公營營造事業單位議價特權的基礎。在法規上，為榮工處規避公開招標由立法保護其「優先議價」特權，卻造成民營營造業投標競攬政府工程的機會大幅減少。取而代之的是，民營營造業普遍轉包或分包以榮工處之名承攬的工程。

轉包現象 影響工程品質

除了議價特權外，「轉包」也是造成採購效率低落的原因。早在日治時期，與轉包類似的「分包」，即已成為臺籍營造業者間接承攬公共工程的主要管道。殖民時期的日籍營造業者與光復初期的公營營造業者，兩者皆因具備承攬公共工程的優先特權，而產生對臺灣民營營造業者不公平的競爭基礎，進而也產生以分包及轉包為常態的產業特性（在現行法上分包為合法行為）；在轉包的情況下，得標廠商常為賺取利差而使實際施作的廠商須壓縮成本，這可能影響了工程品質。

審計法施行細則第40條「營建工程特殊，因技術要求必須保密或有政策需要可不公開招標，以比價與議價方式辦理」之規定，使公營營造業轉包予民營營造業的情形更為嚴重。再者，以審計法稽查條例與招標辦法規定「低標以內最低標價為得標原則」，以法令確保最低標者得標，因而造成低價搶標的誘因，使削價競爭成為投標風氣。若再加上監造督工與施工規範未能確實落實，造成「偷工減料」時有所聞，進而產生「劣幣驅逐良幣」現象。

簡言之，當時政府對於轉包流弊情事雖曾試圖嚴謹規範並予大力遏阻，但是工程品質的低落，追根究底乃是由於政府最低價決標的政策所致。

政府採購法 提升效率

在施行稽查條例的年代，公營營造業中以榮工處對於營造業的影響最大。當時為了使榮工處能夠承攬國內重大的公共工程，並假設性的認為榮工處因為是國家機關，應可較為確保工程品質，1964年立法院通過「國軍退除役榮民輔導條例」，該條例第8條規定：「政府舉辦之各項建設工程，得優先由輔導會所成立之退除役榮民工程機構議價辦理」，此即為當

公共工程的分包是合法行為

政府採購法有利於營造業經營策略規劃

時榮工處議價特權之法律明文依據。此一特權因為我國加入世界貿易組織（WTO），必須簽署加入「政府採購協定」（GPA）的成員，而公營議價承攬公共工程特權違反「政府採購協定」，成為障礙因素。遲至1997年5月14日因修改為「政府機關公營事業機構及公立學校辦理採購，輔導會所設之附屬事業機構得依政府採購法令規定參加投標」，才告終結。

1998年公布的政府採購法，其目標在於使採購制度符合行政程序，進而提升採購效率。因此參考外國優良的採購管制措施，並朝向創造良性競爭環境目標邁進，落實採購行政的分層負責與權責分明。

政府採購法為營造業帶來三項革新，包括：採購制度的法制化，可降低不確定性因素，對於營造業的營運方向與經營策略規劃有所助益；透過公平合理透明的採購制度，可提升營造業參與工程市場的意願；運用產品與勞務的品質及價格進行合理競爭，將使具有競爭力的廠商產生優勢，進而提升營造業的整體競爭力。

「政府採購法」與「機關營繕工程及購置定置財物稽查條例」（簡稱稽查條例）差異對照表

項目	稽查條例	政府採購法
法令目的	著重防弊	提供採購效率、公平公開採購程序、確保採購品質
審計程序	事前審計	隨時稽查（事後審計為主）
主管機關	無政府主管機關	明定政府採購主管機關及職掌
適用案件	工程、財物之採購	工程、財物、勞務之採購、租賃、BOT/BOO甄選程序
適用機關	各機關	各機關、接受補助之法人或團體
採購方式	公告招標、比價、議價	公開招標、選擇性招標、限制性招標（含比價、議價）
比價、議價	計16項適用條件，決標不公告	參照政府採購協定之規定，計13項適用條件，決標結果須公告
門檻金額及採購方式關係	1. 一定金額以上之案件，以公告招標為主 2. 一定金額之十分之一以上者，但未達一定金額者，可比價辦理 3. 未達一定金額之十分之一，可比價或議價辦理 4. 目前之一定金額為新臺幣5,000萬	1. 查核金額：上級機關執行事前監督之門檻金額。但上級機關可授權主辦機關自辦 2. 公告金額：適用嚴謹採購程序之門檻金額，決標資訊公開之門檻金額，向採購申訴審議委員會提起申訴之門檻金額 3. 未達公告金額者，採購方式由主管機關及直轄市、縣（市）政府定之 4. 公告金額為新臺幣100萬元整

項目	稽查條例	政府採購法
訂定底價	必須訂底價	訂底價、不訂價並行
核定底價	上級機關、審計機關有查核、刪減權	完全由機關自行訂定
決標對象	合格最低標	合格最低標或最有利標或複數決標
超底價決標	一定金額以上案件，上級機關、審計機關對超底價決標有同意權	1. 查核金額以上之案件，超底價百分之四未逾百分之八者，須報上級機關同意；未超過百分之四者，由機關自行決定 2. 其他案件，只要超過底價未逾百分之八者，由機關自行決定
招標公告	只適用公告招標	公開招標及選擇性招標，皆須經公告程序
預算公告	無規定	預算及預計金額得於招標公告一併公開
底價公告	開標前應嚴守祕密	開標前應嚴守祕密，但經上級機關同意，得於招標文件中公告底價
決標公告	無規定	公告金額以上案件，須辦理決標公告
公告途徑	報紙廣告、門首公告	政府採購公報、資訊網路、門首公告
廠商名稱、家數之保密	對領標、投標廠商名稱、家數之保密措施無規定	開標前對領標、投標廠商名稱、家數，有保密規定
廠商家數	為開標、決標設定基本廠商家數規定，未符合者嚴格限制逕行開標、決標	放寬第二次開標之投標廠商家數之規定
基本期限	無截止投標期限之規定	有截止投標期限之規定
招標規範	有部分規定	對技術規格之訂定及不得限制競爭有規定
廠商資格	有基本原則規定	有基本資格、特定規格、不得不當限制競爭之規定
共同投標	無規定	有規定，且另定辦法
押標金及保證金	有原則規定	有明確規定，並由主管機關再予補充規定
公告招標之開標	原則上應公開辦理	特殊情形下可祕密辦理
協商制度	決標前無洽廠商協商之制度	在一定條件下，決標前可與廠商協商變更投標內容，甚至招標內容
申訴制度	無廠商異議、申訴制度	有廠商異議、申訴制度
釋疑制度	對招標文件內容，無廠商申請釋疑制度，實務操作還是可申請釋疑，只是條文無硬性規定	對招標文件內容，有廠商申請釋疑制度
履約爭議	無採購申訴審議委員會之調解制度	採購申訴審議委員會可調解履約爭議事項
圍標綁標	述及圍標，未述及綁標	明確界定圍標、綁標之行為態樣及其處罰
國防採購	列有籠統之除外規定	具體列明不適用之特定情形
優惠國產	無優惠國產措施	有優惠國產措施，但不得違反條約及協定
對待外國廠商	無規定	有准許外國廠商參與投標之處理原則
保障公務員	對採購行政裁量權及人身安全無保障規定	有採購行政裁量權及人身安全之保障規定
保障弱勢團體	對殘障、原住民、慈善機構或受刑人之非營利產品或勞務，無保障規定，98條有部分工作權保障	可採比價或議價
不良廠商	無拒絕不良廠商投標之規定	有各機關一體拒絕不良廠商投標、分包之規定
共同供應契約	無規定	有規定，各機關可共用一個契約
請託關說	無規定	有規定，宜作成書面紀錄
驗收	無部分驗收規定	有部分驗收規定
雜項規定	對統包、轉包、分包、替代方案、民間投資興建案，無規定	對統包、轉包、分包、替代方案、民間投資興建案，有規定

新法架構 規範BOT

政府採購法施行後，產生了四項正面影響，包括：統一專法規範政府採購，具體明訂細項內容；公益、獎勵與防弊措施並重；設置底價與採購資訊公開化；採購方式多元化與申訴制度。

政府採購法制定通過後，專法規範以特別法形式立法，法規適用問題得到解決，對於勞務採購及因應公私協力時代所需的BOT（Build興建、Operate營運、Transfer轉移）、BOO（Build興建、Operation營運、Own擁有）等甄選程序都納入規範，使得營造業的從業人員有明確且基本的法規能予遵守，且能經過立法機關審議，賦予民主正當性。

政府採購法具體規範自採購流程起至申訴制度等。以該法第七章之罰則規範來說，即以刑事特別法的方式，專以採購弊端為規範客體，在構成要件與法律效果上，皆具明確與嚴謹的規定，可有利於防弊。為防治綁標，明定依功能、效益訂定採購規範、須符國際標準或國家標準、不得要求特定來源、須標明同等品四項防範標準。同時，該法也是營造業者因綁標而遭受利益損失時的權益保障依據。

至於取得環保標章之產品得優先採購、得標廠商應僱用殘障人士及原住民、廠商違法情形應刊登於公報中等，則為政府採購

政府採購法納入BOT甄選程序規範，圖為臺灣最大的BOT案，臺灣高鐵

法明文規定於社會福利措施中。由此，不僅促使營造業者施作公共工程時具有行政公益的特性，更賦予其社會責任與義務，而能有扶助中小企業承包或分包政府採購之輔導作用。

公平競爭 保障工程品質

　　早期招標資訊僅須公布於公部門門首以及在報紙刊登，產生營造業能否接收到招標訊息的疑慮，也因資訊普及性不足或難以取得而有不公平的問題，甚至在招標程序後，得標廠商也因無須公開資訊，而規避接受公眾監督。政府採購法則就此立法增設政府採購公報、採購資訊網路公告，並設標期等予以規範。

　　採購法雖然規定以機關自行訂定底價為原則，但對於預算與底價則另有公開規範，且在公告金額以上案件，另需辦理決標公告。此外，對採購案之請託關說做書面訓示規定，並要求開標前對投標廠商名稱、家數應予保密，這使無人際關係的廠商也能獲得公開資訊，在公平的競爭下，保障工程品質與產業營運的績效。

　　談到政府採購法的制定過程，前行政院公共工程委員會副主任委員、現任中央大學營建管理研究所教授李建中在訪談中表示，政府採購法之目的在於建立公平健全的採購制度。政府採購法實施以來，各機關單位在辦理工程、勞務採購過程更加公開透明化，也促進交易的公平性以及良好競爭。此外，政府近年來積極推動BOT案，訂定「促進民間參與公共建設法」，希望以民間廣泛的資源，加上企業經營的理念，協助政府提升效率。

政府採購公報

李建中

1947年生，是前教育部政務次長李模的長子。1975年獲美國密西根州立大學土木工程碩士，繼續在同校深造，1979年獲博士學位。曾任榮工處企劃部、設計部、研發室主任，行政院公共建設督導會報副執行秘書，行政院公共工程委員會副主任委員、臺灣世曦工程顧問股份有限公司董事長。

決標方式 歷經幾度變更

政府採購法明定行政院公共工程委員會為主管機關，並包含公共工程採購決標方式。自審計法以來，政府採購方法曾出現多種決標方式，在政府採購法施行前的決標方式，則多以合於招標文件規定，並在底價以內最低標為決標原則。

但為避免公共工程採購有低價搶標而致降低工程品質之情事，政府曾於1979年增訂「審計法施行細則」條文，引進一般所稱之「八折標」。然而，八折標因實行不易而告終結，此後，又恢復原來的最低標制度。

直到1990年2月頒訂「行政院暨所屬各機關營繕工程底價訂定及決標方式試辦辦法」，即一般俗稱的「合理標」。合理標底價的訂定雖然較為客觀，且考量廠商的投標價格，較可反映市

最低價標

「各機關營繕工程及購置定置變賣財物稽查條例」第12條規定：「營繕工程及購置定置財物決標時，應以在預估底價內之最低標價為得標原則」。理論上來說，「最低價得標」制度對業主最有利，實際上在招標資格文件審查時，卻很難分辨廠商真正的規模、優劣、及履行工程合約的能力。於是，最低價決標制間接的助長了圍標的運作空間。在圍標時，只要安排「預定得標者」所出標價在發包底價之下，且為參與投標者中之出價最低者即可得標，如此簡單易行，圍標、綁標情事就防不勝防了。於是在政府採購法制定時，決標改為合格最低標或最有利標或複數決標。

八折標

政府的採購實務上，許多廠商在報價時不僅未配合實際工程需要，反而非法探聽底價，導致標價缺乏客觀性，而且底價的合理性也經常飽受質疑。此外，若有底價訂定偏高的情形時，依規定一律排除報價低於底價80%者，這項規定也有其缺陷。因為如果底價訂定偏高，會淘汰品質合乎需求，雖然價格低卻具有競爭性的廠商。在流弊不斷下，此規定於1983年5月廢止。

合理標

係指開標底價是以不同計算方式所算出，其計算是由工程機關、上級主管機關及審計機關、其他參與會核機關所訂底價之平均值，以及所有投標廠商投標價的平均值（需剔除廠商投標價高於或低於政府機關所訂平均底價20%者），各以分佔70%與30%方式加權計算而得。該制度係在不違背審計法規的前提下，做嘗試性試辦，以保障廠商的合理利潤，避免廠商因惡性競標，而影響工程品質。最後因其運作成效有限，加上其僅為試辦性質，而於1992年喊停。

決標原則朝合理化改進

政府採購法具有提升公共工程品質的功能

價，並透過排除報價誤差較大的投標廠商，降低圍標的可能性，進而可使廠商合理報價，確保決標價的合理性。但合理標以加權公式決定得標廠商的方式，在尚未完成開標前，誰都沒有把握會得標，也造成個個有信心，人人沒把握的局面，形成「底價計算」才是決定投標廠商是否能得標的不合理現象。

　政府採購法將公開招標、選擇性招標、限制性招標融入舊制統合都成為規定的招標方法，而為因應技術複雜工程與顧全工程品質，合格最低標、最有利標或複數決標也都自此應運而生。

最有利標

最有利標首先根據評選項目進行評分，評選項目有八項，分別為：廠商過去承辦建築工程之經驗及其履約結果說明（包括驗收結果、扣款、逾期、違約、工安事件等情形）；品質管制計畫；工地管理及安全維護計畫；完工時程及其妥適性；材料設備之功能及品質；整體設計之實用、美觀、方便、經濟理念及創意；未來執行本案主要人員名單、經驗及專業能力；價格之完整性及合理性。其評定方式有總評分法、評分單價法及序位法三種。最有利標的評選作業程序包括六階段：簽准辦理方式、成立採購評選委員會及工作小組、開標與審標、評選、決標、決標公告。

複數決標

採購法第52條第4項規定：採用複數決標之方式時，機關得於招標文件中公告保留採購項目或數量選擇之組合權利，但應合於最低價格或最有利標之競標精神。例如：業主有六件工程一起招標，參與廠商可選一組投標，也可以全部投標，每一組以其最低價決標。還有一種是採購物品100萬個，但是業主希望不只一家廠商決標，可以先由標價最低者（且低於底價）決標50萬個，然後問標價次低者是否願以標價最低價格承作30萬個，再次低者以標價最低價格承作20萬個，依此類推。

公共工程決標方式演變

法律依據	授權命令／法規命令	發布及廢止日期		規範摘要
審計法		1938/5/3	工程 財務	開標、比價、議價決標金額達一定金額應邀請審計機關監督
	審計法施行細則	1979/6/21	工程	該法第46條之1「各機關工程決標得明定報價未達底價80%不予採用」
	審計法施行細則	1985/12/31	工程	該法第50條「未達底價80%者，得要求廠商補送成本分析資料，如認為不合理者得採用次低標決標」；凡低於底價80%得規定繳納差額保證金
稽查條例		1972/5/26 1999/6/4	工程 財貨	該法第15條「應合於招標文件規定，在底價以內最低標為決標原則並得超底價20%。如認為廠商報價不合理得採用次低標」
	行政院暨所屬各機關營繕工程底價訂定及決標方式試辦辦法	1990/2/14 1992/5/13	工程	機關、上級主管機關、審計機關所訂底價平均值，佔開標底價70%。廠商報價高於或低於底價20%者剔除，剩餘廠商報價平均值佔百分之30%
政府採購法		1998/5/27	工程 財物 勞務	第52條：「決標方式包含1. 定底價最低標 2. 不定底價最低標 3. 最有利標 4. 複數決標」 第56條：「應依招標文件所規定之評審標準就廠商投標標的之技術、品質、功能商業條款與價格作序位或技術之綜合評選，評定為最有利標」
	最有利標 評選辦法	1999/5/17	工程 財物 勞務	該辦法第2條：「採用最有利標者應確認屬異質採購」 第5條：「評選項目包括技術、品質、功能、管理、商業條款、過去履約績效、價格等」 第11條：「評定最有利方式1. 總評分法 2. 評分單價 3. 序位法 4. 經主管機關認定方式」 第22條：「最有利標以不定底價為原則」
	採購評審委員會 組織規程	2001/6/20	工程 財貨 勞務	該規程第22條：「最有利標應成立採購評審委員會辦理評選」

解決履約爭議 修法因應

　　2002年修正政府採購法明列履約爭議之協議處理方式，也是營造業史上首次針對履約爭議處理方式的重要突破。長久以來，營造業承攬公共工程在無形之間總有著上下隸屬的關係存在，當履約爭議發生時，經常侷限以司法訴訟解決。而隨著外國營造業進入臺灣市場，他們講究權利義務的性格文化，也影響了臺籍營造業，例如臺北捷運馬特拉事件的爭議，即讓臺灣營造業勇於對抗積非成是的權利不對等地位。

　　政府採購法具有改革除弊的立意，然而其實際運作的結果，弊端並未完全消除。採購機關依法必須遵守採購法規定，實踐本法所規範之精神，然而與此相左，在營造產業發展的過程中，採購弊端早已成為常態，這並非規範不足，而是監督未落實所致。對於採購人員圖利廠商、收受回扣等貪污犯罪情事，也是因為制

約功能欠缺、破案率過低、司
法功能不彰等所導致。

政府效能低落對採購弊端
叢生也難辭其咎，例如公共工
程因涉及高技術性專業，本來
在查證及釐清工程細項即頗為
不易，而採購法第6條「辦理
採購人員於不違反本法規定範
圍內，得基於公共利益、採購
效益或專業判斷之考量為適當

簽署政府採購協定引進國外工程業

的採購決定」，雖有彈性提升公共工程品質之權宜措施，但在人
為操弄下，實則更徒增以公共利益為由，行圖利之實的可能性。

簽訂採購協定 放眼國際

回顧我國營造業的海外發展，始於1960年代，當時隨著國內
營造市場逐年萎縮，開發海外營造市場蔚為潮流。不過，在要求
國外開放市場的呼聲下，我國亦須配合開放本國市場以作為互惠
條件。

1994年世界貿易組織（WTO）成立後，政府為配合WTO之
規範，同意簽署「政府採購協定」，並於1998年制定「政府採購
法」。根據政府採購協定的採購透明化、國民待遇及不歧視原
則，政府需建立公平合理的採購程序，以減緩將來進入世貿組織
對工程採購之衝擊。

簽訂政府採購協定後，對於營造業有兩大影響，首先，國外
工程技術人員可爭取辦理政府機關的工程技術服務；其次，外籍
工程顧問公司也可逕行登記在臺執業，聘僱有簽證資格的專任人
員，而無須再以國內機構的合作模式進場。而優勢技術團隊也可
藉此運用資金利基，跨國規劃設計輸出，如此巨變對營造業的從
業人員也造成影響。

簽署政府採購協定後，國內廠商即可積極進入其他締約國的
政府採購市場，在當前的外交劣勢下，確可減緩由政治因素所造
成海外發展障礙，也提供了國內營造業參與國際市場公平競爭的

機會。

不過，由於國內營造業的階層化現象甚為明顯，能參與國際市場者多為具備跨國技術輸出的廠商，僅有大型營造廠以及少部分專業的中小型營造業因此受惠。總之，不論是外國廠商投入國內營造標案或是國內廠商前往海外發展，受影響者主要為大型營造廠，對大部分的中小型的乙級、丙級營造廠商衝擊較小。

外國廠商 直接來臺叩關

雖然政府採購協定是受到情勢所迫，爭取入會的產物，但是以長久的發展趨勢看來，政府採購協定與政府採購法卻係一體兩面。就世界貿易組織（WTO）的時代而言，國際性工程採購的參標跨國流動，在國際法上的規範基礎即為政府採購協定，面對市場開放，臺灣在國民待遇原則上必須公平表態，因此催生了政府採購法。

另一方面，政府採購協定對臺灣的工程採購，可在技術性與工程管理文化面向上帶來刺激，藉此提升營造產業的品質，但檢視臺灣本土營造業的發展經驗，產業市場極為有限、產業結構偏向階層化，因此體質脆弱的業者也可能無法因應外來的競爭，而面臨淘汰的命運。

不過，政府採購協定中開放外國營造廠可逕行申請甲、乙、丙級營造，讓大型外國廠商來勢洶洶，覬覦臺灣市場。如果重大工程長期為外國廠商所承包，造成國內大型營造業間接失去培訓技術的機會，又難與中小型營造業者競逐小型工程，會造成產業兩極化，這對於營造業的整體發展，確實頗為不利。

我國簽署政府採購協定的過程

在我國加入世界貿易組織的談判過程中，美國、加拿大、歐盟、瑞士、北歐三國、日本、韓國等均相當重視我國政府採購的市場規模，並皆以簽署「政府採購協定」作為支持臺灣入會的條件。當時美國曾引述我國媒體報導各機關採購總額，並認為我國保護國內產業的措施，已經妨礙了國際貿易的發展。在1993年入會案的多邊與雙邊談判中，我國原持反對簽署採購協定態度並擬定對承諾簽署協定不妥協的策略，後來考量國內其他產業的利益，於1994年6月表達願意簽署採購協定的立場，而於1995年正式提出擬訂開放政府採購承諾清單，在經過冗長的諮商談判之後，於2009年正式簽署政府採購協定。

制定法規政策 與時並進

　　回顧營造業發展史，政府對於營造業參與工程的採購法規範始終是摸著石頭過河，採取逐項增減的方式進行。首先是1939年於大陸時期所制定「管理營造業規則」，再經1973年的「營造業管理規則」，而演變至2003年的「營造業法」出現。甚至是隨著民營營造業者長期的爭取與抗議，開放民間參與及行政管制才有階段性的放行。

新法律讓營造產業管理更臻完善

　　在2001年我國正式加入世界貿易組織後，臺灣營造業終於獲得海外發展的公平競爭平台。其中，政府採購協定的簽署，使臺灣在面對外交失利下，得以突破國際政治因素阻礙，開啟海外發展的契機。特別是具備國際競爭力的大型營造業，重新獲得表現的舞台。

　　進入21世紀之後，營造業法、政府採購法與政府採購協定邁向成熟期，它們對於營造業的發展及影響，正處於進行式。營造產業管理如何在法律規範上更臻完備，更有助於產業的良性發展，實有待營造業全體參與者攜手共同努力。

營造業與相關法律規章年表

	管理營造業法規	工程採購規範	國際採購規範	行政法
1938年		審計法		
1939年	管理營造業規則			
1949年		稽查條例		
1950年				
1973年	營造業管理規則			
1995年				行政程序法
1998年		政府採購法		行政契約理論
2001年			加入世界貿易組織 簽定政府採購協定	
2002年				
2003年	營造業法			
2009年				
2010年				

第十章 ■ 影響產業發展因素與公會組織

第一節 圍標、綁標及低價搶標現象

興建東部鐵路 首見圍標

營造業業者因多須透過競標方式，以取得工程業務，故為追求順利得標以獲取利潤，過去曾衍生不少惡性競標的行為，其中以圍標、綁標及低價搶標較為常見，這些現象造成業界不公平的競爭機制，頗值得研究探討。

一般所謂的圍標係指不肖業者為求得標，夥同其他業者事先約定以高於合理價格競投承包，以賺取額外利潤，所得由所有參與業者均分。綁標則為業主中不肖的承辦人員或設計單位，與參與競標的業者合作，協助其取得標案而牟取私利。至於低價搶標，這是營造業者競爭的基本法則，原本無可厚非，然而此舉會成為問題，在於凸顯出市場過度競爭，政府管理營造業者的方式是否妥適的問題。

日治時代的花蓮港驛

遠溯至日本殖民臺灣時期，有關圍標的情事即時有所聞。

臺灣的工程弊案遭受社會側目，源於東部鐵路興建案。1907年，臺灣總督佐久間左馬太巡視東臺灣後，認為有建設鐵路的必要，於是命令鐵道部勘察、測量，並提出報告書，1908年經日本國會批准，1910年展開第一期工程，其路線由花蓮港至璞石閣（今花蓮玉里），於1917年完工。第二期工程自1921年開始，由璞石閣至臺東，於1926年完工。總計北起花蓮南至臺東，全長171.8公里。

日治時代的璞石閣（今花蓮玉里）

在工程進行期間，鐵路四大業者，包括大倉組、澤井組、久米組、鹿島組等由於覬覦箇中利益，從1913年會計年度開始，即私底下針對花東線鐵路與北基鐵路雙線工程等標案「搓圓仔湯」（圍標）。

北基雙軌案開啟了圍標惡習

政治干涉司法 案件輕判

圍標惡習始於鐵路工程，其來有自。原因是鐵路工程市場從景氣蓬勃、歷經削價競爭，最後在政府預算緊縮的烏雲籠罩下，業者被迫走上圍標一途。惡例一開，圍標風氣從鐵路工程向外擴散，後來連水利與防洪工程以及建築業的營繕工程也都全部淪陷。

業者圍標的具體辦法是在投標前由業者私下聚會，磋商決定得標者與價格，其他業者則配合以比較高的價格投標。事後得標業者再依先前之約定提出一定比例（通常是一成）的工程款，歸由其他參與本標案的業者瓜分。

在1917年農曆春節過後，臺南法院檢察官在屏東聽聞蛛絲馬跡，開始追查起圍標弊案，經過抽絲剝繭，案情逐步向上發展，

搓圓仔湯

臺語俗稱「搓圓仔湯」，其由來是出自於日本人開標前，大家一起談合的意思。日語「談合 だんごう Dangou」的意思與「圓仔湯」（団子 だんご Dango）同音。因此在臺灣的營造業界就以臺語（諧音）將「談合」以「搓圓仔湯」表達其意。

臺南地方法院的檢察官追查臺灣史上首樁圍標案

臺北的大型業者也都涉案，甚至總督府發包的工程案幾乎全被污染。4月中，大倉組、鹿島組、澤井組、久米組、高石組、古賀組等六大會社都遭到搜索，被查扣的帳冊、文書堆積如山，業界人心惶惶。經過一個月的密集調查，5月底檢察官依犯罪行為重大，先將六家公司8名涉案人依詐欺重罪起訴，後來又移送第二批18名業者。

臺灣總督府民政部土木局長角源泉了解茲事體大，他在報上連續三天刊登長文，發表官方對此事件的看法，不斷強調此案如果定罪，臺灣的營造業者將全部滅絕，所引起的經濟風暴也無人能夠收拾。顯然地，這是政治干涉司法的舉動。他甘冒大不諱，明目張膽地介入已經移交臺北地方法院的訴訟案，可見此事非同小可，政府與業界都已在作最壞的打算。

6月底檢察官具體求刑，26名業者被求處三個月到八個月不等的有期徒刑。輿論譁然，被起訴的業者不但是富豪，大部分還是「社會名流」，頭上頂著的公職頭銜不勝枚舉，民眾也不敢相信他們即將成為階下囚。緊接著多次開庭，除了律師與檢察官交叉辯論外，法官還請來鐵道部及土木局的官員陳述意見，在7月19日的一審判決結果卻出現大逆轉，26名業者全部無罪。

由於被告都坦承圍標卻仍被判無罪，檢察官無法接受，向覆審法庭提起上訴。9月3日二審判決，法官還是認為刑法上的詐欺罪不成立，但援用「違警例」條文判決各業者10元至130元不等的罰金。判決22人總共繳交840元的罰金了結本案，和十八件舞弊案總計數十萬元的不法利得相比，根本不成比例。

審判定讞後隔一天，總督府迅速公告「行政處罰」。濱口勇吉與另外兩名小業者受到最重懲處，永久撤銷在臺灣承攬公共工程的資格。8名大型業者則自1917年9月5日起一年間，暫時取消承攬公共工程資格。次級的13名業者被暫停半年資格，剩下業者則予以「嚴重警告」，未處以實際裁罰。

建築土木市場 噤若寒蟬

雖然在此刑事案件中，政治力的運作斧痕斑斑，但是本事件對臺灣營造業影響至巨。由於業界真的是一朝被蛇咬、三年怕草繩，後來建築及土木市場都進入寒冬，除了仍在進行中必須收尾的總督府新大樓和臺北病院之外，許多計畫中的工程都因為財政問題而延期。部分1920年代初創辦的多所師範學校和高等學校，甚至因為沒錢建校，老師和學生多寄附在各地的小學校或中學校上課。

日治時期的臺北市淡水河堤防工程亦傳出圍標情事

有了圍標事件的前車之鑑，日後臺灣總督府所主持的中央級公共工程，主要都採用「指名競爭」，市場形同寡佔，業者之間自然有默契，不會演變成破壞性的削價競爭。然而，地方政府主辦的工程，不屬於「臺灣事業公債」支出項目，業主未必採用「指名競爭」，大部分都是公開招標的，就可能造成競標，因此必須事先約束。此時由土木業者所組成的公會──「臺灣土木建築協會」，就必須居中協調，以維持市場秩序，讓同業利益均霑。自此至1945年日治時代結束，類似花東線鐵路與北基鐵路雙線工程的大規模弊案，也不曾再現。

違警例

日治時期以違警例處理輕犯罪，圖為當時的日本警察

日治時期，對於輕犯罪刑採取「犯罪即決制」，將輕犯罪刑的決罰交由警察機關處理，「違警例」即為授權警察即決的法律依據。「臺灣違警例」於1908年公布，1918年再予修正。所規範的輕犯罪刑包括：賭博、詐欺、偽造、公共衛生、醫療、噪音環保、公共危險、交通郵電、新聞廣告及商業交易等。違反違警例者多處以拘役、罰金或笞刑之處分。

指名競爭

指公共工程發包時指定業者進行競爭投標。指名競爭制度首先必須參考工程費用及難易程度，再考量業者是否有特殊的技能、經驗、還有其信用資力與經歷等，具體參考項目包括：納稅額、資本金、工事承包總額等。工程發包除了顧及經濟因素之外，也必須考慮政治面向，大型公共工程承包廠商必須獲得臺灣總督府同意。

黑道介入 戰後再度出現

戰後，國民政府遷臺，從1950年代起陸續在臺灣扶植榮民工程事業管理處、中華工程公司、唐榮鐵工廠等公營營造業，這些公營事業靠著「退除役官兵輔導條例」等特殊法律保障，或受惠於量身打造的綁標、或享有議價特權。在威權時代，民營營造業者只能發起零星抗議，敢怒而不敢言。

在1960至1970年代，除了公營營造業壟斷大多數的公共工程之外，少數有利可圖的工程也屢見黑道介入的影子。在此時，有所謂「外省掛」以及「本省掛」等幫派，為了獲取資金，有利於幫派活動，除了擔任酒店、色情、賭博業圍事，或者收取商家保護費、勒索、討債之外，涉及工程圍標的情事也時有所聞。

進入1980年代，黑道活動日益猖獗，於是政府在1984年11月12日展開「一清專案」，針對國內主要的幫派進行掃蕩，不少幫派領袖被捕。政府嚴厲打壓黑社會分子，「大哥」紛紛入獄，黑道倫理淪喪，許多兄弟失去目標與活動資金來源，漸漸開始墮落而接觸走私毒品、軍火等活動。

惡質搶標 八○年代盛行

從1980年代末期開始，威權體制鬆動，臺灣社會邁向多元化，兩岸經貿往來逐漸發展，走私漸形猖獗，連帶大批黑星手槍、紅星手槍也源源不絕的輸入，臺灣社會治安嚴重敗壞。廠商惡質搶標也在這時達到高峰期。

斗南田徑場招標工程，引發立委蕭瑞徵遭槍擊致死

各方勢力介入工程，使得營造業長期籠罩在黑道圍標、白道綁標、低價搶標、聯合圍標、不公平競爭的陰影之中，甚至已威脅到人身自由與生命安全，對於營造產業、政府預算編列及公共秩序維護，均造成相當大的衝擊。在此時期，屢見民意代表涉及工程弊案，其中又以立委蕭瑞徵命案最為驚悚。

自1986年至1995年的十年間，由

> **蕭瑞徵命案**
>
> 蕭瑞徵是臺灣第一位被槍殺的立委。這件震撼全國的案例是發生在解嚴前夕的1987年1月21日，蕭瑞徵在臺北住處遭上門的凶手李金原槍殺。本案源於1985年雲林縣府辦理斗南田徑場工程招標，關係人李金原向蕭瑞徵擔任負責人的龐盛公司借牌投標並得標，但雙方為了1,000萬元工程保證金發生糾紛，導致李金原登門行凶。

現代的「工程利益輸送」

圍　標	綁　標	低價搶標
公共工程之發包，由於投標廠商眾多，競標激烈，有意投標的廠商聚集磋商妥協，在發包單位尚未開標前，事先私下洽商，並由一家特定廠商取得得標權。	公共工程在發包時所提供的書類資料中，於資格標或技術上設置關卡。其目的通常在鎖定特定廠商的產品，希望其他類似產品不能參與競爭，因此常被質疑是圖利行為。	公共工程招標作業在1998年5月27日政府採購法施行前，依據「機關營繕工程及購置定置變賣財物稽查條例」第15條及「行政院暨所屬各機關營繕工程招標注意事項」相關規定，以在底價以內之最低標價為得標原則。造成部分營造廠商先低價搶標再設法偷工減料或追加預算的僥倖心態。

於臺灣高度經濟成長，使社會對營造產業產生強大需求。在這段時期，由於臺灣政治反對勢力的興起，無論國會或地方議會都發生大換血，許多政治人物浮上檯面，由於選舉所費不貲，於是部分人士利用其職權的影響力，以綁標或其他非法手段，將公共財產納入私人口袋。這就是所謂「工程利益輸送」，即泛指圍標、綁標及低價搶標等不法情事。

打探投標業者 多種方式

一般公共工程的興建，通常採取公開招標方式發包，在經過公告後，發包機關會備有設計圖樣、施工說明書，提供給有意承包工程的營造廠商，以預估工程造價。有意參加廠商，須攜帶證件參加登記，於指定日期抵達現場參與說明會、進行投標及等候開標，而由投標廠商所投的標價中，低於發包單位之底價最低者即為得標廠商。

但是部分廠商卻常以圍標方式，染指工程。早期的圍標多是營造廠商私下合意，議定利潤分配以勸退競爭者，再約定得標廠商及陪標廠商，並由得標廠商提供圍標金。隨著廠商逐漸複雜，工程價值日漸龐大，在利益薰心下，一般協商難以達成協議，於是有廠商引進黑道以暴力介入協商，造成黑道圍標氾濫。

一般圍標的手法，首先需設法掌握領標營造廠商的名單。其取得方式可從主辦工程機關及相關單位、郵政單位、指定工作與材料供應廠商處等管道探知，或逐一查詢資格審查合格或登記有案的廠商名單，或直接在領標現場監控，以鎖定有意投標的業者。

黑道圍標手段 花招百出

在黑道介入的情況下，黑道人士通常是藉由領取標單的機會，派員站崗，得知哪些廠商有意投標。在掌握領標廠商名單後，黑道即以暴力恫嚇方式要求領標廠商參與圍標，並於開標前舉辦餐敘以進行祕密協調，其目的在於取得大家同意，讓有意承包廠商拿到得標權。而不願參與圍標的廠商，黑道也會透過威脅逼其退出競標，或以截標、攔標方式，妨礙他人投標，避免圍標的破局。

另外，有意圍標者通常仍必須事先取得工程發包底價，於是以脅迫或利誘方式，串通相關承辦人員洩漏底價或關說探聽底價，以確保圍標手段的成功，達到獲取承包權的目的。過去圍標者也會串通工程發包機關，降低招標訊息的公開性，其作法是要求發包機關將招標公告期間盡量縮短，並刊登招標資訊於一般營造商不會留意的報紙，以降低其他競爭廠商數目，方便進行圍標。

由於公開招標依法規定，需有三家合格廠商的參與投標，除了協商其他廠商來陪標外，圍標主事者也會向其他廠商借牌參與投標，虛增投標廠商家數，導致實際上就是一家廠商使用不同名義分身投標，而得以確實掌握決標結果與得標利益。在圍標盛行的產業生態下，催生了以圍標為生的「皮包公司」，他們到處競標工程，收取圍標金，或一旦得標後，即以轉包方式獲取淨利潤，這可說是黑道圍標的寄生體。

皮包公司

又稱為「空殼公司」（Shell Corporation）或現成公司（Readymade Company），這是指已經開設的公司法人，有公司名稱，但未實際經營業務。事實上僅一人、一只皮箱，無須聘雇員工、租用辦公場所，公司即可營業，故稱為「皮包公司」。

機場工程弊案 喧騰一時

在綁標部分,主辦工程機關訂定廠商資格、適用產品的目的,原始用意是用來評估廠商是否具備承攬能力及確保工程品質。然而,惡意綁標行為卻是在工程招標時,訂定與承攬能力無關的資格條件及技術規範或指定特定的產品,也就是為了圖利特定的廠商所特殊設計的工程招標,因而最有可能在招標的條件或料件規範上事先動手腳。

最常見的綁標方法是「綁資格標」。營造業者與公共工程顧問單位或招標機關可能採取事先協商,並運用不合理的投標資格設計,不當限制廠商的基本證照、財務能力、工程業績、設備、人力等條件,以保障某些特定營造廠商,讓其他欲投標廠商不符投標資格或處於劣勢地位,以利特定營造廠獲得承攬權。

另一種手法是在工程招標時,針對標的物以「綁規格」、「綁工法」的方式,於招標文件中要求特定的商標或商名、專利、設計或型式、特定來源地、生產者或供應者,即可對工程所使用的材料、材質、品牌、尺寸、產地、機具、工法等方面作不合理的限制。

這種綁標手法多是建材廠商或特殊工法專業廠商結合設計單位或發包機關,在工程設計中指定採用專利、特殊規格產品或工法,以形成排他性或設置障礙。而所被指定的建材或工法與其他廠牌產品相比,在本質上或功能上可能並無優異或獨特之處,甚或更差,但是其一經指定,價格立即上漲。這對於不知情的得標廠商而言,也造成很大的困擾,因為該項產品既被指定採用,即沒有選擇空間,因此任由賣方漫天要價,買方卻只能被動接受,因而墊高了工程總價。涉及綁標的公共工程弊案,以1996年的中正機場二期航站裝修工程弊案最為喧騰一時。

中正機場二期航站傳出黑白兩道綁標圍標弊案

中正機場二期航站裝修工程弊案

中正機場二期航站裝修工程在策劃之初就有民意代表積極介入，運作將工程委託中華工程顧問公司議價設計監造，以鋁合金為屋頂桁樑，編列47億工程預算，並有民代遊說預算案的通過。後來，本項工程被檢舉為綁標，於是改採公開招標，由中華工程顧問公司得標。由於東怡營造有意投標，但遭幫派人士登門槍擊，被迫放棄投標，結果中華工程顧問公司最後以總金額28億元得標。本案以白道遊說、黑道恫嚇，呈現黑白兩道分食公共工程的弊端。全案爆發後，包括3名民航局官員，合計共有28名官、商、幫派分子移送臺北地檢署偵辦，後並分別以貪污、偽造文書、恐嚇取財等多項罪名被起訴。至於4名被指為涉案的立委廖福本、林源山、陳朝容、施台生則以不知情為由簽結。然而本案經纏訟多年，涉嫌人皆由臺灣高等法院更二審宣判無罪。

只問工程價格 流弊難絕

在圍標、綁標屢見不鮮的1990年代，低價搶標也頗為普遍。特別是1995年以後，營造市場景氣轉為低迷，低價搶標的狀況更加惡化，決標的價格往往只有底價的五、六折，使得營造廠的利潤變薄，連帶引發公司的財務危機，也嚴重影響工程品質。

而參與投標業者為追求短期利益，削價競爭，甚至引進黑道介入，搶奪工程標案，導致惡性競標風氣日益猖獗。最終在標場分輸贏時，「只見價格、不見品質」、「只見價格、不見技術」、「只見價格、不見服務」，造成營建品質的惡化，形同劣幣驅逐良幣。

因此，政府工程採購為避免廠商報價不合理而降低品質，也衍生出八折標、合理標等改革措施。

公平開標 健全產業發展

1998年政府採購法正式實施後，針對低價搶標有了防範措施，明文規定主辦機關如果認為最低標廠商的總價或部分標價偏低，明顯不合理時，可以限期通知該廠商提出說明或擔保。而若廠商沒有在期限內提出合理的說明或擔保者，可不決標予該廠商，並且以次低標廠商為得標廠商。不過，此規定也讓主辦機關擔心會被質疑圖利次低標廠商，所以在實務上政府部門並未普遍採用。

除此之外，為突破僅以價格作為工程決標的主要考量因素，政府提出了最有利標決標方式。這是針對標的屬於異質的工程、

西濱公路野柳隧道弊案，多家營造廠商及政府官員涉及

財物或勞務，可依照標的之技術、品質、功能、商業條款或價格項目，作序位或計數的綜合評選，以選擇最佳的決標對象，所以得標廠商可能是一個分數高、產品品質好、功能強而價格雖高但屬合理之廠商，藉此避免廠商惡性低價搶標。

然而，最有利標容易受到採購評選委員會評選委員個人的主觀意識所影響，也因此曾爆發多起評選委員明顯評選不公、接受廠商邀宴、收受不法利益或圖利特定廠商等違法情事。因此，最有利標是否能夠有效抑制公共工程弊案，仍有待考驗。

工程流弊歪風，嚴重破壞業界生態。這使部分業者企圖透過不法手段來迴避競爭，而不是去思考如何使工期縮短、工程更有效率，以及如何提升自身的競爭力。這些扭曲的現象，不僅不利於營造工程技術的研發，也妨害營造管理與經營，變成營造業發展的阻力。

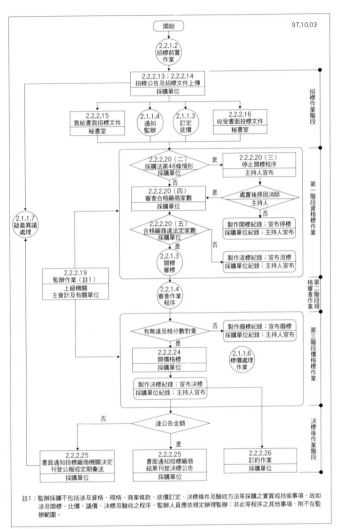

公開招標依照法規有一定的流程

採購評選委員會

採購評選委員會係依政府採購法規定設置。委員會召集人得視案件性質決定每位委員之分工及應評之項目，委員再針對廠商提供資料擬具評比報告，載明處理意見連同廠商資料提交委員會。委員若認為有調查或實地勘驗之必要時，得經委員會決議後實施調查或勘驗。委員會於作成決議前得指定委員分別就評比或審查報告內容預先審查或複審，再將意見送委員會參考。委員應親自評選及出席會議，不同委員之評選結果有明顯差異時，召集人應提交委員會議決或依委員會決議辦理複評。複評結果仍有明顯差異時，由委員會決議。

日治時期工程以木材為主

日治時期建築多使用磚瓦

日治時期臺灣的水泥廠

第二節 物價波動對營造業之影響

日治時期 物價尚稱平穩

營造業者除了必須面對同業的不公平競爭外，還必須飽受物價變動的威脅。因為一旦物價波動幅度過大，不但會影響工程品質以及完工時間，甚至會影響經營管理，所以，營造業者在承攬工程時必須優先考量物價因素。

營造業承攬工程往往金額龐大、工期較長，但契約價格在施作前就已與業主議定，因此，營造業者若要創造最大利潤，必須以省下最多成本為依歸。若在施作過程中，遭遇政經環境的改變而使得物價上漲過巨，不僅將蠶食原有預期的利潤，有時甚至會出現缺料、或者即使願付高價仍然購料無門的窘境，這對於以如期及如質完工為最高信念的營造業者而言，實為最難掌握的變數。

因此，對於營造業經營者而言，在物價平穩的時代，風險相對較低，他們可有效掌握未來的發展計畫。例如臺灣在日治初期，營造物價相對平穩，主要是由於當時的政經環境較為穩定，社會上對於營造的需求並非太高，除了重大的公共工程以及像廟宇等公用建築外，民間的建築物多就地取材，以鄰里互助的方法完成，對於磚瓦及木材的需求始終無過大的波動，因此營造物價未有起伏震盪。此外，由於日本統治者的民族性較為中規中矩，編列預算多經過實地訪價，與市價差異不大，此時期的營造業者除非遇上天災或人禍，否則賠錢的機會很少。

戰爭時期 進行物資管制

1941年，日本發動太平洋戰爭後，美國參戰，美軍將臺灣列為轟炸目標，意在取得制海權與制空權，這對臺灣造成重大的衝擊，臺灣對外貿易斷絕，往來於臺日間的船隻屢遭擊沉，物資嚴重缺乏，導致物價不斷上漲。1943年底甚

至開始實施米糧配給，對營造業者而言，米糧在
此時的重要性遠超過營造材料。

　　這時，公共工程多以國防工程或水利工程
為主。國防工程是要把臺灣從南到北要塞化，其
工程型態從挖掘防空洞到開闢戰車壕、從儲存糧
食到存放武器不等；而水利工程則多以土庫堤防
為主，這些工程都必須靠大量人力，相對使得糧
食的需求十分迫切。因為人必須飽食才能工作，
但由於物資短缺，米價高漲，如何有效取得足夠
的米糧，考驗著營造業者的調度能力。

　　在臺灣光復後，由於受到戰爭的摧殘，使
許多的建物遭受轟炸而毀損，修復工程迫在眉睫，然而，物價波
動的狀況，並未隨著終戰而止息，甚至有雪上加霜的情形。大陸
籍的營造業者在此時已陸續來臺，由於文化、制度與環境的差
異，大陸籍的營造業者對於因應物價的波動較有經驗；而臺籍的
營造業者，因受到日治時期的作風與制度所影響，常見無法有效
及時反應，而發生多做多賠的狀況。

二次大戰時美軍轟炸臺灣，造成物
資嚴重缺乏

光復初期 構工須先備糧

　　在光復初期，政府的工程都是做好才付款，但因為通貨膨脹
過於劇烈，完工後所取得的報酬，帳目雖有盈餘，但因貨幣貶值
過度，實際上卻造成巨額虧損。

　　臺籍營造業者對日治末期的米糧匱乏情況記憶猶新，古語說
「兵馬未動，糧草先行」，營造業者在此時必須要先備足米糧，
才敢投標工程並有效執行。建築師李重耀在訪談中曾提及，他參
與1946年的總督府修復時，工人的工資是用「白米」作為計價單
位。

　　華南工程及福華飯店創辦人廖欽福，在其回憶錄中也提及他
在1946年承接「下淡水溪旗山段土庫堤防修復工程」時，也是以
備糧為首要。因該工程一天要出動2,000個工人，一人一天一斤
米，一天就得20包米（一包米100台斤），當時米價一斤8元，他
花了400萬元買了50萬斤的白米，佔其工程周轉金的八成。由於

廖欽福承接下淡水溪旗山段土庫堤防修復工程先圍米，圖為日治時期的下淡水溪

文化思維及工作理念的不同，此舉反而造成主管該工程的公共工程局組長薛履坦認為是一種囤積居奇的行為，而引發一場誤會。

在這段物價動盪期間，營造廠商承包工程的方式多採用先支領預付款，並先購置材料以減少成本的支出。每標到工程之後，最要緊是如何縮短工期，以減少物價飛漲的損失。高雄營造界聞人洪四川在其《八十自述》中提到，只要去包工程經常是賠錢的，如果今天標到了，沒在今天馬上做，並處理妥當，到了明天就要大賠了，這正是「不做不賠，每次做每次賠」。

囤積木料 預作工程準備

此時，營造所需的材料除了就地取材的天然石材外，主要的仍是以木材、磚頭、鋼鐵、水泥等為主。鋼鐵部分，由於在戰爭末期嚴重匱乏，無論日常工具內所含的可用金屬、建築物裡的金屬飾物，多被日治殖民政府集中取回用以製造武器。再加上煉鐵或煉鋼均為重工業設備，非可立即取得，因此缺「鐵」的情況十分嚴重，而改以木料代之。所以當時的營造業，除了米糧之外，為因應物價波動所造成的影響，最常使用的方式就是囤積木料。

福住建設董事長簡德耀在訪談中提及，當時完成一項工程拿到報酬時，接下來就是要用此報酬再立刻購置木料，為下一個工程做準備。廖欽福在回憶錄中也曾提到，其事務所人員張金標為抗通貨膨脹，「只要有人介紹，檜木也買，杉木也買，買來就堆放在總督府前的寶慶路上、被炸毀原總務長官官舍的廣場中，政府也沒有人會管。」

至於水泥，由於光復初期，臺灣生產水泥的廠家有限，且多掌控在政府手中，因此除了公營營造業者外，很難取得水泥。水泥的產量變少，主要是由於戰爭使得原本年產24萬噸降至年產9萬噸。因此，即使有民間營造業者承攬公共工程，水泥亦由政府供料，須由政府相關部門負責提領給營造業者，再加上水泥多半用於公共工程，民間建築仍多以紅磚屋為主，水泥的用料有限，因此就算物價波動頗為劇烈，水泥的價格卻未成為真正的問題。

臺灣物價飛漲

從1948至1949年間，國民政府在大陸爆發經濟危機，並影響臺灣造成通貨膨脹，在最嚴重時，臺灣的米價甚至比不產米的上海還貴。當時，國民政府在大陸發行金圓券，引發惡性通貨膨脹，造成民間經濟混亂，於是蔣介石派蔣經國到上海打老虎未果，金融失序更加劇烈，中國大城市的中產階級因此蒙受重大經濟損失，讓國民黨民心盡失，這是國民政府在大陸全面潰敗的主要原因之一。

國府在大陸發行金圓券，引發惡性通貨膨脹

臺北市躉售物價指數 基期：1937年1～6月
（舊臺幣1946年11月～1949年6月）

年／月	臺北市躉售物價指數	定基指數
1946年11月	11,164	100
1946年12月	12,555	112
1947年1月	16,195	145
1947年3月	27,276	244
1947年6月	35,064	314
1947年9月	51,750	464
1947年12月	97,462	873
1948年1月	106,959	658
1948年3月	139,193	1,247
1948年6月	154,542	1,384
1948年9月	284,133	2,545
1948年12月	1,111,364	9,955
1949年1月	1,514,073	13,562
1949年3月	3,012,997	26,989
1949年6月	13,214,952	118,371

註：
1. 定基指數是指在指數數列中，各期指數都以某一固定時期為基期。本表以1937年1～6月為基期，並以1946年11月之定基指數為100。
2. 躉售物價指數（Wholesale Price Index, WPI）是根據大宗物資批發價格的加權平均價格編製而得的物價指數，反應出不同時期生產資料和消費品批發價格的變動趨勢與幅度的相對數。躉售物價指數是通貨膨脹測定指標的一種。
3. 1949年6月臺灣省政府公布「臺灣省幣制改革方案」，正式發行新臺幣，明訂40,000元舊臺幣兌換1元新臺幣。

能源危機 衝擊營造產業

國民政府播遷來臺，經過多年的休養生息，國家的經濟力漸漸恢復，民間的活動也慢慢的活絡起來，無論是公共工程或民間工程等各項建設，需求日益增加，也連帶使得營造建材的問題又再浮現。

1973年第一次能源危機爆發，因為原油供給減少，使得相關的物資也相對高漲，但值此之際，國內卻推動大型建設，對於原物料的需求大增，一時之間，使得物價波動的問題直接衝擊到營造業的經營。

能源危機之所以造成重大影響與營造材料的變革有關。從日

戰後初期建材嚴重缺乏，圖為左營
半屏山建台水泥廠

戰後初期的人工造磚

治時期到光復初期，臺灣民間的建築仍多以磚瓦房為主，建材以磚塊、瓦片、木材為大宗。木材取得的關鍵在於勞力的供給，屬勞力密集的產業，與能源的關聯不大；燒製磚瓦雖與能源有關，但是其磚胚多仰賴日曬，且當時的窯燒技術仍多未以現代的能源供給為主，所以能源的缺乏對於營造物價的影響其實並不大。

但是，隨著社會的進步與民眾的生活變得更加富裕，鋼筋混凝土建築因其抗震的特性，在多震的臺灣社會越來越受到青睞，並逐漸成為建築型態的主流。1968年，臺北市建築管理處規定市區建築物起造樓層如超過三樓，三樓以上一律採用承壓能力較高的鋼筋混凝土，於是對木材和磚塊的需求逐步降低。然而，水泥、鋼筋等建材在當時尚未完全工業化的臺灣，是由個別廠商配給或代銷，廠商出貨速度或製造機具輸出功率問題都會影響物料供應。

公共工程 開標飽受影響

水泥的製造以及鋼筋的煉製，都需要大量的能源才得以進行，一旦發生能源危機，營造物價的上漲是無可避免的。以鋼筋為例，當時臺灣極度仰賴拆船業取得廢鋼原料，而後再加工成為鋼筋，此種煉製方法相當耗能，一旦限電將無法穩定煉製鋼錠，因此衝擊到鋼筋價格。

此外，由於水泥與鋼筋有極高的外銷經濟價值，臺灣在當時是採行出口導向以賺取外匯的政策，水泥製造商皆以外銷出口為主，在產量無法擴充下，臺灣的營建產業不僅因建材取得成本提高，甚至出現了有行無市，無料可買的窘境。

1973年的第一次能源危機首先影響到公共工程。以高速公路第二期工程為例，在1973年9月至10月開標的六項工程中，僅第十五標以超過底價6.15%而順利與中華工程公司完成議價，第十三標因僅一家營造廠商投標而流標，其餘四標均以標價超過底價24%以上而廢標，標價最高者甚至超過底價62%。其主要原因

是工期較長，廠商或不願冒物價波動的風險、或不願競標、或提出過高標價而致使發包作業延宕。

同樣的狀況也出現在建築工程上，以1973年臺北市規劃「萬大整建住宅計畫」的蘭州街國宅興建工程為例，作為業主的國宅處，當時先後與榮工處和中華工程公司議價，都因為與底價差異過多而無法達成協議，即使改採公開招標的方式仍然無法完成發包。直到1974年6月第三次招標時，才因物價回穩而完成發包。許多國宅計畫在1973年數度流標，究其原因在於建材價格大幅波動，承包商對於這些工程難以做出正確的估價。

通貨膨脹 業者慘澹經營

為了解決營造業因物價波動所面對的諸多問題，我國政府也研擬對策。例如，設置建材出口限額等措施，試圖平抑不斷飆漲的物價。1973年6月，政府宣布對五層以上建築物建照執照之申請暫停受理、已申請者暫停發給建築執照、已領建築執照而尚未動工者暫停動工；公用事業所供應的原物料在一年內不漲價；暫緩土地現值公告；甚至在翌年頒布建築融資禁令。

到了1974年，情勢更加嚴峻，與前一年相較，通貨膨脹年增率高達47.47%。此時在營造產業也只能用哀鴻遍野來形容，由於建材都屬於大宗採購且工期較長，對於物價的波動特別敏感。至此，較具經濟實惠的「價格補償」研議躍上檯面。然而在討論此議題時首先必須釐清，價格波動所造成的增加成本，究竟應該由誰來承擔？

在當時的時空背景之下，公平合理的契約實在難求，契約條文常有的規定為「物價若有變動，承包商不得要求任何補償」、「追加工程部分一律按原來價計算」等條款，使得營造業者請求

第一次能源危機

1973年10月第四次中東戰爭爆發，石油輸出國組織（Organization of the Petroleum Exporting Countries, OPEC）為了打擊對手以色列及支持以色列的國家，宣布石油禁運，暫停出口，造成油價上漲。當時原油價格曾從1973年的每桶不到3美元漲到超過13美元，這次原油價格暴漲引起日本及歐美已開發國家的經濟衰退，據估計，日本GDP增長下降7%、美國GDP增長下降4.7%，歐洲下降2.5%。

補償的可能性落空。結果，營造業者不是倒閉退出市場，就是苦撐待變，或採取降低品質的方式因應。

補償業者措施 勢在必行

為求解決問題，開始發展出改由業主提供材料的方式來解決。不過，這種方式，又衍生出在契約條文規定「廠商提供的材料若有剩餘則由承攬一方負責搬運交還業主所有，然若有不足則由承攬一方補足至工程完成」等條款，使原本想解決物價波動問題的初衷打了極大的折扣，而問題也仍然存在。

其實，物價的波動不是業主與營造業者任一方的問題，而是大環境的變化使然。從結果論，工程完成後能真正享受到其所帶來的利益者，非業主莫屬，如果工程遲不完成，業主即無法享有應得的利益，若因為原施作的營造業者無法執行，而必須另覓其他業者代行時，對業主而言，不僅要花費更多的時間，更可能增加營造成本。

如此，因物價波動所產生的額外成本，由業主承擔較大部分的風險，從實體面及精神面來看並不為過，只是營造業者也應承擔部分的風險，而這種風險的界定方式，才是真正問題的所在。因此，在契約中規定或是由政府明訂工程物價補償方案，以解決營造建材物價波動所造成的各式問題，則屬必然。

物價調整方案 不符期待

物價調整方案首見於高速公路工程局在1974年所發布的「工程估驗隨物價指數機動調整實施方案」，這項方案是根據行政院主計處編印的《物價統計月報》，以其中所登載「臺灣地區躉售物價指數」及「臺北市房屋建築費用指數」為標準，凡編列其中的工料項目若物價漲跌超過10%時，則可調整工程費用。

然而，營造公會對於這項辦法並不滿意，這是因為調整範圍限於「在進行中的工程」，且僅限在建工程中尚未完成的部分，對於已完成的部分，雖因受物價波動而產生成本高漲，則無法申請補貼。持平而論，從物價飆漲到政府宣布方案以作為調整，其實已經過相當時間的醞釀，在此間所產生的額外成本，才是營造業者極欲爭取補償的部分。因此，這項方案不僅與營造業者的期

待有相當的落差，其整體補償的結果，也未能完全解決營造業因物價波動所受到的影響。

第一次物價調整方案之缺陷，在第二次能源危機前即已顯露。雖然在1970年代末期，臺灣因為十大建設的竣工和投入生產，若干基礎工料的供應已可自給自足，然而從海外進口原料，仍然存在著敏感性，這種情況尤以鋼筋為最。

從1978年下半年起，鋼筋的供應問題又因第二次能源危機的再度爆發而惡化，營造廠商立刻面臨供需失調的問題。然而，有異於第一次能源危機爆發年餘後，政府才出面協調工程隨物價指數調整的狀況；在第二次能源危機爆發半年後，政府即於1979年8月由內政部致函通知省、市政府，同意對施工中的工程因受物價波動影響達3%以上者，重新估驗並給予合理的補償。

兩次能源危機為臺灣造成重大影響，圖為臺灣的火力發電廠

工程物價指數 列入指標

物價調整方案雖給予營造業者在物價波動過巨時可以獲得補償，但是根本的問題在於，當時衡量物價波動的指數，係採用「臺灣地區躉售物價分類指數」，這項指數無法反映工資成本變動對於工程成本的影響，也未計入機具類價格變動，因此讓營造工程物價計算無法合理的真正反應實際狀況。

1981年開始，臺灣省政府主計處編列「臺灣省營造工程物價指數」，另細分材料及勞務二類指數，以作為工程款調整的依據。但實際上該工程計價調整所依據的標準、調查分類項目、綜合指數中個別材料和勞務所佔之權數配分比重、查價項目單位、漲跌幅比例以及救濟可追溯的時間等議題，在營造業者與政府之間仍未形成真正的共識。

行政院主計處於1990年6月組成專案小組，研究「臺灣地區

第二次能源危機

第二次石油危機發生於1979年至1980年，由於伊朗爆發革命，之後伊朗和伊拉克又爆發兩伊戰爭，原油日產量銳減，國際油市價格飆升，當時原油價格從1979年的每桶15美元左右最高漲到1981年2月的39美元。第二次石油危機也引起西方工業國的經濟衰退，據估計美國GDP下降約3%。

營造工程物價指數」查編方式，並自1991年1月起試編，同年7月正式編列公布。之後為配合指數基期改編及反映營造工程成本結構變化，於每五年更新基期一次，至此，營造工程物價指數始成為我國中央四大物價指數之一。

不過，依此指數為計算基礎的補償方案卻因工程款的追加而導致預算的不斷擴增，加上在六年國建時期，圍標傳聞未曾間斷，再因工期延宕，引發政壇和輿論的批評，於是在建設未見實質成果前，即引發財政赤字的問題。

基於物價穩定的理由，交通部率先在1993年2月決定，所有交通建設工程不再支付工程預付款給承包商。隨後，臺北市議會也在1993年以決議方式，廢除市政府所簽署工程合同中的營繕工程物價指數補貼條款，並刪除臺北市政府所列公共工程依物價指數調整工程款的預算經費。

接著，立法院在1994年7月曾經提案，欲刪除中央政府總預算執行條例中有關公共工程依物價指數調整工程款的條文，雖然此議未獲通過，但是在翌年行政院主計處即全數廢止依物價指數調整工程款的條款。

此舉是否代表物價波動對於營造業者而言其重要性已經不復存在？其實不然，在廢止之後，陸續又發生了許多營造物價上漲的事件，終至2004年時又再度全面恢復。

物價問題 影響業者生存

行政院在2004年所發布「已訂約工程因應國內營建物價變動之物價調整處理原則」原計畫僅執行一年即結束。但卻因營造物價仍不斷上漲，已訂約而未完成的工程仍在進行中，因而延了三次，甚至到了最後，是以適用該方案的工程皆能適用調整至完成工作為

中央四大物價指數

行政院主計處為因應經濟結構及消費型態變遷，針對臺灣地區四大物價指數，依例每五年改編製一次，並定期檢討權數結構及查價項目，以維持指數之代表性及敏感度。此四大物價指數包括：消費者物價指數、躉售物價指數、進出口物價指數及營造工程物價指數。

營造工程物價指數為四大物價指數之一

1995～2004年廢止依物價指數調整工程款期間之重大事件及因應措施

事件	內　容
1997年 砂石事件	以往臺灣的砂石主要來自河砂，超量挖取的結果導致許多河床下陷，在雨季期間形成洪水而沖垮護岸及橋墩。1996年因賀伯颱風導致屏東里港大橋崩塌，1997年省水利處下達禁採河川砂石，由於砂石過於笨重，無法立即以進口替代，影響所及，砂石及採用砂石作為原料的預拌混凝土價格均飆漲，營建產業被迫停工待料。行政院於1998年6月4日第2581次會議核定「砂石短缺因應對策」，交通部並於同年9月頒布「交通部暨所屬機關工程估驗款隨物價指數調整計價金額實施要點」以作為依據。
2002年 鋼價事件	2002年國際鋼價開始上揚，造成營造鋼筋及相關製品價格大漲，從2002年至2004年間，鋼筋價格上漲2倍，在此其間營造業者承受極大虧損，並影響到工程的正常進行。行政院於2003年召開會議，並頒布「因應國內鋼筋價格變動之物價調整處理原則」，以主計處公布之臺灣地區營造工程物價指數材料類之金屬製品類的指數為基準，就漲幅超過5%的部分予以調整。
2004年 營造物價 全面上漲	2004年，營造物價的上漲已不限於鋼筋，而是全面性的上漲。此時，單一鋼價的調整已無法彌補營造業者所受的損害，造成政府或民間業者於推動工程時的困難。因此，行政院於2004年5月3日，頒布「中央機關已訂約工程因應國內營建物價變動之物價調整處理原則」，此次雖仍以主計處公布之臺灣地區營造工程物價指數為主要基準，但已非僅針對個項，而是針對總指數波動超過2.5%即為調整。

止。由此可知，營造物價在此期間非一時之上漲，而係持續加劇。

　　探究其原因，主要有三，一是中國大陸此時正因籌辦2008奧運而大興土木，造成資源的排擠效應。二是原物料的取得困難，造成全球性的價格上漲，如金屬類即為其中一例。三是臺灣環保意識抬頭，對於廢棄土的處理不但日益困難，處理的費用更日益上漲。

　　物價的波動，至此已非偶然發生的問題，而是常態性的必須加以面對，多年來被排除在契約中訂立物價調整機制的作法，已受到營造業者全面的非難，要求政府應於公共工程的契約中全面納入。政府也考量到不斷利用行政命令，頻繁地處理因物價波動所引發的問題，實非常態，因此，在參考了歷年的調整方案後，綜合成一份契約調整約定內容，納入政府單位所執行工程的契約中。

　　因為營造業開放政策，從業家數在全盛時期激增至近萬家，使得競爭較以往激烈，再加上公共工程的推動量已因政府多年來的建設漸趨飽和，使得營造業者因高度競爭，拉近價格與成本的距離，已進入微利的時代。因此，營造業承受物價波動風險的能力也日趨薄弱，一旦物價波動過巨，即可能不支而倒閉，這不但影響工程的進行，對於整體社會的發展，也造成不利。

　　如今，物價的波動使臺灣營造業者的經營更趨保守，對於財務槓桿的運用也不如過去靈活。因此，如何透過有效的手段以降低物價波動所帶來的影響，是今後政府與營造業界都必須面對的課題。

1997年省水利處下達禁採河川砂石造成砂石短缺

鋼筋供應影響營造業至巨

中國大陸籌辦2008年奧運而大興土木，一度造成營造資源的排擠效應

第三節 營造公會組織之沿革

日治時期 公會成形濫觴

任何產業在經營時都會遇到共同的難題，為了解決這些與自身經營有利害關係的挑戰，促使營造產業的公會組織在運作上始終相當積極。而臺灣最早的營造公會出現於1900年，這是以臺北為中心的營造業者所成立的「臺北土木請負業者組合」，其成立的宗旨在於協調會員，避免低價競相招攬公共工程。然而，「臺北土木請負業者組合」卻在1917年的圍標事件中一度受到重創。

營造業者痛定思痛，在競標的同時，也充分了解藉由公會組織的協調才不會數敗俱傷，於是公會存在的價值再度受到肯定。由於營造業者最集中的地方是在臺北，而臺北廳也是發包金額最高的地方政府，於是此組合就成為臺灣營造業者同業公會的濫觴。而除了臺北業者組成公會外，新竹、臺中、嘉義、臺南、打狗（高雄）、宜蘭、花蓮等地業者也都組成公會組織。不過，這些地方型的公會，較具聯誼性質，並不能發揮積極的作用。

臺灣最早的「土木請負業者組合」出現於臺北，圖為日治時期臺北街頭

臺北土木請負業者組合長期由澤井市造擔任會長，1912年澤井過世後由高石忠慥接任，後來相繼崛起的桂光風、濱口勇吉、石坂新太郎等，也曾領導此組合。不過，當時總部設在日本的大倉組、鹿島組、久米組等業者則並未參與此一組合。

直到1920年，因地方制度大幅變更，地方公共工程的發包單位也隨之變更，由以往的廳改為州。1921年，以澤井組、鹿島組為首的土木業者，創立了「臺灣土木建築協會」，會長為澤井組的澤井市良（澤井市造逝世之後，由其子澤井市良繼承，1913年成立合資會社澤井組），副會長則由鹿島組臺北經理永淵清介擔任。

很快地，各地的營造業者都加入了土木協會。歷史悠久的「臺北土木請負業者組合」，因應全島性公會的創立，加上精神領袖高石忠慥恰巧於此時逝世，於是便在1922年解散。

「土木請負業者組合」也在臺中成立，圖為日治時期臺中驛

土木協會 組織積極運作

至此，臺灣土木建築協會成為營造業界唯一全臺型的公會，並於1927年成立社團法人，1930年改稱「社團法人臺灣土木建築協會」，儼然業界喉舌。不久後，大倉組臺北支店長藤江醇三郎繼澤井市良、永淵清介之後遞補會長。在他的積極帶領之下，臺灣土木建築協會已不再只是扮演「聯誼會」的角色而已。

日月潭發電工程促成「汎臺灣土木建築請負業者聯盟」成立

臺灣土木協會真正發揮作用是在日月潭發電工程承攬的聯合抗爭。在得知臺灣電力株式會社可能將日月潭工程交付日本本土業者之時，會員們情緒激昂，於1931年2月6日開會決議組織「汎臺灣土木建築請負業者聯盟」，他們不但向總督府與臺灣電力株式會社施壓，表明決心將聯合對抗前來分一杯羹的新業者，同時也向本土的小型業者及個別工人下馬威，威脅他們不可與新業者合作，否則將來一律封殺他們的工作機會。

儘管如此，為了承包日月潭發電工程，日本本土的大型業者大林組還是在1931年來臺設立營業所，一起過來的還有鐵道工業。不過，臺灣電力株式會社被逼表態，基於保障臺灣現有業者的原則，即使「資格不符」者也將列入指定名單，而由於日本新

1931年來臺設立營業所的大林組本
社

大林義雄為大林組創辦人大林芳五
郎之子，於1916-1943年擔任大林
組社長

來的業者都是符合招標規範的大型廠家，因此不會給予特別恩
典。另外還規定，一般勞工都必須在臺灣錄用，不得由日本內地
輸入。

　　到了第二次世界大戰時，由於物資、人工都是受管制的，為
了配合戰爭時期的需要因此奉命組織「臺灣土木建築統制組
合」，作為建材及營建技術員工及工人等之統制，當時對於物資
及人工，營造業者所接受之分配屬最為優惠。與社團法人臺灣土
木建築協會一樣，均設址於臺灣土地建物株式會社所有的臺北市
大和町二丁目八番地，即現在的臺北市撫臺段一小號七八地號
（延平南路84巷2、4、6號），建築物則是由「臺灣土木建築協
會」所起造，直到1945年4月時轉為由「臺灣土木建築統制組
合」所有。

同業公會 協助產業復員

　　1945年8月15日第二次世界大戰結束，終止了日本統治臺灣
的五十年。日本人陸續離開，衙門廳設、學校醫院、工廠民房、
鐵路公路橋樑、電力農田水利等的破損不堪，臺灣呈現百廢待舉
的狀態。營造業者有感於各項政府的復興建設亟需協力援助，於
是由協志商會林煜灶、光智商會陳海沙、榮興商會葉仁和等人號
召所有同業重振旗鼓，積極促成同業向省政府營建處辦理申請土
木建築業登記執照（分為甲、乙、丙、丁四級）；同時，籌組同
業公會的行動也正如火如荼的展開，期能藉此團結各方力量一致
協助政府。

　　1945年11月全體同業公推林煜灶、陳海沙、葉仁和等十人組
成「臺北市土木建築工業同業公會」籌備委員會，並於同年12月

「臺灣土木建築協會」會務範圍（1930）

臺灣土木建築協會團結業者的力量，主動遊說政府或左右政策，其會務範圍包含：（1）關於土
木建築的學術研究，以舉行演講及著書的方式進行研究；（2）勞工的輔導及薪資調整；（3）勞
工工資及工事費的調查；（4）工事材料品質及價錢的調查；（5）工事材料及機具的介紹，以及
買賣借貸的仲介；（6）工事及材料的輸入狀況以及成果調查；（7）企業對工事疑問解答及建
議，並向其推薦工事監督及請負業者；（8）勞工的善行表彰及弊風之矯正；（9）會員間請負相
關事故之處理；（10）會員間交易及其他問題之仲裁排解等。

21日向臺北市政府申請設立，1946年1月31日准予成立，當時會員共有141人，遍及臺北市、臺北縣（即今新北市及宜蘭縣）、桃園縣，而其會址則設於臺北市延平南路84巷2、4、6號。

　　該會址為光復前的1945年10月，林煜灶本著復興臺灣建設的使命及籌組公會之先見下，以其私人名義向「臺灣土木建築統制組合」以39,600元承購房舍及部分生財器具，為的就是光復後所成立之公會組織得使用，此舉深為同業所敬佩。公會籌備委員會並於1946年3月30日舉行成立大會，選出理事長林煜灶，常務理事葉仁和、陳盛周，理事陳海沙等人。

　　光復初期物價與幣值都不穩定，物資非常缺乏，尤其是建材，因此工商業中經營最困難的莫過於營造業，但當時營造業者無不秉持著重整家園、建設國家刻不容緩之使命與熱誠，在公會的帶領下，由公會會員入股「臺北工業股份有限公司」，大量生產砂石材料供給同業使用，解決部分建材缺乏的問題。亦在公會章程規定了會費徵收辦法，以會員所承包之工程金額百分之一，在工程完成時繳納為會費，並訂定理監事分擔職務與會務人員會務分擔細則及薪資給與、生活補助、出差費等辦法；並為計畫推行臺灣復興建設方案舉辦座談會。

　　此外，因為建築資料的缺乏，公會設立事業部，負責向公家生產單位申請配給或向外國進口工程需要之器材，公平合理配售會員使用，並從中斡旋會員間之材料或器具能互相融通使用，甚至接受會員多餘資金存款，提供一時需要之會員周轉的存放款業務，而該事業部的資金由會員認股繳納集中運用或由理監事連帶保證向銀行貸款，種種業務的推展，讓成立不到一年的公會持續而穩定的發展。

臺北工業股份有限公司

由協志商會林煜灶號召於1950年3月20日成立，地址位於現今臺北市中山區中山北路三段22號的大同公司，營業項目有建築材料、預拌混凝土等。目前該公司仍繼續經營，從事臺北市及其他縣市砂礫採集運銷事業、建築材料、器具家具製造買賣、預拌混凝土製造買賣、營建工程之承攬、委託營造廠商興建國民住宅、商業大樓出租出售等業務。

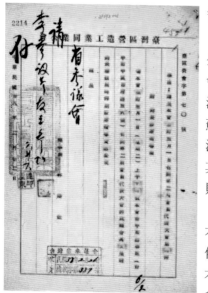

1949年臺灣省營造工業同業公會舉行會員代表大會函請臺灣省參議會指導

省級公會 穩健成長茁壯

　　為團結全臺灣省同業，業界開始敦促各縣市在成立公會後共同組織全省聯會，於1946年7月6日召開第一次會員代表大會，並推選林煜灶為理事長，常務理事陳海沙、賴朝枝，理事徐希道、葉仁和、廖欽福、賴神護、蘇維銘、彭煥郎、王寅、劉阿燕、許金、洪欲採、蕭水波、邱海、鄭根井，監事顏春福、鄭火木、王水永、陳其祥、黃耀宗。1947年12月全省聯合會正式成立，會址則設於由臺北市公會捐贈的臺北市延平南路84巷2號。

　　1947年11月，臺灣省社會處命令臺灣省各縣市之土木建築工業同業公會改名為「營造工業同業公會」，及依法修改章程，此時會員數計有229人。同時，臺北市土木建築工業同業公會也改名為「臺北市營造工業同業公會」，並於1948年1月31日召開第三屆第一次會員大會改選理監事，且決定設立一年期的技術員養成所，宗旨在使有志青年於短期內學得土木建築技術，提高同業技術水準，經費全部由公會支出或是同業樂捐而來。

　　此時，臺灣局勢混亂物價高漲，造成營造業的經營極為困難，公會成員屢有虧損倒閉的情況，理事長林煜灶呼籲公會成員團結互助，勿輕易競標，杜絕虧損，以免損毀公會名譽。他也建請政府當局設法支援包商，在發包工程時先付相當比例的工款，或令各銀行貸放建設部分所需資金，以挽救包商的危機。

臺灣省營造工業同業公會理事長林煜灶請願補救承包工程虧損

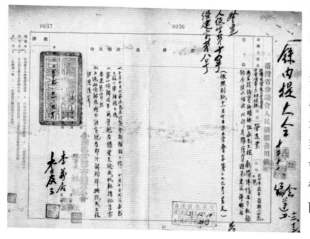

　　1947年底，中央政府公布「工業會法」，營造業被列為國防重要工業，原屬省級團體，需改為區級工業團體。於是在1948年6月8日，臺灣省營造工業同業公會更名為「臺灣區營造工業同業公會」，林煜灶擔任理事長，原各縣市的營造公會一律撤銷，另設辦事處，屬於區級團體的內部組織。

此外，「中華民國營造業工業同業公會全國聯合會」也在1948年10月的南京召開第一屆第二次代表大會，改選理監事，臺灣代表林煋灶當選常務理事，陳海沙、顏春福、葉仁和、陳東富當選為理事，蕭水波當選為監事。而「臺灣區營造工業同業公會臺北市辦事處」成立後，組織業務委員會推行會務，主任委員一職，因林煋灶不克兼顧，改推陳海沙擔任。

陳海沙活躍於領導公會，圖為陳海沙（前排右二）與光智商會臺北本店全員

1950年臺灣區營造工業同業公會再度改選，由林煋灶蟬聯理事長，同年行政區域重新劃分，各縣市辦事處（含臺北市、高雄市），總共設置聯絡人、辦事處23個單位。1958年，正值公營營造業在市場上無往不利，當時擔任臺灣區營造公會理事長的陳海沙無畏權勢，在戒嚴體制下仍勇於為民營營造業者發聲。

營造公會 幾度進行整合

1975年奉內政部命令，將各縣市辦事處撤銷，為推動會務需要於1977年4月受奉准在各縣市設置聯絡人，並由當屆各縣市理事兼任各該縣市聯絡人；其後又在1989年5月將聯絡人改為聯絡主任，並改由當屆會員代表大會代表指定其中一人聘任之。而一直以來公會向會員徵收的會費，十分之六留作辦事處經費，其餘十分之四才繳交區公會，但此項制度也在辦事處奉令撤銷後宣告終止。

由於組織制度一再變更，對於臺北市的同業而言，共同組織的權力日漸萎縮，業務也無從發揮，因此早在1948年臺北市營造工業同業公會奉令撤銷後，為能繼續執行尚在進行中的業務，即在同年11月13日組織「臺北市營造福利會」接辦，後來因為無法符合財團法人資格，其財產無法辦理登記的情況下，不得已又於1968年10月26日成立「財團法人臺北市營造會館」（即於1995年3月23日更名至今的「財團法人臺北市營造業權益促進基金

台灣區綜合營造工程工業同業公會標誌

臺灣區綜合營造工程工業同業公會
標誌

臺灣區綜合營造工程工業同業公會
組織架構

會」），利於登記產權，且除接續原承辦業務外，更於每年舉辦自強康樂活動，因此增進了臺北市營造業會員間的聯繫。

臺灣區營造工業同業公會再度於1994年9月1日改設立各縣市辦事處，並設主任一人（1995年6月1日改稱處長）。1997年間，增設金門縣辦事處及連江縣連絡主任，使全國設置辦事處及聯絡人增為25個單位；直到2003年6月營造業法公布施行後，正式改組為「臺灣區綜合營造工程工業同業公會」至今，現與「中華民國營造業工業同業公會全國聯合會」同設址於臺北市開封街二段40號3樓。

爭取權益 有待持續努力

目前在臺灣，營造業公會中實質上仍繼續執行業務者，即屬臺灣區綜合營造工程工業同業公會。其固定每年舉行一次會員代表大會，每三個月召開理事會、監事會一次，於必要時召開臨時會議或理監事聯席會；理事會下設置14個會務委員會，會務工作則由會務、業務、企劃、財務、編輯及資訊組分別負責推行，最後由總幹事總其成。而其主要業務範圍包含了：協調同業關係；協助處理會員稅務案件；就營繕工程招標制度提出改進及建議；研修營造法規及提出相關建議；策劃及參與技術之引進、觀摩、考察；製作會員名錄及管理會員會籍；出版刊物《營造天下》，以達對政府提供建言，傳達業界心聲，介紹營建新技術等等。

就營造制度面而言，臺灣區營造工業同業公會近年來成功促成了營造業法的制定，並爭取政府採購法中廠商實際得以仲裁方式解決工程爭議之修正。而在協助會員業務經營方面，除持續督促政府推動公共工程外，更積極爭取調降押標金、提高預付款比例及物價波動補貼等承攬條件。此外，也爭取到由同100億大型工程專案引進外勞的雇主可彈性提高調派上限及免提撥外勞勞退基金等，著實解決了營造業長期人力缺乏及沉重成本負荷的問題。臺灣區營造工業同業公會現今仍舊為致力於改善營造業經營環境而繼續努力中。

第三、四屆營造公會理事長周天啟

第七屆營造公會理事長洪欲採

第十四屆營造公會理事長陳春求

第十七、十八屆營造公會理事長
楊天生

臺灣區綜合營造工程工業同業公會歷任理事長

屆次	年度	姓名	屆次	年度	姓名
1	1948	林煜灶	14	1974	陳春求
2	1950	林煜灶	15	1976	陳再成
3	1952	周天啟	16	1977	陳再成
4	1954	周天啟	17	1982	楊天生
5	1956	陳海沙	18	1985	楊天生
6	1958	陳海沙	19	1988	李有福
7	1960	洪欲採	20	1992	李有福
8	1962	葉仁和	21	1995	潘俊榮
9	1964	施德慶	22	1998	潘俊榮
10	1966	施德慶	23	2001	章民強
11	1968	吳鴻儒	24	2004	潘俊榮
12	1970	林進丁	25	2008	潘俊榮
13	1972	林進丁			

第十九、二十屆營造公會理事長
李有福

潘俊榮

1943年生於屏東縣南州鄉，在東海高中畢業後入伍，隨部隊移防花蓮，退伍後留在花蓮發展。1970年創立俊榮營造廠，1982年工信工程公司董事長陸爾恭過世，由他接手。1991年起，在六年國建期間，他先後標到中山高汐五高架路段十六、十七標、北二高中和隧道等工程。1995年當選營造公會理事長，1999年，工信工程公司董事長由跟隨他多年的總經理陳煌銘接手，他改任總裁，2006年當選全國工業總會副理事長。他在任職營造公會理事長期間，致力於確保業者的權益及提升業界的社會地位，貢獻良多。

亞太營聯會會徽

亞太營聯會創會會長帕伯雷特
（Domingo V. Poblete）

第四節 我國參與國際營造組織活動情況

亞太營聯會 臺灣發起

　　臺灣所參加的國際性營造組織，最重要的是「亞洲暨西太平洋營造業公會國際聯合會」（International Federation of Asian and Western Pacific Contractors' Associations，英文簡稱IFAWPCA，中文簡稱「亞太營聯會」）。

　　亞太營聯會，由菲律賓、臺灣、日本、韓國、澳洲、印尼、新加坡及巴基斯坦八個創始國發起，於1956年3月在菲律賓馬尼拉成立。當時，臺灣派出10名成員組成代表團，由裕國公司負責人祖展堂及永偉營造負責人吳季賢領軍，規模僅次於擁有13名團員的日本代表團。

　　亞太營聯會的創立與臺灣有其淵源。1950年代初期，菲律賓發生水泥短缺危機，當時菲國每年輸入5萬噸的水泥，卻無法滿足其國內戰後重建的需要，1954年，帕伯雷特（Domingo V. Poblete）擔任菲律賓營造公會會長，他號召同業團結起來向政府爭取，終於獲准從臺灣進口水泥。這是菲國營造業有史以來第一次透過營造商彼此合作，遊說政府制定有利產業發展的決策，並大幅降低了水泥的運送時間及成本。

　　在奔走於結合同業及和政府斡旋的過程中，帕伯雷特萌生籌組營造業跨國區域聯盟的構想。成功爭取到由臺灣進口水泥的經驗，鼓舞他放眼國際，尋求更大區域性的同業合作，於是，他以兩年的時間赴亞太地區各國拜訪營造同業，終於促成亞太營聯會的成立。

組織建立 運作日益擴大

　　亞太營聯會的成立有四大目標：建立亞太地區營造業聯繫管道，營造業技術交流，平衡政府與業者共利，營建合作案法規的建立。此外，各會員國也可藉由參與活動，與不同國家代表進行文化、經濟、建設、科技的交流，並可結識國際營造同業。

　　經過五十年的發展，亞太營聯會目前的成員共有十五個正式

會員，包括澳洲、孟加拉、臺灣、印度、印尼、日本、韓國、馬來西亞、尼泊爾、紐西蘭、菲律賓、新加坡、斯里蘭卡、泰國及一個地區——香港。

1998年馬來西亞亞太營聯會

亞太營聯會的主要活動是每隔一年至一年半舉行大會，由會員國輪流主辦，並由大會設定主題，邀請各會員國代表演講。大會設有合約研究、人力資源及國際活動等常設委員會。在每次大會期間，除了正式的議程外，主辦國也舉辦以營造業為主的研討會、技術論壇或特展等。近年來，每次會員大會舉行時，各會員國營造業者均組代表團參加，參加總人數約300至500人。

大陸施壓 我方完成易名

亞太營聯會是各產業公會加入的國際團體中，最後一個承認中華民國的組織，也是我國營造業唯一參加的國際組織。

我國早前係以中華民國營聯會（Chinese National Association of General Contractors, CNAGC）名稱加入亞太營聯會，然於1971年退出聯合國後，我國在外交上屢受壓迫，官方及民間之國際組織代表身分逐漸遭到中國大陸所取代。有鑑於此，大陸工程董事長殷之浩曾多次於亞太營聯會執行理事會提案，希望經由捐助基金，換取理事會修改憲章以確保我國會籍，然一直未獲執行理事會同意，以至於每次開會，我代表團皆戰戰兢兢，惟恐會籍不保。

1985年起在新亞建設鄒祖焜指導下，由時任亞太營聯會執行理事的胡偉良開始聯合香港，為確保會籍展開運作。幾經嘗試，終於在1998年的馬來西亞大會中，比照APEC模式，特別在亞太營聯會憲章加上會籍為「經濟體」條款，期使透過此一安排得以排除我國遭受「每一國家僅得有一會籍」規定之威脅，這使臺灣在維持會籍時更有保障。

但是近年來中國大陸發展快速讓亞太營聯會備感壓力，中國一再要求我方更名為中國臺灣營聯會（TAGC of CHINA），就此項議題，擔任中華民國營造工程工業同業公會全國聯合會理事長的陳煌銘曾也感歎，「民間團體不應有太多的政治色彩，中國明顯有矮化我國為地方性組織的意味。」

陶桂林（右六）擔任亞太營聯會
1961年第三屆臺北大會主席時與各
國代表團團長合影

第十二屆亞太營聯會剪綵，右二為
會長祖展堂

第十二屆亞太營聯會，秘書吳季賢
（右）獲主席Takeo Atsumi頒發證
書

最後，我方以臺灣為名，於第三十六屆澳洲黃金海岸大會自動提出、完成會籍名稱Taiwan General Contractors Association（TGCA）之易名，而後，中國大陸以CHINCA申請入會，逼迫我易名之計謀已無法得逞。

亞太營聯年會 我辦四屆

自1958年3月在馬尼拉的第一屆大會迄今，共舉辦三十五次期中會、三十八次年會，其中臺灣主辦過第二十次（1992年）、第三十一次（2005年）期中會及四屆年會，分別為第三屆（1961年）由陶桂林擔任會長、錢挺任秘書長；第十二屆（1973年）由祖展堂擔任會長、吳季賢任秘書長；第二十三屆（1988年）由殷之浩擔任會長、鄒祖焜任秘書長；第三十八屆（2010年）由陳煌銘擔任會長、郭倍宏任秘書長。

由於會員國大約每二十年才能享有一次舉辦年會的權利，因此輪值舉辦的國家莫不全力以赴，利用機會展現自身的政經實力。

於1961年4月3日起為期五天的第三屆年會，有我國、日本、韓國、菲律賓、越南、澳洲、紐西蘭及香港代表及觀察員，共有183人與會，本次大會決議成立七個小組委員會，分別為「審核預算財政委員會」、「勞資關係委員會」等委員會。

1973年4月3日起為期四天的第十二屆年會，會議主題為「團結求進步」，各國代表及我國政府官員，則有500餘人與會，同時該次大會也於臺北市中華民國國貨館舉辦「營造及建材展覽會」。

1988年4月10日起為期五天的第二十三屆年會，有逾600人的國內、外代表參加，大會主題為「營造業對人類的貢獻，把夢想變成真實」。

2010年4月21日至23日第三十八屆年會，出席開幕典禮的國內外代表及貴賓逾千人，創下亞太營聯會

歷屆大會開會紀錄，此屆會議主題為「21世紀的永續發展」，與會的十六個代表團特別針對地震、風災、水災、旱災、土石流等天然災害，就營造業可用的創新科技與方法進行交流。

第十二屆亞太營聯會獲獎者，右起毅成王堯生、互助林清波、建國林金灶、利德王瑤璋

活躍國際 殷之浩享盛名

擔任亞太營聯會會長職務者在卸任之後，可獲選出任世界營造工業聯合總會（Confederation of International Contractors' Associations, CICA，包括美加、美洲、歐洲、阿拉伯及亞太等五大區域）的會長，殷之浩在1986至1988年擔任亞太營聯會會長並在臺北舉辦第二十三屆大會後，於1991至1993年即出任世界營造業組織聯盟會長，且在1992年11月在臺北舉辦第四屆世界營造工業聯合總會大會時，以傑出表現享譽全球。對此，當時擔任臺灣營造工會常務理事的林清波曾表示「臺灣不是聯合國的會員，但是，臺灣的營造業者能擊敗外國競爭對手，擔任世界總會會長，是非常不容易的事。」

尤其亞太營聯會於2008年起退出世界營造工業聯合總會，殷之浩能夠擔任世界營造工業聯合總會長不僅為我國營造業者首例，也是唯一。

亞太營聯會2010年第三十八屆臺北大會海報

亞太營聯會2010年第三十八屆臺北大會會場

亞太營聯會1969年第九屆澳洲阿德
萊德大會會徽

我國參加亞太營聯會1969年第九屆
澳洲阿德萊德大會團員證

亞太營聯會1969年第九屆澳洲阿德
萊德大會全體與會者

我國參加亞太營聯會1969年第九屆
澳洲阿德萊德大會報告書

亞太營聯會1988年第二十三屆臺北
大會

亞太營聯會1988年第二十三屆臺北
大會特殊紀念首日封

歷屆亞太營造聯合會主辦國及大會主席

屆次	時間	地點	會長	秘書長
創始大會	1956年3月	菲律賓馬尼拉		
1	1958年3月	菲律賓馬尼拉	Domingo V. Poblete	Eduardo Escobar
2	1959年10月	澳洲墨爾本	Kenneth C. McGregor	Reginald Nurse
3	1961年4月	臺灣臺北	Q. L. Dao 陶桂林	Ting Chien 錢挺
4	1963年5月	日本東京	Kazuo Aoki	Masami Nakata
5	1964年10月	韓國首爾	Cheung Won Sumg	Wan Joon Yoon
6	1965年11月	香港	Paul Y. Tso	Luk Ping Sheung
7	1967年2月	紐西蘭威靈頓	Alfred G. Wells	Royce Baigent
8	1968年3月	菲律賓馬尼拉	Eduardo R. Escobar, Jr.	Ricardo de Leon
9	1969年4月	澳洲阿德萊德	Henry Wilckens	Brain Grove
10	1970年3月	泰國曼谷	Phra Prakobyantrakich	Cham Arkasalerk
11	1971年11月	印度新德里	Harshavadan J. Shah	Rajendra J. Shah
12	1973年4月	臺灣臺北	Chan-Tang, Tsu 祖展堂	Chi-Hsien, Wu 吳季賢
13	1974年4月	日本東京	Takeo Atsumi	Soichi Shibue
14	1975年9月	韓國首爾	Choi Chong-whan	Kim Kie-hyun
15	1976年11月	香港	Raymund Sung	Charles C.C. Wong
16	1978年5月	印尼雅加達	Eddi Kowara	Hiskak Secakusuma
17	1979年9月	新加坡	Lim Kong Eng	Dr. Roland B. Neo
18	1981年2月	紐西蘭奧克蘭	Robert S. Lockwood	James Espie
19	1982年5月	泰國曼谷	Chaijudh Karnasuta	A. Charanachitta
20	1983年7月	馬來西亞吉隆坡	Yeoh Tiong	Lay Choo Yoon Seong
21	1984年11月	菲律賓馬尼拉	David M. Consunji	Jose E. Cabanting
22	1986年10月	澳洲雪梨	Charles William	Martin Ronald Swane
23	1988年4月	臺灣臺北	Glyn T. H. Ing 殷之浩	Tsu-Kuen, Tzou 鄒祖焜
24	1989年11月	香港	Charles C.C. Wong	Raymond Sung
25	1991年2月	印度孟買	T. N. Subba Rao	B. E. Billimoria
26	1993年10月	日本東京	Yasuo Satomi	Hirihide Nakamura
27	1995年4月	印尼峇里島	Hiskak Secakusuma	A. Sutjipto
28	1996年9月	韓國首爾	Won-Suk, Choi	Jong-Woong, Park
29	1998年3月	馬來西亞 Petaling Jaya	Siah Kwee Mow	Datuk Lai Foot Kong
30	1999年12月	尼泊爾加德滿都	Ganesh Lal Shrestha	Rajendra M. Shercan
31	2000年2月	紐西蘭基督城	Garrard Tait	H. Lieshout
32	2002年8月	斯里蘭卡可倫坡	D. Patrick I. Jayawardena	Saliya Kaluarachchi
33	2003年10月	新加坡	Tan Kian Hoon	Desmond Hill
34	2005年3月	泰國曼谷	Premchai Karnasuta	Nattavuth Udayasen
35	2006年3月	菲律賓馬尼拉	Rogelio M. Murga	Manolito P. Madrasto
36	2007年11月	澳洲黃金海岸	John Haskins	Robert D. Hugh
37	2009年3月	孟加拉	Aminul Islam	Sk. Md. Rafiqul Islam
38	2010年4月	臺灣臺北	Hwang-Ming Chen 陳煌銘	Dr. George P. Kuo 郭倍宏
39	2011年11月	香港	Congrad Wong, JP	Dr. Patrick Chan

我國參加亞太營聯會1981年第十八屆紐西蘭奧克蘭大會團員

馬英九總統出席第三十八屆亞太營聯會

亞太營聯會2007年第三十六屆澳洲黃金海岸大會

參與大會 成員互相交流

在臺灣參與亞太營聯會的過程中，早期以祖展堂及吳季賢最為熱衷，後來則是大陸工程董事長殷之浩。據曾任中華民國營造工程工業同業公會全國聯合會顧問洪定安在訪談中表示，殷之浩參加過二十次大會，殷夫人張蘭熙也非常熱衷會務。而洪定安本人則從1984年馬尼拉大會開始曾參加十八次大會。

洪定安指出，包括新亞建設董事長鄒祖焜、互助營造總裁林清波、營造業聞人白汝壁、毅成建設董事長王啟元、理成營造董事長衣治凡都曾是歷屆大會中頗為活躍的人物。而近年曾任亞太營造聯合會執行理事則包括：尚禹營造董事長胡偉良、世久營造探勘工程董事長黃子明、臺灣鋪道董事長謝建民、宏昇營造董事長郭倍宏等，現任執行理事則為宏舜開發郭俊良。此外，營造公會顧問孟國良也是歷屆大會的常客，無論團長或理事，參與大會都必須自費，至於代表團其他事務人員的費用則來自業界的捐贈。

經常參加亞太營聯會的林清波（左）在會場展覽區

亞太營聯會2011年第三十九屆香港大會海報

近年來，我國參與大會都由臺灣區綜合營造工程工業同業公會理事長、中華民國營聯會理事長帶領。在潘俊榮當選臺灣區綜合營造工程工業同業公會後，1996年的韓國首爾大會，臺灣派出有史以來規模最大的100多人代表團，轟動一時。1998年馬來西亞大會，臺灣也派出90餘人的代表團。

歷年來，我國參加亞太營聯會經過不同階段性，早期國人難得到國外旅遊，代表團成員藉著參加活動，可以造訪他國，遊覽名勝古蹟、了解風土人情。後來參加亞太營聯會，則是經由參與各種議題討論，可與不同國家作最新的工程技術、科技資訊交流。

亞太營造聯合會臺灣獲獎名單

屆次	時間	地點	得獎者	備註
12	1973年 4月	臺灣 臺北	一、表揚我國第二～十一屆各屆年會團長 二、營業業獎 　1. 建築營建類 　　（1）金牌獎：互助營造公司（高雄圓山飯店） 　　（2）銀牌獎：毅成營造公司（國父紀念館） 　2. 土木工程類 　　（1）金牌獎：建國營造公司（達見青山電力廠） 　　（2）銀牌獎：利德營造公司（澎湖跨海大橋）	由於亞太營聯會具交流、聯誼性質，故以五次出席為倍數設有出席獎。
23	1988年 4月	臺灣 臺北	一、營業業獎 　1. 建築營建類 　　（1）金牌獎：互助營造公司（世界貿易中心展覽大樓） 　　（2）銀牌獎：中華工程公司（台電總部大樓） 　2. 土木工程類 　　（1）金牌獎：中華工程公司（馬鞍山核能發電廠一核三廠） 　　（2）銀牌獎：大陸工程公司（中山高速公路圓山橋） 二、Choi營造現場人員獎 　粘清水（互助營造）、李政憲（中華工程）	個人獎項以亞太營聯會的傑出會員來命名。
28	1996年 9月	韓國 首爾	頒發象徵最高榮譽「終生會員獎」給大陸工程已故創辦人殷之浩，以表彰他對亞太地區營造工業之卓越貢獻。	
38	2010年 4月	臺灣 臺北	一、個人獎項 　1. Atusmi獎：詹明堂（工信工程） 　2. Yeoh Tiong Lay卓越獎：郭倍宏（宏昇營造） 　3. Choi營造現場人員獎：黃建榮（互助營造） 二、營業業獎 　1. 建築營建類 　　（1）金牌獎：互助營造公司（2009高雄世運主場館） 　　（2）銀牌獎：達欣工程公司（克緹總部大樓） 　2. 土木工程類 　　（1）金牌獎：工信工程公司（臺北捷運木柵延伸線「內湖線」CB410標土木及機電系統工程） 　　（2）銀牌獎：中華工程公司（西濱快速公路54K+425～66K+850側車道工程） 三、營造楷模 　頒贈「營造之光、勳高名重」獎座表揚三位對我國營造業有特別貢獻的營造楷模： 　互助營造總裁林清波 　太平洋建設總裁章民強 　新亞建設公司董事長鄒祖焜	

互助營造興建的高雄圓山大飯店 互助營造興建的世界貿易中心展覽大樓

互助營造的金牌紀錄

在1973、1988、2010年三屆在臺北主辦的亞太營造聯合會中，互助營造公司包辦了三次大會的建築營建類金牌獎。1973年獲獎的是高雄圓山飯店，這是一幢地上5層、地下1層，總樓地板面積為17,512平方公尺的RC結構建築，獲獎理由為傳統中式造型無與倫比。1988年獲獎的是世界貿易中心展覽大樓，這是一幢地上7層、地下3層，總樓地板面積為157,642平方公尺的PC／SS／RC結構建築，獲獎理由為造型獨特設備先進。2010年獲獎的是國家體育場（原稱2009高雄世運會主場館），這是擁有55,000席座位的SS／RC結構大型體育場館，獲獎理由為技術創新工藝精湛。

互助營造統包興建的2009高雄世運主場館

附錄 ■ 臺灣營造業百年史大事記

荷蘭人登陸大員

西班牙人建聖薩爾瓦多城

紅毛城

鄭荷交戰圖

臺灣營造業百年史大事記

年度	營造業大事	臺灣大事	世界大事
1624	・荷蘭人開始營建熱蘭遮城（Zeelandia）。	・荷蘭人在大員（今臺南安平）登陸。	・英人在北美維吉尼亞建立第一個殖民地。
1626	・西班牙人開始在雞籠社寮島（今和平島）興建聖薩爾瓦多城（San Salvador）。	・西班牙人登陸雞籠（今基隆），舉行佔領式。	・荷蘭西印度公司買下曼哈頓島，建立新阿姆斯特丹（今紐約市）。
1629	・西班牙人於淡水建聖多明哥城（San Domingo，今紅毛城）。		
1634	・熱蘭遮城完工。		
1653	・普羅民遮城（Provintia）完工。		
1661		・鄭成功率軍登陸鹿耳門。	
1663	・明寧靖王抵臺，營府邸於赤崁。		
1665	・臺南（臺灣府）孔廟建成。		
1684	・施琅奏請以明寧靖王朱術桂府邸崇祀天妃，號天妃宮。	・清廷將臺灣收入版圖，設置一府三縣：臺灣府、臺灣縣、鳳山縣、諸羅縣。	
1704	・臺灣第一座書院——崇文書院落成。 ・臺灣第一座城於諸羅縣建成，以木柵為城垣。		
1719	・施世榜糾集流民建造彰化八堡圳，為清代臺灣最大埤圳。		
1723	・諸羅縣城由木柵城改築土城完工，為臺灣第一座土城。	・清廷將臺灣與廈門分署，從臺廈道升格為臺灣道。	
1724	・淡水同知王汧重修淡水紅毛城。		
1725	・臺南建城，以木柵圍城。 ・臺南設置修造戰船的軍工廠。	・臺灣進出口貿易商公會組織「臺南三郊」成立。	
1740	・郭錫瑠父子建造臺北瑠公圳完成。 ・艋舺龍山寺建成。		
1772	・臺北大坪林圳完成。		
1778	・臺澎地區第一座燈塔——澎湖西嶼燈塔興建完成。		・義大利米蘭斯卡拉歌劇院啟用。
1786	・鹿港龍山寺建成。	・林爽文事件爆發。	
1788	・嘉義縣城改築磚城。 ・鳳山新城建城，圍刺竹。		・英國建造世界上第一座鐵橋伊爾福德橋。
1790	・臺南興建土城。		・法國科學院制定十進位制。

臺南市赤崁樓前平定　曹公圳
林爽文事件紀功碑

板橋林本源宅

英國打狗領事館

西鄉從道在牡丹社事件後率兵攻臺

1665

臺南孔廟

1725

臺南三郊的根據地‧臺南運河

1740

郭錫瑠建造瑠公圳

1740

艋舺龍山寺

1772

臺北大坪林圳石硿

1778

澎湖西嶼舊燈塔塔碑記

年度	營造業大事	臺灣大事	世界大事
1829	‧淡水廳城竣工，位於竹塹。		‧英人史蒂芬生發明火車蒸汽機。
1837	‧鳳山知縣曹謹於下淡水溪興築水圳，世稱「曹公圳」。		‧美國人莫爾斯發明電報機。
1853	‧板橋林本源宅邸落成。 ‧進士鄭用錫家族的新竹鄭氏家廟落成。		‧美國海軍將領培里率艦抵達江戶灣，要求日本開放港口通商，史稱「黑船事件」。
1866	‧英國打狗領事館建於哨船頭山上。	‧英人陶德在淡水種茶，臺灣茶開始外銷。	‧普奧戰爭，普魯士勝。
1868	‧佳里震興宮建成。		‧日本明治維新。
1874	‧沈葆楨於安平二鯤鯓興建砲臺（億載金城）。	‧日本侵臺，史稱牡丹社事件。	
1879	‧臺北城建石城。		
1881	‧大甲溪橋動工。		
1883	‧鵝鑾鼻燈塔建成。		
1884	‧臺北城落成。	‧中法戰爭臺灣戰役爆發，法軍攻基隆、滬尾（淡水）。	‧歐洲列強於柏林召開西非會議，瓜分非洲。
1885	‧臺灣縱貫鐵路、基隆港、電報線等工程開始規劃。	‧臺灣建省，劉銘傳擔任首任巡撫。	
1887	‧臺灣鐵路基隆至大稻埕段開始興建。	‧清設鐵路總局於臺北城。	‧愛迪生發明電影。
1888	‧滬尾（淡水）砲臺興建。 ‧基隆二沙灣砲臺（海門天險）興建。	‧臺灣郵政開辦。	
1889	‧臺中城建石城。		‧法國艾菲爾鐵塔落成。
1890	‧獅球嶺隧道貫通。		
1894	‧獅球嶺砲臺興建。 ‧頂石閣砲臺興建。	‧中日甲午戰爭爆發。	‧朝鮮東學黨之亂。
1895		‧中日簽訂馬關條約，將臺灣、澎湖割讓予日本。 ‧日本佔領臺灣。	‧瑞典化學家諾貝爾遺囑設立諾貝爾獎。
1896	‧日本軍務局主辦的鐵路工程開工，以新鐵路線取代清代所開鑿的舊線。	‧日本在臺實施「六三法」。	‧第一屆現代奧運於希臘雅典舉行。
1898	‧巴爾頓（William K. Burton）在基隆規劃設立臺灣第一座自來水淨水廠。	‧兒玉源太郎就任臺灣總督，後藤新平就任臺灣民政長官。	‧美國為奪取西班牙的殖民地發動美西戰爭。 ‧夏威夷併入美國版圖。

1874

沈葆楨於安平二鯤鯓興建砲臺

1883

鵝鑾鼻燈塔

1884

基隆中法戰爭法軍戰死者紀念碑

1895

代表中國簽署馬關條約的李鴻章

1895

代表日本簽署馬關條約的伊藤博文

1898

（右）兒玉源太郎，（左）後藤新平

1899

臺灣總督府醫學校

1899

臺北專賣局南門工場

1908

打狗港興築

1911

臺中市役所

年度	營造業大事	臺灣大事	世界大事
1899	・臺灣鐵道敷設部（鐵道部）成立，主辦縱貫鐵路工程。 ・臺灣總督府設置民政部土木局土木課，掌管土木與建築業務。 ・臺北專賣局南門工場開工興建，為加工製造鴉片與樟腦的官營工場。	・臺灣總督府醫學校成立。 ・臺灣銀行臺北總行成立。	
1901	・臺灣製糖株式會社在高雄橋仔頭設立，為首座新式製糖場。		・八國聯軍之役敗戰，清廷與各國代表在北京簽訂辛丑條約。
1903	・臺灣銀行本店及基隆支店完工。		・萊特兄弟完成人類首次飛行。
1904	・臺灣總督府醫學校官舍完工。		・日俄戰爭爆發。 ・美國聖路易奧運及萬國博覽會。
1905	・臺北新店龜山發電所完工，為臺灣首座發電廠。	・臺灣實施土地調查。 ・臺灣實施戶口調查。	
1907	・臺北醫學校建築完工。	・新竹抗日北埔事件。	・英、法、俄組成協約國。
1908	・臺灣總督府於臺中公園舉行縱貫鐵路全線貫通典禮。 ・打狗港開工築港。 ・臺北鐵道飯店落成。		・清帝溥儀即位，年號宣統。
1909	・竹子門電廠完成。		
1911	・阿里山鐵路開通。 ・臺中市役所落成。		・義大利、土耳其戰爭。 ・中國辛亥革命。
1912	・臺灣總督府新廳舍動工。 ・臺灣電力株式會社成立，開發日月潭水力發電工程。 ・臺南高等法院落成。 ・臺灣總督府在臺北創立「工業講習所」。	・竹農攻擊日本人，爆發林杞埔事件。	・中華民國建立，清帝溥儀退位。
1913	・下淡水溪鐵橋完工，西部鐵道全線貫通。	・臺北到圓山開始通行公共汽車。 ・羅福星抗日事件。	
1914	・臺中州廳落成。 ・臺中中學校完工。 ・臺北本町街屋重建工程展開。	・林獻堂成立臺灣同化會，追求臺灣人與日本人的地位平等。	・中美洲巴拿馬運河完工。 ・第一次世界大戰爆發。
1915	・臺灣總督府博物館完工。 ・臺北州廳落成。	・林獻堂等人捐資籌建的臺中中學校（今臺中一中）創立。 ・西來庵抗日事件。	

1921

萬華新店線鐵路

1921

蔣渭水成立「臺灣文化協會」

1926

新竹州廳

1926

簡吉成立「臺灣農民組合」

1928

臺北建功神社

臺南高等法院

臺北到圓山間的公共汽車

臺中州廳

臺南州廳

年度	營造業大事	臺灣大事	世界大事
1916	・臺南州廳落成。 ・桃園大圳工程動工。	・嘉義、南投、臺中大地震。	・中國袁世凱稱帝，史稱洪憲帝制。
1917	・臺灣商工學校開辦，後改名升格為 「開南工業學校」與「開南商業學 校」。		・俄羅斯2月革命，沙皇尼古拉二世宣 布退位，建立臨時政府。 ・俄羅斯10月革命，布爾什維克掌權， 退出第一次世界大戰。
1918	・中央山脈橫斷公路完成。		・第一次世界大戰結束，奧匈帝國瓦 解，德意志帝國滅亡。
1919	・臺灣總督府落成。 ・臺灣總督府成立臺灣電力株式會社。 ・臺籍營造業者林煜灶創立協志商會。	・頒布臺灣教育令，確立日本在臺教育制 度。 ・電信事業大興，至本年止全臺已有 7,146支電話與6條電報線。	・巴黎和會召開，簽訂凡爾賽條約。 ・中國發生五四運動。
1920	・嘉南大圳工程動工。	・臺灣地方行政制度變更，全島劃分為 五州二廳，下轄三市四十七郡。	・中國共產黨在上海成立。
1921	・由臺北鐵道株式會社集資興建的萬華 新店線鐵路完工通車。	・日本國會通過「法三號」，臺灣開始 通用日本民法、刑法與商法。 ・蔣渭水在臺北成立「臺灣文化協會」。	
1922	・嘉南大圳烏山嶺隧道工程開工。	・「臺灣教育令」通過，臺灣實施與日 本相同學制。	・義大利墨索里尼掌權，開始法西斯黨 執政。
1926	・新竹州廳落成。	・簡吉成立「臺灣農民組合」。	
1928	・臺北建功神社落成。 ・臺北基隆間縱貫直道路開通式舉行。	・臺北帝國大學創校，為今臺灣大學前 身。	
1929	・高雄州廳落成。		・美國胡佛總統當政，爆發經濟大恐慌。
1931	・日月潭水力發電工程動工。 ・「臺南高等工業學校」（今成功大 學）創辦。	・臺灣民族運動領袖蔣渭水逝世。 ・臺灣民眾黨被查禁。	・九一八事變，日軍侵華戰爭開始。
1932	・臺灣第一座百貨公司菊元百貨店落成。 ・臨海道路（今蘇花公路）竣工。	・大湖武裝抗暴事件。	・日本在中國東北成立滿洲國。 ・日本五一五事件，槍殺首相犬養毅。
1934	・日月潭水力發電工程完工，舉行通水 典禮。	・臺灣議會設置請願運動終止。	・希特勒成為德國元首。
1935	・澎湖廳舍落成。 ・日月潭水力發電第二期工程動工。 ・南迴公路竣工。 ・高雄港成立煉鋁工廠。	・臺中至新竹地區發生「墩仔腳大地 震」，死傷逾萬人。 ・日本始政四十週年舉辦臺灣博覽會。 ・首屆臺灣地方議員選舉。	・義大利侵略東非的阿比西尼亞（今衣 索匹亞）。
1936	・臺北公會堂（今臺北中山堂）落成。	・總督府成立臺灣拓植株式會社。	・日本二二六事件，陸軍青年官兵反叛事 件。 ・中國西安事變，蔣介石遭扣留。

臺北帝國大學

臨海道路

墩仔腳大地震

臺灣博覽會第一會場（今臺北中山
堂附近）

首屆臺灣地方議員選舉投票

1937

臺灣總督府徵集學生兵

1937

臺灣總督小林躋造推行皇民化運動

1938

高雄市役所

1945

美軍轟炸左營第六海軍燃料廠

年度	營造業大事	臺灣大事	世界大事
1937	·臺灣銀行總行落成。 ·日月潭第二期發電所竣工。	·中日戰爭爆發，臺灣進入備戰狀態。 ·臺灣總督府推行「皇民化運動」。	·日軍發動七七蘆溝橋事變，中國對日抗戰開始。
1938	·高雄市役所落成。		·德奧合併，簽訂慕尼黑協定，德國佔領蘇台德區。
1939	·圓山與新龜山水力發電廠開工。	·臺灣工業產值首次超過農業產值。	·德國吞併捷克斯洛伐克，入侵波蘭，第二次世界大戰爆發。 ·日本成立大東亞共榮圈。
1940	·大甲溪發電計畫完成發包，將在大甲溪上下游建立六座電廠，預計八年完工。	·臺灣第一座交通號誌出現在臺北御成町（今中山北路、忠孝西路口）。	·不列顛空戰爆發。
1941			·日本偷襲珍珠港，美國對日宣戰。
1945		·美軍對臺北展開大空襲。 ·臺灣總督安藤利吉代表日本投降，臺灣光復。	·第二次世界大戰結束。
1946	·行政長官公署成立工礦處公共工程局。 ·民政處營建局成立，為營建管理機關。 ·臺灣工程公司成立。 ·「臺北市土木建築工業同業公會」成立。 ·各縣市營造公會組成的「臺灣省土木建築工業同業公會聯合會」成立。	·國民大會通過中華民國憲法。 ·臺灣實施地方自治，首次進行公職選舉。	·菲律賓脫離美國獨立。 ·蘇聯設立鐵幕。 ·國共內戰爆發。
1947	·長官公署裁撤，改為臺灣省政府，工礦處歸屬省政府建設廳，公共工程局成為建設廳管轄單位，並將營建局併入。 ·工礦處將所轄管的12家公司，合併成為臺灣工礦股份有限公司，並將臺灣工程公司併為分公司，並設立營建部。 ·舊臺灣總督府修復計畫展開。 ·臺灣省社會處命令各縣市土木建築工業同業公會，改名為「營造工業同業公會」。 ·畫家李梅樹負責「三峽祖師廟」的重修與擴建工程。	·二二八事件爆發。 ·國民政府裁撤長官公署，改為臺灣省政府。	·印度和巴基斯坦獨立，因宗教因素分裂為印度和巴基斯坦。第一次印巴戰爭爆發。

1949

古寧頭戰役後，蔣介石巡視金門點校作戰有功戰士

1949

陳誠（左）發布戒嚴令，臺灣進入戒嚴時期

1951

蔣中正接見美國軍事援華顧問團首任團長蔡斯

1953

吳國楨辭臺灣省政府主席

1945

1946

1946

1947

陳儀接受安藤利吉投降

國民大會通過中華民國憲法，制憲
國民大會主席吳稚暉將憲法交給國
民政府主席蔣介石

制憲國民大會時，17名來自臺灣的
制憲國民大會代表與蔣介石合影

二二八事件爆發，群眾聚集與官兵
對峙

年度	營造業大事	臺灣大事	世界大事
1948	・臺灣省管理營造廠商實施辦法公布。	・「動員戡亂時期臨時條款」公布實施，全面凍結憲法。	・以色列獨立，第一次以阿戰爭爆發。 ・柏林危機，東西德分立確定。 ・歐洲經濟合作組織成立。
1949	・大陸營造廠大舉遷移來臺。	・中華民國政府遷臺。 ・金門古寧頭戰役爆發。 ・臺灣發布戒嚴令。 ・改革幣制，發行新臺幣。	・第一次中東戰爭結束。 ・北大西洋公約組織成立。 ・蘇聯實行莫洛托夫計畫，提供重建物資援助東歐國家。
1950	・兵工建設總隊啟動。	・韓戰爆發後美國第七艦隊駛進臺灣海峽，美援進入臺灣。 ・蔣介石總統復行視事。	・北韓軍隊突襲南韓，韓戰爆發。
1951	・兵工興建臺灣水利工程十大堤防開工。	・美國派遣軍事援華顧問團。 ・國軍開始實施陸海空官兵退除役辦法。	・美國氫彈試爆成功。 ・舊金山和約簽訂，為同盟國與軸心國日本所簽訂的和平條約。
1952	・臺灣省政府建設廳設立「臺灣省政府建設廳臨時工程隊」，進行自來水管線鋪設及都市計畫鋪路工程。 ・交通部新中國打撈公司成立。 ・天輪發電廠工程竣工，為台電第一座美援興建電廠。	・強烈颱風貝絲通過臺灣海峽，造成多人死傷，政府開始整頓營造業。	
1953	・台電三項電力工程舉行竣工典禮：松山火力發電所擴建，萬大隧道修復，及東西聯絡二線竣工。 ・由美援提供經費及鋼料所造的西螺大橋舉行通車典禮。 ・政府兩度修正「管理營造廠商實施辦法」。	・吳國楨辭臺灣省政府主席，與妻赴美，1954年與國民黨決裂。	・南北韓簽署板門店停火協議。
1954	・立霧發電廠完成第二部機組，開始發電，成為第二座美援發電廠。	・行政院設立國軍退除役官兵就業輔導委員會。 ・臺灣與美國在華盛頓簽訂「中美共同防禦協定」。	・法越奠邊府戰役。 ・蘇聯建造第一座核電廠。
1955	・行政院國民住宅興建委員會成立。 ・石門水庫建設籌備委員會成立，破土開工。 ・退輔會成立四個工程總隊與一個技術總隊，以使退除役官兵從事工程建設。	・浙江大陳島軍民撤退來臺。 ・孫立人事件爆發，孫被軟禁。	・華沙公約組織成立。

1954

1954

1955

1955

蔣經國獲聘擔任退輔會主委聘書

臺美簽訂「中美共同防禦協定」

大陳島軍民撤退來臺

孫立人（右）被蔣介石軟禁

1956

戰士授田憑據

1957

劉自然事件爆發,群眾攻擊美國駐臺北大使館

1958

八二三炮戰後,蔣中正首次抵金門巡視防務

1960

雷震被捕,《自由中國》組黨行動失敗

年度	營造業大事	臺灣大事	世界大事
1956	・退輔會成立「國軍退除役官兵建設工程總隊管理處」。 ・仿照英國倫敦「新市鎮」創建模式的中興新村興建工程完成。 ・東西橫貫公路開工。 ・石門水庫輸水隧道開通。 ・榮工處成立。	・政府開始分區頒發戰士授田憑據。	・第二次以阿戰爭 ・匈牙利10月事件,人民反對共產黨當局抗爭,遭蘇聯鎮壓。
1957	・橫貫公路達見至梨山段完工通車,霧社至翠峰支線通車。	・劉自然事件爆發,群聚攻擊美國駐臺北大使館,包圍警局,史稱「五二四事件」。	・蘇聯發射人類第一顆人造衛星。 ・羅馬條約簽定,成立歐洲經濟共同體。
1958	・橫貫公路太魯閣至天祥段完工通車。 ・中興新村營建工程發生舞弊案。 ・副總統陳誠主持石門大壩開基典禮。 ・由臺北市成都路橫跨至臺北縣二重埔的中興大橋舉行通車典禮。 ・營建處與建設廳工程總隊,合併改組成立「臺灣省建設廳公共工程局」。	・爆發金門八二三砲戰。中共開始對金門、馬祖實施「單日砲擊、雙日停戰」,到1978年止。 ・政府為鼓勵出口,訂定美元對新臺幣的固定匯率為1:40。	・法國第五共和開始,戴高樂將軍掌權,削弱議會權力,增加總統權力。此政制延續迄今。
1960	・東西橫貫公路全線完工通車。	・雷震被捕,《自由中國》組黨行動失敗。 ・美國總統艾森豪訪臺。	・尼羅河上游的阿斯旺水庫(Aswan Dam)開始興建。 ・「石油輸出國組織」(OPEC)成立,自此控制世界石油出口。
1961	・臺北市中華商場落成啟用。 ・國立清華大學原子科學研究所完成臺灣第一座核子反應器裝置。		・蘇聯航空員、紅軍上校飛行員尤里加加林完成人類首次進入太空。
1964	・立法院通過「國軍退除役榮民輔導條例」,為榮工處議價特權有明文法律依據。 ・麥克阿瑟公路完工通車,為臺灣第一條高速公路。 ・石門水庫竣工,具有灌溉、發電、防洪、給水等多目標。 ・澎湖跨海大橋動工。	・湖口裝甲師司令趙志華發動兵變失敗。 ・彭明敏、謝聰敏、魏廷朝因印製「臺灣人民自救宣言」被捕。	・東京奧運。
1965		・美國駐臺美援公署宣告結束業務。	
1966	・曾文水庫開工。 ・陽明山中山樓中華文化堂落成。	・政府成立高雄加工出口區,是亞洲第一個加工出口區。	・中國文化大革命啟動。
1967	・中華工程股份有限公司正式成立。	・臺北市升格為直轄市。	・第三次中東戰爭爆發。

1966

高雄加工出口區成立

1967

臺北市升格為直轄市,高玉樹擔任首任市長

1968

政府實施九年國民義務教育

1971

聯合國大會同意中國加入,臺灣退出聯合國

1960

美國總統艾森豪訪臺

1964

湖口裝甲師兵變影響蔣緯國仕途

1964

彭明敏因「臺灣人民自救宣言」被起訴，變裝潛逃出境

1965

李國鼎（左一）、黃杰（左二）與美國美援公署署長白慎士（Parsons，右一）會談。美援公署在1965年結束業務

年度	營造業大事	臺灣大事	世界大事
1968	·內政部籌建平民住宅，解決國民住的問題。 ·臺灣省政府向亞洲銀行貸款100億元，建設南北直達公路。	·政府延長義務教育年限，開始實施九年國民義務教育。	·捷克人民發動一場民主化運動，史稱「布拉格之春」。同年蘇聯入侵鎮壓，運動失敗。
1969	·省政府成立臺中新港籌備處。		·人類登陸月球 ·中蘇珍寶島事件。
1970	·行政院會議決定興建南北高速公路。 ·行政院會通過以蘇澳港為基隆港輔助港，並核定建港計畫。 ·臺北縣石門鄉（今新北市石門區）臺灣第一座核能發電廠動工。		
1971	·澎湖跨海大橋竣工通車，為遠東最長。 ·南北高速公路動工。	·臺灣退出聯合國。 ·臺灣對外貿易出現順差，從此臺灣長期維持貿易出超的局面。	
1972	·臺北縣新店碧潭大橋通車。	·蔣經國擔任行政院長。 ·日本宣布與中華人民共和國建交。	·美國總統尼克森訪問中國。 ·德國慕尼黑奧運。 ·印巴雙方停火，簽訂西拉姆協定。
1973	·曾文水庫完工，為當時遠東最大的水庫。 ·臺中港建港工程動工。 ·北迴鐵路興建工程動工。 ·臺北圓山大飯店中國宮殿式大廈落成。 ·省政府建設廳公布改善違章建築處理原則。 ·高速公路工程局發布「工程估驗隨物價指數機動調整實施方案」。	·蔣經國正式宣布推動十大建設。	·第四次中東戰爭，引發了全球第一次石油危機。
1974	·蘇澳港擴建工程開工。 ·高速公路三重至中壢段通車。 ·桃園國際機場開工興建。 ·德基大壩竣工，德基電廠開始發電。 ·石岡水壩興建工程開工。	·美國總統福特宣布臺灣決議案。	·美國總統尼克森因水門事件下台。 ·國際能源機構設立。
1975	·高雄第二港口完工通航。 ·北迴鐵路南段花蓮港至新站通車。	·蔣介石總統去世，由副總統嚴家淦繼任。 ·中華民國青棒、青少棒及少棒於世界錦標賽中榮獲三冠王。	·美國所支持的南越政權瓦解，越南赤化。

1972

蔣經國擔任行政院長

1972

日本指派自民黨副總裁椎名悅三郎來臺說明斷交事宜，遭臺灣民眾以雞蛋砸車

1975

蔣中正總統喪禮

1975

臺灣棒球獲三冠王，在臺北街頭遊行

1977
賽洛瑪颱風在高雄造成嚴重災情

1977
中壢事件

1978
臺美斷交時，民眾蛋洗美國代表克里斯多福座車

1979
美麗島事件

年度	營造業大事	臺灣大事	世界大事
1976	· 沙烏地阿拉伯予臺灣高速公路貸款，在臺北簽約。 · 中國造船公司建廠提前完工。 · 大林電廠竣工。 · 臺中港第一期工程竣工。 · 中油公司桃園煉油廠竣工。 · 臺灣帷幕牆技術的先驅，位於臺北市忠孝東路與新生南路口的世界貿易大樓完工。	· 王幸男郵包爆炸事件。	· 中國唐山大地震。 · 中國毛澤東病逝，四人幫垮台。 · 中國文化大革命結束。
1977	· 木瓜溪水力發電計畫、奇萊引水計畫工程開始施工。 · 中鋼公司高雄一貫作業大煉鋼廠完成建廠工程。 · 政府決定運用十項建設人力，執行十二項新建設。 · 政府核能第二、三發電廠投資案成為新十二項建設主要項目。 · 臺灣第一座核能發電廠完成核鈾安裝，我國進入核能發電時代。 · 花蓮港第三期擴建工程竣工。 · 臺中石岡壩水庫興建完成。 · 臺灣最大漁港高雄興達港啟用。 · 臺灣第一棟突破高度限制及採用純鋼骨結構的大樓——臺北松江路榮華大樓完工。	· 賽洛瑪颱風在高雄登陸，在南部造成嚴重災情。 · 強颱薇拉通過臺灣北部，在臺北、基隆造成災害。 · 桃園縣長選舉發生舞弊，引發中壢事件。	
1978	· 行政院核定開闢中橫公路三條新線。 · 臺灣首期電化鐵路工程臺北至新竹段完工通車。 · 南北高速公路在中沙大橋舉行通車典禮。	· 美國宣布承認中國共產黨政權，並與臺灣斷絕外交關係。	· 在美國的調停下，埃及與以色列簽訂大衛營協議。
1979	· 北迴鐵路南段花蓮新站至和平正式通車。 · 中正國際機場舉行啟用儀式。 · 臺灣西部鐵路幹線電氣化工程完工，全線通車。 · 臺北市區地下鐵路工程籌備處成立。 · 台電首座核能電廠竣工。 · 北迴鐵路工程竣工試車。	· 美國為穩定臺海情勢，依據臺灣關係法繼續提供臺灣防衛性武器。 · 高雄市升格為直轄市。 · 高雄市爆發美麗島事件。	· 中華人民共和國正式與美國建交。 · 中越戰爭。 · 伊朗革命爆發。 · 蘇聯入侵阿富汗，美蘇關係再度惡化。 · 美國發生三哩島核漏事件。 · 第二次石油危機發生。

1986
民主進步黨成立

1987
民眾要求當局開放大陸探親

1988
蔣經國總統病逝，李登輝繼任總統

1988
北淡線列車正式停駛

1980
林宅滅門血案

1981
陳文成命案

1984
蔣經國、李登輝當選中華民國第七任正副總統

1985
十信案爆發

年度	營造業大事	臺灣大事	世界大事
1980	・北迴鐵路正式通車開始營運。 ・中正紀念堂舉行落成典禮。 ・南迴鐵路興建工程開工。 ・新竹科學工業園區揭幕。	・林義雄家發生滅門血案。 ・新竹科學工業園區成立。	・兩伊戰爭爆發。 ・蘇聯莫斯科奧運。為抗議蘇聯入侵阿富汗，美國等國發起抵制莫斯科奧運會，只有80個國家參賽。
1981	・核能二廠完工。	・旅美學者陳文成被發現陳屍於臺大研究生圖書館旁。	・IBM推出首部個人電腦。 ・法國的高鐵TGV通車。
1982	・臺灣東線鐵路拓寬工程完成。 ・東線宜蘭、北迴、臺東三線鐵路合併，並轉換寬軌。	・臺灣首座國家公園墾丁國家公園成立。	・英阿福克蘭群島戰役。 ・美國與中華人民共和國共同發表「八一七公報」。
1983	・臺北市區鐵路地下化先期工程開工。 ・關渡大橋完工通車。		・中、日、英、美的石油公司在中國南海合作勘探開發石油的合同在北京簽署。
1984	・高雄過港隧道工程全線貫通，是臺灣第一座海底隧道。 ・南迴鐵路中央隧道工程動工。	・蔣經國、李登輝當選中華民國第七任正副總統。	・美國洛杉磯奧運，臺灣以「中華臺北」重返奧運會場。
1985	・明湖電廠竣工，是臺灣第一座抽蓄水力發電廠。	・十信案爆發。	
1986	・行政院經建會宣布投資1,500餘億合併大眾捷運系統及中運量捷運系統，預計十二年內完成四條路線。 ・臺北市政府成立「捷運系統工程局籌備處」。	・民主進步黨在圓山大飯店成立。	・美國太空梭挑戰者號於升空後爆炸解體墜毀。 ・蘇聯車諾比核電廠爆炸。
1987	・翡翠水庫竣工。	・臺灣解除戒嚴。 ・開放民眾赴大陸探親。	・世界人口達50億。
1988	・行政院長俞國華宣布闢建南港至宜蘭隧道公路。 ・捷運淡水線及新北投線動工。	・總統蔣經國病逝。李登輝繼任總統。 ・北淡線列車正式停駛。	・漢城奧運。
1989	・臺北市區鐵路地下化工程完工通車，臺北新站同時啟用。	・《自由時代》雜誌負責人鄭南榕在國民黨政府的逮捕行動中自焚身亡。 ・地下投資公司龍頭鴻源集團擠兌風波。	・日本裕仁天皇病歿，皇太子明仁即位，改元平成。 ・北京爆發六四天安門事件。 ・立陶宛脫離蘇聯，恢復獨立。
1990	・行政院長郝柏村提出國家建設六年計畫。	・大學院校學生數千人為抗議國民大會，在中正紀念堂展開靜坐活動。 ・李登輝、李元簇當選中華民國第八任正副總統。	・兩德統一。 ・拉脫維亞與愛沙尼亞脫離蘇聯，恢復獨立。

1989
自焚前的鄭南榕

1989
鴻源事件主角沈長聲

1990
抗議國民大會，中正紀念堂爆發野百合學運

1992
以廢除刑法第一百條為目標的「100行動聯盟」抗爭

1993

新加坡辜汪會談

1996

臺海飛彈危機，美國派遣航空母艦
來到臺灣外海

1997

香港主權移交中國

1999

九二一大地震

年度	營造業大事	臺灣大事	世界大事
1991	・南迴鐵路完工營運，環島鐵路網完成。1992年正式營運。	・廢除動員戡亂時期臨時條款，「動員戡亂時期」結束。資深中央民代全部退職。 ・大陸、臺灣和香港同時加入APEC（亞太經濟合作會議）國際經貿組織。	・波斯灣戰爭爆發，伊拉克佔領科威特，聯合國決定對伊拉克動武，伊拉克戰敗。 ・戈巴契夫領導改革導致蘇聯解體，冷戰結束。 ・南非結束種族隔離政策。
1992	・中山高速公路汐止至五股段拓寬工程爆發「十八標案」，造成公營造廠議價重大爭議，國營事業從此難以獨佔國內公共工程。	・刑法第100條修正通過，廢除陰謀內亂罪。 ・金門、馬祖解除戰地政務，回歸地方自治。	・歐洲共同體成立。 ・波士尼亞戰爭爆發。 ・「歐洲聯盟條約」（又稱馬斯垂克條約）簽署。
1993	・郝柏村下台，連戰繼任為行政院長，六年國建計畫大部分停止，僅北部第二高速公路、臺北捷運、北宜高速公路及高速鐵路工程等，仍繼續推動。	・辜汪會談在新加坡舉行。 ・新黨成立。	・歐盟（EU）成立，總部設在布魯塞爾。
1994	・新光人壽保險大樓正式啟用，為臺灣第一高樓。 ・立法院提案刪除中央政府總預算執行條例中有關公共工程依物價指數調整工程款的條文。	・24名臺灣遊客在中國浙江千島湖搶案中遇難。 ・臺灣省長、北高直轄市長首次民選，分別由宋楚瑜、陳水扁、吳敦義當選。	・南非首位黑人總統曼德拉就職。
1995	・「營造業管理規則」，增訂條文，開放已在其所屬國家登記設立的外國營造廠商，可依法來臺登記分公司。 ・行政院主計處廢止依物價指數調整工程款條款。	・全民健康保險正式開辦。 ・李登輝總統訪問美國。	・日本阪神大地震。 ・世界貿易組織正式成立。
1996	・內政部函頒「外國營造業登記等級及承攬工業業績認定基準」，外國營造業者可直接申請甲等營造業登記證。 ・臺北捷運木柵線全線通車，為臺灣第一條都會區捷運。	・中國向臺灣海面試射飛彈，引爆臺海飛彈危機，美國派出航空母艦巡弋臺灣海峽。 ・臺灣舉行首次總統直選，李登輝、連戰當選中華民國第九任正副總統。	・蘇格蘭胚胎專家魏爾邁催生首隻複製羊桃莉。
1997	・政府取消退輔條例第8條及第10條賦予退輔會所屬榮工處享有以優先議價方式承辦各機關工程及產品採購案之權利。榮工處開始展開民營化。 ・高雄東帝士建台大樓完工，高347.5公尺，是臺灣第一棟引進抗風阻尼器的建築物。 ・臺北捷運淡水線通車。	・全臺爆發豬隻口蹄疫情。	・中國領導人鄧小平去世。 ・英國將香港主權移交中國。 ・東亞金融風暴自泰國引爆。 ・限制全球溫室氣體排放量「京都議定書」簽署。
1998	・榮工處改制為榮民工程股份有限公司。	・全臺爆發嚴重腸病毒疫情。	・印尼發生反華暴亂，共有1,200多人喪生。

2008

馬英九當選中華民國第十二任總統

2009

莫拉克颱風重創臺灣

2010

兩岸簽署經濟合作架構協議

2011

塑化劑事件

陳水扁、呂秀蓮當選中華民國第十任正副總統

八掌溪事件結束民進黨執政的蜜月期

納莉颱風重創臺北捷運

2004年總統大選投票前日發生319槍擊案

年度	營造業大事	臺灣大事	世界大事
1999	・內政部建築研究所制訂「綠建築解說與評估手冊」，為綠建築的評審基準。 ・臺北捷運新店線南段、南港線、板橋線（西門站至新埔站）、小南門線通車。	・李登輝總統接受德國之聲訪問，發表「兩國論」。 ・臺灣中部發生「九二一大地震」，造成2,415人死亡、超過8,000人受傷。	・葡萄牙將澳門主權移交中國。 ・美國將巴拿馬運河區主權交予巴拿馬。 ・科索沃戰爭。
2000	・臺灣高速鐵路由大陸工程領軍的臺灣高鐵聯盟得標，工程開工。	・陳水扁、呂秀蓮當選中華民國第十任正副總統，臺灣首次政黨輪替。 ・嘉義八掌溪事件。	・全球迎接千禧年。
2001	・臺灣營建工程爭議仲裁協會成立，成為國內首家營造業的仲裁機構。 ・高雄捷運由中鋼公司主導的高雄捷運股份有限公司籌備處得標，開始動工興建。	・納莉颱風侵襲臺灣，帶來大量雨水，導致臺北捷運南港機廠遭到洪水湧入。捷運公司在圍堵失效後，決定停止所有列車營運。	・恐怖攻擊引發美國九一一事件。 ・美英聯軍進攻阿富汗。
2002	・臺北捷運內湖線動工。	・臺灣正式加入世界貿易組織。 ・陳水扁總統表示兩岸關係是「一邊一國」。	・胡錦濤當選中國共產黨總書記。
2003	・立法院通過營造業法，使營造業的設立、營運、管理等規範獲得合理法律位階。	・立法院通過公投法。	・美英聯軍對伊拉克動武。 ・東歐十個新國家加入歐盟。 ・SARS疫情爆發，造成全球大恐慌。
2004	・臺北101國際金融大樓完工，至2010年止，為世界最高樓。 ・行政院發布「已訂約工程因應國內營建物價變動之物價調整處理原則」。	・陳水扁、呂秀蓮連任中華民國第十一任正副總統。	・南亞發生大海嘯。
2005	・臺灣高鐵公司董事會決議高鐵通車延後一年，因機電、號誌工程與試車進度落後。	・國民大會複決通過修憲案，廢除國民大會。	・京都議定書，獲120多個國家確認。 ・中華人民共和國全國人民代表大會通過了「反分裂國家法」。
2006	・雪山隧道全線貫通啟用。	・國務機要費案偵察終結，吳淑珍被提起公訴。	・伊拉克前總統海珊於巴格達被處絞刑。
2007	・臺灣高速鐵路通車營運，臺灣西部走廊邁入一日生活圈。	・臺灣入聯、返聯大遊行分別在高雄市與臺中市舉行。	・伊朗核武試爆。
2008	・高雄捷運紅線正式通車，成為南臺灣第一條捷運路線，並為臺灣第一條機場捷運，同年，東西向的橘線與美麗島站通車。	・馬英九、蕭萬長當選中華民國第十二任正副總統。 ・前總統陳水扁被控貪污遭羈押。	・中國四川大地震。 ・北京奧運。 ・美國次級貸款引發全球金融危機。
2009	・國家體育場（世運會主場館）完工。 ・臺北捷運內湖線全線通車。	・莫拉克颱風重創中南部，造成673人死亡、26人失蹤，農業損失超過新臺幣195億元。	・192個國家的元首參加在哥本哈根舉行的聯合國氣候變化會議。
2010	・臺北捷運蘆洲線與新莊線臺北市轄段通車。	・兩岸簽署經濟合作架構協議（ECFA）。	・上海舉辦世界博覽會。
2011	・臺北捷運南港線東延段南港展覽館站通車。	・塑化劑事件爆發。	・東日本大地震，造成15,828人死亡、3,754人失蹤。 ・阿拉伯世界爆發「茉莉花革命」。
2012	・臺北捷運新莊線忠孝新生至古亭站通車。	・馬英九、吳敦義當選中華民國第十三任正副總統。	・歐債危機在希臘、愛爾蘭、葡萄牙、西班牙等國擴大引爆。

基本參考資料

- Christine Vertente、許雪姬、吳密察，《先民的足跡：古地圖話臺灣滄桑史》，南天書局，1991 年
- V. S. de Beausset Pictures, "V. S. de Beausset's Collections", *J. G. White Engineer Co.*
- Wiki 網站，〈桃園國際機場〉
- 土木水利學會，〈臺灣地區近代土木水利工程技術發展之回顧與展望〉，2002 年
- 土木局，《臺灣總督府土木事業概要》，1924 年 12 月
- 《大成報》85.09.17
- 大園市藏，《臺灣人物誌》，1916 年
- 〈不霸不成器 工信工程總裁潘俊榮〉，臺灣《壹週刊》363 期，2008 年
- 《中央日報》50.04.04 第 3 版、50.04.05 第 3 版、50.04.06 第 6 版、50.04.07 第 6 版、50.04.08 第 6 版、77.04.10（大臺北版）第 4 版
- 中央研究院近代史研究所，〈都市計畫前輩人物訪問紀錄〉，2000 年
- 中央研究院近代史研究所口述歷史組，〈董文琦先生訪問記錄〉，1986 年
- 中華民國統計資訊網，行政院主計處
- 中華徵信所市場研究部，〈臺灣地區營造業現況調查報告〉，1980 年
- 內政部，〈內政部都市計畫工作檢討會會議紀錄〉，1969 年
- 內政部營建署，〈臺灣地區營建工業與營建活動調查報告〉，1981 年
- 王國武，〈政府採購法決標方式之決策分析暨其權重的研究〉，國防管理學院後勤管理研究所碩士論文，2002 年
- 冉福立、江樹生，《十七世紀荷蘭人繪製的臺灣老地圖》，漢聲出版社，1997 年 10 月
- 《正氣中華日報》50.04.04 第 1 版、50.04.08 第 1 版
- 《民報》，1946 年相關報導
- 永續公共工程網站，〈工程案例 國家環境檢驗所大樓〉
- 〈各機關施行工程普遍招標〉，《臺灣營建界》，1947 年
- 江樹生，《熱蘭遮城日誌》，臺南市文化局文化資產課，2003 年 12 月
- 《自由論壇》第 584 期，1973 年 4 月 11 日出版
- 行政院公共工程委員會編印，《營建署營建統計年報》，2008 年
- 行政院美援運用委員會，《中美合作經援發展概況》，1957 年 9 月
- 行政院國際經濟合作委員會，〈臺灣省民營營造業成本抽樣調查報告〉，1965 年
- 行政院國際經濟合作發展委員會，韓日水利與公共建設考察團，〈訪問韓國及日本韓日水利與公共建設報告〉，1968 年
- 《更生日報》50.04.08 第 1 版
- 李建中，〈加入 WTO 對我國工程產業之影響與因應對策〉，財團法人中興工程科技研究發展基金會，2002 年
- 李重耀建築師事務所，《桁間巧師——李重耀的建築人生》，2003 年 12 月
- 亞太國際營聯會 IFAWPC 二十三屆會員大會會議記錄，1988 年 4 月
- 亞太國際營聯會 IFAWPC 十二屆會員大會會議記錄，1973 年 4 月
- 周素卿，〈新企業地景：華人全球城市高層建築的生產與再現，行政院國家科學委員會專題研究計畫：期中進度報告〉，國立臺灣大學地理環境資源學系暨研究所，2004 年
- 東海大學校史編輯委員會編輯，〈東海大學五十年校史 1955-2005〉，2007 年
- 林世曼，〈榮工處與東臺灣的建設〉，2008 年 7 月
- 林佳燁，〈BOT 採購方式對營造業之影響〉，國立高雄第一科技大學營建工程系碩士論文，2005 年
- 林忠勝，〈廖欽福回憶錄〉，2005 年 5 月
- 林炳炎，《保衛大臺灣的美援 1949-1957》，2004 年 8 月
- 林若娟，〈臺灣清水混凝土建築源流與發展〉，2003 年
- 林會承，《臺灣大百科全書》，行政院文建會網站
- 林載爵、黃文興、張志遠訪問，〈為上帝造房子的人——專訪光源營造廠吳艮宗先生〉，《東海風——東海大學創校四十週年特刊》，1995 年
- 林鐘雄，〈臺灣經濟建設計劃與美援〉，《臺灣銀行季刊》，1970 年 3 月
- 河原功監修編集，《臺灣協會所藏臺灣引揚・留用記錄》，1998 年
- 社團法人臺灣建築會，臺灣建築會會員名簿，1942 年
- 《青年戰士報》50.04.04 第 1 版、50.04.08 第 3 版
- 〈建築資材應由公會配售〉，《臺灣營建界》，1947 年
- 《建國日報》50.04.04 第 1 版、50.04.08 第 1 版
- 〈政府採購法〉，2008 年
- 洪四川，《八十自述——洪四川回憶錄》，高雄洪四川文教基金會，2001 年
- 胡偉良，〈營造人談營造事——從亞洲金融風暴談起〉，《營造天下》27 期，1998. 3.17
- 株式會社大林組，〈大林組百年史 1892-1991〉，1995 年
- 袁明道，〈日治時期臺灣建築教育發展之研究〉，中原大學建築所碩士論文，2005 年
- 財團法人臺北市營造業權益促進基金會，〈財團法人臺北市營造業權益促進基金會沿革〉，2002 年
- 〈高科技廠房：營造業人才新亮點〉，《Career 職場情報誌》415 期，2010 年
- 高雄世運會網站，〈世運主場館工程簡介〉，2009 年
- 《啟世》第 5 卷第 1 期，1973 年月 4 出版
- 〈淡新檔案〉第 15301 案
- 船本洋治，《臺灣建設 47 年史》
- 莫爾（John C. B. Moore），〈臺灣地區建築及建築教育之考察報告〉，行政院國際經濟合作發展委員會，1972 年
- 莊定凱，〈黑道圍標犯罪偵防之研究〉，桃園中央警察大學刑事警察研究所碩士論文，2002 年
- 許永欽，〈圍標、綁標、聯合承攬與公平交易法（上）（下）〉，《司法周刊》788 期，1996 年

- 許吉村，〈學徒制度式微，建築工人難找：營造業者建議政府迅速設法成立專業訓練學校〉，《經濟日報》，1968 年
- 許極燉，《臺灣近代發展史》，1996 年 9 月
- 郭倍宏，〈亞大營聯會亟須大家共襄盛舉〉，《營造天下》，2006 年
- 陳其寬口述，黃文興、林載爵整理，〈我的東海因緣〉，《東海風——東海大學創校四十週年特刊》，1995 年
- 陳海沙，〈建築家要有天下為公之精神〉，《臺灣營造界》，1947 年
- 陶桂林，〈營造〉，《十五年來臺灣各種工程事業進步實況》，中國工程師學會（編），1961 年
- 陶馥記營造，"Forty Years Service"，1962 年
- 鹿島建設株式会社，《台湾の建設 47 年史》，1967 年 4 月
- 鹿島研究所出版会，《鹿島建設百三十年史》，1971 年
- 傅朝卿，〈1895-1994 臺灣現代建築一百年〉，1995 年
- 曾祥麟，〈我國退除役官兵輔導就業制度史之研究——以榮民工程事業管理處為例（1956-1997）〉，國立臺灣師範大學歷史研究所碩士論文，1997 年
- 曾憲嫻，《日據時期土木建築營造業之研究》，1997 年 6 月
- 《華報》50.04.04
- 黃耀鏻，〈公營事業考察團隨行記之三——記工礦高雄營建處（上）〉，《聯合報》，1952 年。
- 《經濟日報》，1974-1979 年相關報導
- 《經濟日報》，1985 年相關報導
- 《經濟日報》77.04.10 第 11 版、77.04.12 第 2 版
- 《經濟日報》編輯部，〈打開營造業的困局，經濟部定期與業者座談〉，《經濟日報》，1968 年
- 《經濟日報》編輯部，〈營造業請當局修改不當罰則——並盼增訂獎勵條文，劃分公營民營業務範圍〉，1967 年
- 榮民工程事業管理處，〈北迴鐵路完工報告〉，1982 年
- 榮民工程事業管理處〈在艱彌厲 繼往開來——榮民工程事業三十年〉，1986 年
- 榮民工程事業管理處，〈統計要覽 80〉，1991 年
- 福田廣次，《土木ノ人物》，1937 年 2 月
- 〈管理營造業規則〉，1939 年
- 臺北市營造業權益促進基金會，〈財團法人臺北市營造業權益促進基金會沿革〉，2002 年
- 〈臺灣：戰後 50 年——土地‧人民‧歲月〉，《中國時報》，2000 年
- 臺灣工程界，〈臺灣工礦股份有限公司概況〉，《臺灣工程界》，1950 年
- 臺灣永續生態工法發展協會，〈臺灣綠建築政策簡介〉（成功大學建築系教授林憲德）
- 《臺灣建築會誌》，1929 年 3 月
- 臺灣省土木建築工業同業公會，《臺灣營造界》，1947-1948 年
- 臺灣省公共工程局，〈臺灣公共工程〉，1963 年
- 臺灣省行政長官公署檔案，1947 年 5 月 7 日
- 臺灣省政府，《臺灣省政府公報》，1951-1953 年、1955 年
- 臺灣省接收委員會日產處委會，〈臺灣省日產接收委員會日產處理委員會結束總報告〉，1946 年
- 臺灣營造界編輯部，〈營造廠商登記概況〉，《臺灣營造界》，1948 年
- 臺灣總督府，《臺灣日日新報》，1898-1944 年發行
- 臺灣總督府，《臺灣總督府國土局主管土木事業概要》，1943 年
- 臺灣省交通處臺中港務局，〈臺中港第一期工程完工報告〉，1976 年
- 臺灣省政府主計處，〈臺灣省物價統計月報〉，1959 年 12 月
- 劉文駿、王威傑、楊森豪，《百年臺灣鐵道》，果實出版社，2003 年 9 月
- 劉同敏，〈在台外國營造廠商之探討〉，《營造天下》，2003 年
- 劉鳳文，《公營事業的發展》，聯經出版公司，1984 年
- 劉寶傑、呂紹煒，《捷運白皮書——4,444 億的教訓》，時報出版公司，1994 年
- 〈審計法〉，1925 年
- 《徵信新聞》，1958 年相關報導
- 《徵信新聞報》50.04.04 第 2 版
- 潘志奇，《光復初期臺灣通貨膨脹的分析》，聯經出版公司，1985 年
- 橋本白水，《臺灣統治と其功勞者》，1999 年 6 月
- 錦繡出版社，《臺灣全記錄》，1990 年 5 月
- 戴寶村、蔡承豪，《縱貫環島‧臺灣鐵道》，國立臺灣博物館，2010 年 1 月
- 《營造天下》117 期，2005.9.25 發行
- 《營造天下》137、138 期，2008.1.10 發行
- 《營造天下》149 期，2010.8.13 發行
- 《營造天下》27 期，1998.3.17 發行
- 《營造天下》創刊號，1986.10.15 出刊
- 〈營造業法〉，2003 年
- 〈營造業管理規則〉，1973 年
- 《聯合報》50.04.03 第 2 版、62.04.03 第 2 版
- 《聯合報》，1951 年、1967 年、1968 年相關報導
- 《聯合報》，1952-1958 年相關報導
- 《聯合報》，1996 年相關報導
- 《聯合報》編輯部，〈建廳邀集各機關座談：「加強管理營造業，管理辦法兩條文修正，包工業由縣市政府負責管理」〉，1953 年
- 《聯合報》編輯部，〈颱風與建築〉，1952 年
- 《聯合報》編輯部，〈營造廠商的困難向政府提六點建議〉，1958 年
- 藤井肇男，《土木人物事典》，2004 年 12 月
- 嚴士濬、羅昌發、張家春、林明宏，〈加入 WTO 對我國營造業之影響及因應對策〉，行政院公共工程委員會專案研究計畫
- 蘇瑤崇，〈聯合國善後救濟總署在台活動資料集〉，2006 年

索引

國家圖書館出版品預行編目（CIP）資料

臺灣營造業百年史 / 互助營造股份有限公司編撰.
-- 初版. -- 臺北市：遠流, 2012.08
面； 公分
ISBN 978-957-32-6985-4（平裝）
1. 營造業 2. 歷史 3. 臺灣

441.52909　　　　　　　101008582

臺灣營造業百年史

總策劃：林清波
總顧問：廖萬應
總審訂：陳國棟
撰寫：互助營造股份有限公司
（依姓氏筆劃順序）
寫作團隊：
于欣可、江瑞祥、林炳炎、林聖凱、
張耕維、黃千桓、黃智偉、黃輝猛、
曾瑞佳、葉如萍、葉昭甫、廖彥豪、
劉倩華、蕭景文
互助營造股份有限公司：
李安琳、周敬揮、洪妙晶、張舜忠
主編：曾淑正
美術設計：李俊輝
企劃：葉玟玉、叢昌瑜

發行人—— 王榮文
出版發行—— 遠流出版事業股份有限公司
地址—— 台北市南昌路二段81號6樓
劃撥帳號—— 0189456-1
電話—— (02) 23926899 傳真—— (02) 23926658

著作權顧問—— 蕭雄淋律師
法律顧問—— 董安丹律師

2012年8月1日 初版一刷
行政院新聞局局版台業字第1295號
售價—— 新台幣380元

YL■遠流博識網　http://www.ylib.com
E-mail: ylib@ylib.com

本書已盡力完成著作權使用等事宜，如有疏漏，敬請著作權
所有人與互助營造股份有限公司法務室聯繫。